雄安新区上游山区水循环非稳态过程模拟

鲁 帆 宋昕熠 赵 勇等 著

科 学 出 版 社
北 京

内 容 简 介

本书以国家重点研发计划项目“雄安新区多水源联合调配与地下水保护”的研究成果为基础，自主研发了流域水循环非稳态过程模拟技术，解析了雄安新区上游大清河山区各水系河川径流演变的历史规律及其驱动因素，预估了雄安新区上游主要地表水源地未来径流的变化趋势，深入揭示了气候、下垫面、人类活动等多类驱动因素综合影响下大清河山区的水文效应。主要内容包括流域概况及特征分析、水循环非稳态特征及驱动因素、基于时变参数的水热耦合模拟、流域水循环演变分布式模拟、水循环对未来环境变化的响应模拟、基于时变参数皮尔逊Ⅲ型分布的水文分析计算等。

本书可供水文水资源、水利水电工程、水土保持、生态环境、自然地理等相关领域的科研人员、工程技术人员、管理人员及高等院校相关专业的学生和教师参考阅读。

审图号：GS 京(2025)1578 号

图书在版编目(CIP)数据

雄安新区上游山区水循环非稳态过程模拟 / 鲁帆等著. -- 北京 ：科学出版社，2025. 8. -- ISBN 978-7-03-083118-7

Ⅰ. P339

中国国家版本馆 CIP 数据核字第 202535KM79 号

责任编辑：王 倩 / 责任校对：樊雅琼
责任印制：徐晓晨 / 封面设计：无极书装

科学出版社出版
北京东黄城根北街 16 号
邮政编码：100717
http://www.sciencep.com

北京建宏印刷有限公司印刷
科学出版社发行 各地新华书店经销

*

2025 年 8 月第 一 版 开本：787×1092 1/16
2025 年 8 月第一次印刷 印张：13
字数：306 000

定价：178.00 元

（如有印装质量问题，我社负责调换）

前　言

设立河北雄安新区，是以习近平同志为核心的党中央作出的一项重大历史性战略选择，是千年大计、国家大事。雄安新区作为北京非首都功能疏解集中承载地，其发展定位是要建设成为高水平社会主义现代化城市、京津冀世界级城市群的重要一极、现代化经济体系的新引擎、推动高质量发展的全国样板。到2035年，将基本建成绿色低碳、信息智能、宜居宜业、具有较强竞争力和影响力、人与自然和谐共生的高水平社会主义现代化城市。到21世纪中叶，将全面建成高质量高水平的社会主义现代化城市，成为京津冀世界级城市群的重要一极。

雄安新区地处北京、天津、保定腹地，属于海河流域中部大清河水系。近年来，海河流域径流呈现出显著的衰减趋势，1956～1979年多年平均天然河川径流量为255.9亿m^3，而1980～2021年多年平均天然河川径流量则变为158.9亿m^3，衰减幅度达38%。大清河水系由南北两支组成，是一条典型的扇形河流。北支由白沟引河汇入白洋淀，南支的瀑河、漕河、府河、唐河、沙河、磁河等河流也均注入白洋淀，最终由独流减河流入渤海。大清河山区是雄安新区上游重要的水源涵养区，在保障雄安新区水资源和生态环境安全方面发挥着不可替代的作用。受气候变化、人类活动及下垫面变化的影响，大清河山区主要水库2001～2020年的实测年均径流量比1956～2000年系列减少61.5%。大清河水系水资源开发利用程度高，河道干涸断流、湿地干旱缺水、地下水超采问题突出。目前，引黄水、南水北调中线水、上游山区水库群是大清河流域河湖地下水生态补水和城市供水的重要水源。

根据《河北雄安新区总体规划（2018—2035年）》，雄安新区可利用水源包括南水北调、引黄入冀、上游水、当地水和再生水，将形成多源互补的供水格局。白洋淀水面将逐步恢复至360km^2左右，正常水位保持在6.5～7.0m，新区蓝绿空间占比稳定在70%。实施多水源联合调配和加强地下水保护，是确保雄安新区水资源安全的必然举措。近年来，大清河流域水资源演变、白洋淀生态需水保障与污染防控等领域已有部分研究成果，但总体上尚不能全面支撑新区绿色智慧新城的建设需求。统筹考虑城市水源保障体系构建、白洋淀生态恢复和地下水保护，充分借鉴已有经验和成果，深入研究流域水量与水质的演变机理，创新水资源水环境监测、多水源调配、地下水人工补给与调蓄、地下水环境风险防控等关键技术，是雄安新区水资源安全保障的迫切需求。

为保障雄安新区水资源安全，"十三五"国家重点研发计划"水资源高效开发利用"重点专项2018年度专门设置了"雄安新区多水源联合调配与地下水保护"项目。项目目标是通过理论创新、技术研发与示范应用，提出新区水资源安全保障总体方案，为新区规划建设的实施提供科技支撑。该项目在三个层次上共设置了六个课题。在面层次上（大清河流域整体）设置了一个课题，重点研究大清河流域水资源演变规律与生态补水潜力。在线层次上（白洋淀上游河流水系）设置了一个课题，重点研究上游河流补给白洋淀的水量水质保障问题。在点层次上（雄安新区）设置了四个课题，分别研究雄安新区的地下水人工补给与调蓄、地下水环境风险预测预警与防控、水资源承载风险评估与监控预警、多水源联合调配与水资源保障总体方案四个问题，这四个课题又可以划分为多水源调配和地下水保护两个板块。项目执行期间，项目承担单位及各参与单位通过实地调研交流、野外监测取样、文献资料整理、遥感图像解译等手段系统收集了研究必需的大量基础数据，围绕项目研究任务开展了大量的机理识别实验、模型构建模拟、统计分析计算、指标方案比选等研究工作，取得了大量理论、技术与应用成果。该项目从多时间尺度构建了反映雄安新区上游山区下垫面时空变化特征的流域水文模型，研发了基于多源监测数据和水循环模拟的径流演变贡献分解方法，确定了气候变化、下垫面改变、人类耗水等因素在径流衰减中的贡献，提出了土石山区降水资源调控与水源涵养功能提升的有效途径，构建了多要素驱动下水文要素演变趋势预估的技术方法体系，实现了第六次耦合模式比较计划和动态下垫面情景下雄安新区上游水库水文过程的精细化模拟，预估了非一致性水文条件下上游水库对雄安新区开展生态补水的潜力及其不确定性。

本书研究成果得到了国家重点研发计划项目“雄安新区多水源联合调配与地下水保护”（2018YFC0406500）、国家自然科学基金项目“基于极值统计理论的非一致性水文频率计算方法及应用研究”（51679252）等项目的资助。全书共 7 章。第 1 章为绪论，围绕流域水循环稳定性问题，主要从气候变化水文效应、下垫面变化水文效应、水循环演变贡献分解、水文序列的非一致性四个方面介绍了相关领域的国内外研究进展，并介绍了本书的研究内容及技术路线；第 2 章介绍了流域的自然地理和社会经济概况，分析了水文气象要素基本特征、水资源开发利用情况及存在的问题；第 3 章介绍了雄安新区上游大清河山区水循环非稳态特征及驱动因素；第 4 章介绍了基于时变参数的水热耦合模拟；第 5 章介绍了流域水循环演变分布式模拟；第 6 章介绍了水循环对未来环境变化的响应模拟；第 7 章介绍了基于时变参数皮尔逊Ⅲ型分布的水文分析计算。本书各章内容由鲁帆、宋昕熠、赵勇、周毓彦、朱奎、鲁欣、戴雁宇、江明、王思奇、孙进等负责撰写，鲁帆、宋昕熠负责全书统稿。此外，许怡然、蔺彬彬、旷凌、巫钊、徐扬、朱晨雨等博士及硕士研究生也参与了本书的研究工作。

本书成果还得到了水利部海河水利委员会、河北省水利厅、保定市水利局、河北雄安新区管理委员会公共服务局、中水北方勘测设计研究有限责任公司、中国矿业大学等单位领导和专家，以及王浩院士、高而坤教授级高级工程师、阮本清教授级高级工程师、王建华教授级高级工程师、曹寅白教授级高级工程师、徐宗学教授、贾绍凤研究员、卢双宝教授级高级工程师、邵景力教授、王维平教授、张永祥教授、孙文超教授、苏小四教授、王文科教授、丁跃元教授级高级工程师、曹建生研究员、张金萍教授、闵雷雷研究员、阳辉副研究员等专家的指导和帮助，在此一并表示感谢！

由于海河流域水资源演变问题本身的复杂性，加之时间仓促和受水平所限，书中遗漏和不足之处在所难免，敬请读者批评指正。

作　者
2025 年 3 月于北京

目　　录

前言
第 1 章　绪论 …… 1
1.1　流域水循环稳定性问题 …… 1
1.2　相关领域研究进展 …… 3
1.3　研究内容及技术路线 …… 13
第 2 章　雄安新区上游山区概况 …… 16
2.1　自然地理 …… 16
2.2　社会经济 …… 25
2.3　水文气象 …… 27
2.4　水资源开发利用及存在问题 …… 34
第 3 章　水循环非稳态特征及驱动因素 …… 42
3.1　地表径流特征分析 …… 42
3.2　降水径流关系演变 …… 54
3.3　驱动因素分析 …… 64
3.4　本章小结 …… 80
第 4 章　基于时变参数的水热耦合模拟 …… 82
4.1　水热耦合模拟原理 …… 82
4.2　模拟流域及输入数据 …… 86
4.3　水热耦合模拟效果 …… 89
4.4　基于 Budyko 方法的径流演变贡献分解 …… 93
4.5　本章小结 …… 101
第 5 章　流域水循环演变分布式模拟 …… 102
5.1　分布式水文模型原理 …… 102
5.2　模型输入数据 …… 108
5.3　模型参数敏感性分析及结果验证 …… 113
5.4　流域水循环要素时空变化分析 …… 121
5.5　基于分布式模拟的地表径流演变贡献分解 …… 130

5.6 本章小结 …… 131
第 6 章 水循环对未来环境变化的响应模拟 …… 133
6.1 研究数据及方法 …… 133
6.2 GCMs 数据集降尺度结果评估 …… 139
6.3 气象要素时空变化预估 …… 144
6.4 流域水文要素演变趋势预估 …… 150
6.5 本章小结 …… 165
第 7 章 基于时变参数皮尔逊Ⅲ型分布的水文分析计算 …… 167
7.1 时变参数皮尔逊Ⅲ型分布的计算原理 …… 167
7.2 变化环境下设计径流及生态补水潜力计算 …… 172
7.3 本章小结 …… 187
参考文献 …… 188

第1章　绪　　论

1.1　流域水循环稳定性问题

进入21世纪以来，环境变化对水循环要素的影响受到国内外持续和广泛关注。随着影响程度的深入和范围的扩大，全球各国都不得不思考和应对由不断变化的环境所带来的水资源短缺、水旱灾害、水生态等水安全需求问题。习近平总书记提出“人与自然构成生命共同体”的思想和“山水林田湖草沙冰系统治理”的理念，形象和深刻地说明了自然生态环境要素之间的相互依存和相互作用关系，对于环境变化水文效应研究具有极其重大的启示意义。IPCC（2012）发布的《管理极端事件和灾害风险推进气候变化适应》特别报告指出，不断变化的气候可导致极端天气事件在频率、强度、空间范围、持续时间和发生时间上变化。1950年以来的观测证据表明强降水、干旱、热带气旋等一些极端事件发生了变化，未来极端事件对水利、农业等高影响行业将有更大的影响。国际水文科学协会将“变化中的水文科学与社会系统”列为Panta-Rhei（2013～2022年）十年科学计划的主题（Montanari et al.，2013）。IPCC第五次评估报告基于由11个第五次耦合模式比较计划（CMIP5）全球气候模式驱动的水文模型和2005年全球人口分布的情况指出，气候变化将导致水文极值事件增多，风险增大和暴露度增加。该报告认为气候变化和土地利用变化已经改变了已有的水文稳态规律（翟建青等，2014）。Milly等（2008）分析了全球变化背景下气候及下垫面变化导致水文过程的长期变化呈现出的非稳态特征，甚至认为平稳性已不存在，需要建立新的理论和方法。国内外学者针对流域水循环非稳态变化机理开展了大量研究（陈喜等，2022；Han et al.，2023；Zhang et al.，2022；Mianabadi et al.，2020；鲁帆等，2017）。图1.1从气候、下垫面、人类用水三个方面概括了流域水循环演变的驱动因素。随着气候、下垫面、人类用水等驱动因素的深入影响，流域内河流湖泊的水量、水位、水面面积等水文要素可能会持续演变，发生稳态转换，流域水循环原有的稳定性将被破坏。流域水循环演变及其稳定性的驱动因素复杂，不同流域的主导驱动因素也存在差异，包括气候主导型和人类活动主导型。例如，有的高海拔流域因气候变暖、降水增加、冰川融化，导致液态水量增加、湖泊水位升高和面积扩张，甚至发生漫溢，造成危害；有的流域因大型水库建设和运行调度改变了下游河道的径流量、径流过程、水沙平衡关系及径流-水位关系；有的流域因土地利用与植被覆盖变化、水土保持工程建设等下垫面条件变化，改变了流域的降水径流关系，导致河川径流严重衰减。此外，同一流域可能也包括多类驱动因素，如何区分不同驱动因素对水循环演变的贡献，也受到了学界的广泛关注。

科学家们一直在观测全球各个区域和整个气候系统的变化，自1850～1900年以来，全球地表平均温度已上升约1℃，其不利影响呈现出广域性和复合性特征。气候变化是一

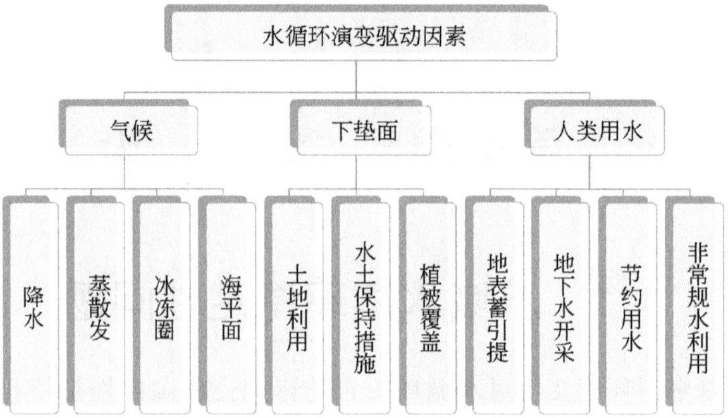

图 1.1 水循环演变驱动因素层次图

个复杂的科学问题，也是世界各国广泛关注的话题。2018 年 12 月，联合国秘书长古特雷斯在联合国气候变化卡托维兹大会上指出，气候变化的速度已经超过了人类应对气候变化行动的速度，人类面临严峻的气候变化挑战，如果不能有效应对气候变化，人类社会将遭到不可逆转的巨大损失，需要立即采取应对行动。全球气候变暖导致的降水变化、蒸散发变化、冰冻圈变化和海平面变化都与水直接相关，这些变化引起了全球水循环的变化，使得水成为气候变化最直接和最重要的影响领域之一。气候变暖导致全球冰川、积雪和永久冻土正在减少，而且还将继续减少。海平面上升导致海岸线淹没，对沿海地区造成了较大影响。不断变化的气候可导致极端天气和气候事件在频率、强度、空间范围、持续时间和发生时间方面发生变化，进而使得暴雨洪灾、干旱热浪等极端天气的发生强度和频度显著增加。对于城市来说，气候变化的某些方面可能会被放大，包括高温、强降水事件造成的洪水和沿海城市的海平面上升。

下垫面变化主要包括城市化及梯田、淤地坝、水土保持林、经济林、种草、封禁治理等水土保持措施造成的土地利用/土地覆盖变化等。城市化是人口持续向城市集聚的过程，是世界各国工业化进程中必然经历的历史阶段。改革开放以来，我国城市建设用地面积增加近 8 倍。有关研究表明，地球的森林植被覆盖正在增加，而裸地覆盖正在减少，60% 的土地变化都与人类直接活动有关（Song et al.，2018）。不同下垫面的蒸散发能力存在较大差异，从大到小排序通常为湿地>森林>农田>草地>城乡用地>未利用地（Jiang et al.，2012）。下垫面因素的变化打破了流域自然水循环系统原有的规律和平衡，直接改变了降水、蒸散发、入渗、产流和汇流等流域水循环各子过程，并显著改变了河川径流的总量和时空分布。

人类社会通过水库拦蓄、地表引水、地表提水、跨流域调水、地下水开采、集雨工程、再生水利用等方式，大规模开发利用水资源，导致城市供水量和农业供水量大幅增加，极大地影响了自然水循环过程。2020 年，全国用水总量达 5812.9 亿 m^3，占全国水资源总量的 18.4%，其中耗水总量为 3141.7 亿 m^3。一些北方流域由于过度开发利用水资源，造成了水资源短缺、河道长期断流、地下水位持续下降、天然生态退化等一系列生态环境问题。坚持节水优先方针，全面提升水资源利用效率，形成节水型生产生活方式，是当前促进高质量发展和保障国家水安全的重要举措。人类社会的节水水平、用水结构、用水模式等因素从需求侧深刻影响着自然水循环过程。王浩等（2003）提出了内陆河流域的“天然-人工”二元水循环演化模式及相应的水资源评价层次化体系，用于指导西北地区水资源合理配置和承载力研究。后续科研中又结合黄河、海河等北方流域水循环演变问题，分析了流域水循环驱动力、循环结构、循环参数的变化，开发了模拟对象为二元水循环系统的流域分布式水文模型，阐述了变化中的流域“自然-社会”二元水循环的基本原理，并讨论了二元水循环研究面临的机遇和挑战（秦大庸等，2014；王浩和贾仰文，2016）。

环境变化对河川径流的影响没有一致的变化趋势，部分地区径流量明显减少，如中国华北地区、撒哈拉沙漠以南的非洲地区、欧洲南部地区、南美洲南部地区、澳大利亚南部地区以及北美洲西部地区等；部分地区径流呈现增加趋势，如南美洲南部的拉普拉塔河流域、北美洲中南部地区等（宋晓猛等，2013）。近年来，人类活动对我国北方部分流域下垫面条件及蒸散发、下渗、径流等水文要素的影响加剧，造成产流量持续减少，降水径流关系明显变化，主要流域水资源显著衰减。根据《全国水资源综合规划（2010—2030年）》及 2001 ~ 2018 年《中国水资源公报》成果，对比 1956 ~ 2000 年与 2001 ~ 2018 年两个时期，发现在海河区后一时期平均降水量比前一时期减少了 4.7% 的情况下，天然河川径流量减少了 38.4%；在黄河区后一时期平均降水量比前一时期增加了 3.6% 的情况下，天然河川径流量减少了 10.1%（表 1.1）。南方水多、北方水少的水资源分布特点更加突出，对经济社会高质量发展和国家水资源安全构成严重威胁。实测径流数据表明，黄河干流各水文站年径流量呈现显著的下降趋势，且下降速率呈现累积效应，下降幅度从上游至下游递增（刘昌明等，2019）。

表 1.1　典型水资源一级区降水与天然河川径流量统计表

时期	海河区		黄河区	
	降水量/mm	天然河川径流量/亿 m^3	降水量/mm	天然河川径流量/亿 m^3
1956 ~ 2000 年	534.8	216.0	445.8	607.0
2001 ~ 2018 年	509.9	133.0	461.8	545.6

1.2　相关领域研究进展

1.2.1　气候变化水文效应

自 1988 年联合国政府间气候变化专门委员会（IPCC）成立以来，发布的每份评估报告均对气候变化对全球水循环的影响给予了高度的关注。温室气体排放和气溶胶等排放情景的设定是未来气候变化预估的基础，相应的社会经济假设、排放量估算等方法也在不断发展和改进。第五次耦合模式比较计划（CMIP5）的模式使用了 RCP2.6、RCP4.5、

RCP6.0、RCP8.5 四个代表性浓度路径（RCP）情景，每种情景都提供了一种受社会经济条件和气候等影响的排放路径，并给出了 2100 年相应的辐射强迫值（Moss et al.，2010）。第六次耦合模式比较计划（CMIP6）使用了 IPCC 气候变化影响评估情景工作组发布的新社会经济情景——共享社会经济路径（SSPs）（O'Neill et al.，2017），包括五个基础的 SSPs（SSP1 ~ SSP5）。为减少全球气候模式（GCM）结果的不确定性，通常同时选取多个模式开展研究，一是便于比较不同模式计算结果的差异，二是可以通过多模式集合来提高模拟精度。当前正在进行的 CMIP6，参与模式研发的团队达到 33 个。较之 CMIP5，参与 CMIP6 的模式考虑的过程更为复杂，且大气模式和海洋模式的分辨率明显提高。由于 GCM 输出信息尺度大、分辨率低，无法直接应用于水文模拟，通常采用统计、动力或两者相结合的降尺度技术将其转化为区域尺度的气温、降水等地面气候变化信息，从而弥补 GCM 对区域气候变化情景预估的局限性。以气候变化情景预估结果为基础，国内外学者围绕气候变化对水文水资源的影响开展了大量研究。

2019 年，IPCC 发布的《气候变化中的海洋和冰冻圈特别报告》显示，欧洲、东非、热带安第斯山脉和印度尼西亚等地的小型冰川，预计到 2100 年将在高排放量情景下损失超过 80% 的当前冰体。高山冰冻圈消退可能会改变下游的水资源可利用性和质量，同时对农业和水力发电等行业产生影响。大范围的多年冻土融化预计在 21 世纪发生，即使全球变暖控制在远低于 2℃ 的范围内，到 2100 年，近地表（3 ~ 4m 深）约 25% 的多年冻土将融化。如果温室气体排放量继续大幅增长，70% 的近地表多年冻土有可能消融；到 2100 年，即使温室气体排放量大幅减少、将全球变暖限制在远低于 2℃ 的范围内，海平面的上升幅度还将达 30 ~ 60cm；但如果温室气体排放量继续大幅增加，海平面上升可能会达 60 ~ 110cm。海平面上升将增加极端海平面事件的频率，这增加了对许多沿海低洼城市和小岛屿的威胁。

2021 年，IPCC 发布的第六次评估报告第一工作组报告《气候变化 2021：自然科学基础》显示，未来 20 年全球温升预计将达到或超过 1.5℃，气候变化正在给不同地区带来多种不同的组合性变化，这些变化都将随着进一步升温而增加。例如，气候变化正在影响降水特征，预估季风降水将发生变化并因地而异，高纬度地区的降水量可能会增加，而大部分亚热带地区的降水则可能会减少；气候变化正在加剧水循环，在带来更强降水和洪水的同时，预估许多地区可能发生更严重的干旱；全球进一步变暖将加剧多年冻土融化，季节性积雪减少，冰川和冰盖融化，以及夏季北极海冰减少；21 世纪，沿海地区的海平面将持续上升，这将导致沿海低洼地区发生更频繁和更严重的洪涝灾害。2023 年 3 月 20 日，IPCC 发布了第六次评估报告综合报告《气候变化 2023》，进一步强调了全球温升的增加与极端天气事件的联系、对水安全的不利影响、高度脆弱地区危害升级的可能性及实现气候韧性发展的挑战性。

中国是全球气候变化的敏感区和影响显著区之一。1951 ~ 2019 年，中国年平均气温每 10 年升高 0.24℃，升温速率明显高于同期全球平均水平，近 20 年是 20 世纪初以来的最暖时期。平均年降水量呈微弱增加趋势，平均年降水日数呈显著减少趋势，极端强降水事件呈增多趋势。中国陆地整层大气水汽含量和水汽收支在最近 40 年呈显著上升趋势，21 世纪以来海河、黄河、淮河和西北诸河流域的水汽和蒸发形成的降水都有所增加（苏布达等，2020）。1980～2019年，中国沿海海平面上升速率为3.4mm/a，高于同时段全球平均水平。《中国气候与生态环境演变：2021》专门从陆地水循环、冰冻圈、水资源与旱涝等方面较全面地总结了中国气候变化的水文效应，认为陆地水循环在过去50余年已经发生了显著变化，并表现出显著的时空分异特征。主要特征包括西北地区水汽含量自20世纪80年代中期以来增加趋势明显，出山口径流多呈增加趋势，长江、珠江、东南诸河等流域地表水资源量总体呈现略微增加趋势，海河、黄河、淮河等北方流域和西南诸河流域地表水资源量则呈减少趋势；冰川快速退缩、多年冻土退化、积雪范围缩小、高原湖泊水储量显著增加等变化明显，近20年来青藏高原是全球多年冻土退化速率最快的地区，部分流域冰川融水量"先增后减"的拐点已经或即将出现，这一现象与流域的冰川面积大小有关。冻土退化导致冰冻圈流域冬季径流量增加，夏季径流量减少，该变化与流域多年冻土覆盖率有关。干旱发生频次增加、强度增强、干旱范围扩大、干旱面积整体呈增加趋势。干旱与高温并发事件明显增多，长江中下游流域春旱、东北地区夏旱、华南地区秋旱形势加剧，华北地区和西南地区持续性干旱事件的发生频次增加（秦大河和翟盘茂，2021；丁永建等，2021）。2022年出版的《第四次气候变化国家评估报告》认为，气候变暖不仅改变了区域水热资源分配，而且对水资源等敏感领域产生了十分明显的影响，不同流域水资源变化趋势存在差异，区域干旱风险增大，未来气候变化的影响可能导致全国水资源脆弱性增强，总体表现为"弊大于利"。此外，气候变化将对南水北调等重大工程也产生不利影响。

总体而言，全球气候系统变化影响着地表系统中冰川、积雪、冻土、湖泊、河流、地下水等各组分特征及降水、蒸发、下渗、融化、汇流、取水、耗水、调蓄等水循环过程，这些变化改变了河川径流的均值、极值、过程及可利用量，对我国的影响深远，不但加剧了我国水问题的复杂性，而且未来将面临较大的不确定性。在我国西部，气候变暖会导致更大规模的冰川融化，未来几十年下游地区可能会面临淡水资源减少的问题（Gao et al.，2019）；周丹等（2021）认为青海湖水位变化主要受气候干湿交替因素控制，预估温室气体中等排放情景下，未来2021～2050年青海湖水位将呈持续增加趋势；Su等（2017）预估气候变化背景下新疆塔里木河流域东北部和西南部实际蒸散发将显著增加，可能导致干旱区水资源形势更为严峻。在我国东部季风区，未来气候变化影响将加剧水资源脆弱性的风险，不同RCP排放情景下21世纪30年代水资源中度脆弱及以上区域面积有明显扩大，极端脆弱区域将达到20%～25%（夏军等，2015）。例如，贺瑞敏等（2015）预估年平均气温升高2℃时，海河流域径流量将减少6.5%。当年降水量增加或者减少10.0%时，海河流域的径流量将分别增加26.0%和减少23.0%；莫兴国等（2016）预估未来气候变化情景下，作物生育期耗水量和灌溉需水量将增加，华北地区干旱化趋势加重，并提出调整春季高耗水作物种植面积和空间布局，减少农业用水量，是适应气候变化的必要途径；王国庆等（2020）预估黄河流域未来30年气温将持续显著升高，在RCP2.6和RCP4.5两种情景下，流域水资源量较基准期可能偏少2%～4%，在RCP8.5情景下流域减少幅度可能超过5%，气候变化将进一步加剧流域水资源供需矛盾；吴婕等（2018）基于RegCM4模式对雄安及周边区域气候变化的集合预估结果表明，雄安及周边区域未来平均气温将不断上升，21世纪中期年均气温升幅在1.6℃左右，年平均降水量将增加8%左右，气温升高导致潜在蒸发量相对于降水增加得更多，将使得区域水资源相对不足的现象加重。

2012 年，IPCC 发布的《管理极端事件和灾害风险推进气候变化适应》特别报告显示，21 世纪，全球许多地区的强降水频率或强降水占总雨量的比例可能增加。虽然预估某些地区的总降水量将减少，但这些地区的强降水可能增加。相关研究表明，未来极端天气气候事件发生频率及强度可能增大，这将引发超标洪水的产生，使得水电工程原有的防洪标准可能变得偏低，从而对水电工程造成防洪压力。在我国，Su 等（2005）研究发现长江三峡工程以上流域极端降水事件特征在不同排放情景下会发生相应的变化，日最大降水量呈增加趋势，可能引起水库运行风险；郝振纯等（2011）预估了不同排放情景下淮河流域发生极端洪水的可能性；吴志勇等（2012）发现珠江流域极端洪水事件发生的频次明显增加；肖恒等（2013）评估了 RCP4.5 情景下未来 30 年珠江流域洪水对气候变化的响应，发现西江和粤西桂南沿海诸河的洪峰流量和洪水总量可能呈增加趋势；黄国如等（2015）认为 2020 ~ 2050 年珠江流域飞来峡水库年最大洪峰流量和年最大 7 日、15 日洪量在 RCP2.6 情景下“大约可能”呈增加趋势，在 RCP4.5 和 RCP8.5 情景下“较为可能”呈增加趋势，水库防洪安全风险增大；王书霞等（2019）发现澜沧江流域未来时期极端洪水较基准期，在 RCP2.6 情景下无明显变化，而在 RCP6.0 情景下，洪峰、洪量增加的可能性较大，极端洪水频率和强度也有较大可能会增加；曾珂等（2020）基于 Copula 函数开展了气候变化下北江流域洪水峰量的联合概率分析。在国外，Seidou 等（2012a，2012b）利用加拿大安大略湖肯普特维尔河流域 1970 ~ 2004 年的气候和水文数据，采用 SWAT 模型模拟降水径流，运用 MCMC 方法估计非平稳 GEV 模型的参数，并通过贝叶斯方法挑选模型，比较平稳 GEV 模型、时变非平稳 GEV 模型以及以 SWAT 模型输出的年最大 *D* 天洪水流量作为非平稳 GEV 模型协变量等不同极值模型对于洪峰的模拟效果。此外，该研究还利用加拿大大气环流模型 CGCM3 的降尺度输出结果作为 SWAT 模型的输入气象资料，并将 SWAT 模型输出的多日洪水流量（7 ~ 15 日）信息与非平稳 GEV 模型相结合，从而研究气候变化对肯普特维尔河流域极值洪水洪峰的影响。研究结果表明，同平稳 GEV 模型相比，将 SWAT 模型输出的年最大 9 日洪水流量作为年最大洪峰流量非平稳 GEV 模型时变参数的协变量，有助于洪水分位数模拟精度的提高，并且该模型模拟的洪水分位数与观测数据具有相同的变化趋势。SWAT 模型输出的多日洪水流量（7 ~ 15 日）信息比输出的洪峰能更多地反映真实洪水的信息。到 2100 年，该流域 20 年一遇的洪水峰值将比现状设计值增加 34%。对于不同类型的流域，可以根据洪水产生机理的不同选择适宜的协变量。例如，Tramblay 等（2014）将极值模型和洪水产生过程相结合，通过地表土壤湿度微波卫星数据集对土壤湿度模型进行校准获得年最大土壤饱和度数据，以此为协变量建立西非莫诺河流域年最大洪峰流量的非平稳 GEV 模型，并依据年最大土壤湿度的变化来估算洪水极值的变化，最后通过区域气候模式集合估计未来 2028 ~ 2050 年该流域土壤湿度的可能变化，从而预测气候变化条件下该流域未来的洪水风险。在 A1B 情景下，预测该流域降水将减少 2%，温度将升高 1.22℃，预测的洪水分位数与 1988 ~ 2010 年洪水的实际观测值相当。对于以蓄满产流为主的流域，该模型比不带协变量的平稳模型能更好地体现洪水的分布特征。传统的降水径流模型模拟长时段径流（如月）的精度通常会高于短时段（如日、洪峰）。统计降尺度产生的气候数据和确定性水文模型耦合模拟的洪峰通常被认为可行度不高（杨涛等，2011）。如何利用传统降水径流模型预估未来的洪水极值，是学术界面临的一个难点问题。

此外，特定季节一些地区因降水量减少或者蒸发量增加将发生更严重的干旱。Burke 等（2010）利用非平稳 GPD 模型分析了 20 世纪英国干旱指标的极值，并根据全球气候模式 HadCM3 和区域气候模式 HadRM3 对未来干旱指标进行了预测，评估了温室气体排放增加对未来干旱变化的潜在影响。Li 等（2020）预估了不同排放情景下未来珠江流域各分区骤发性干旱的变化趋势，认为 RCP8.5 情景下干旱将明显增加。顾磊等（2021）认为，气象-水文干旱对气候变化响应强烈，我国华北地区和东北地区的干旱联合重现期增大，导致干旱潜在风险减小，而华中和华南地区的干旱联合重现期减少，使得干旱潜在风险增加；李昱等（2021）预估气候变化将使澜湄流域干旱从气象到水文的传播过程加剧，水文干旱具有明显的空间异质性，极端干旱将趋多趋强。

1.2.2　下垫面变化水文效应

国外相关研究表明，下垫面变化对流域洪水和城市洪水的驱动机制均能产生较大影响，从而改变洪水极值及其过程。Villarini 等（2009）应用 GAMLSS 模型对美国小流域的年最大洪峰序列进行了趋势和成因分析，以研究城市化对流域洪水的影响。Suriya 和 Mudgal（2012）通过统计分析得出城市硬化面积增加将改变洪水频率，使得同等量级暴雨产生的洪水量级增大。Prosdocimi 等（2015）比较了英国北部不同城市化率小流域的洪水资料，并利用多类非平稳洪水频率模型研究了城市化对洪水极值的影响。Nigussie 和 Altunkaynak（2016）利用 SLEUTH 城市增长模型和 HEC-1 水文模型研究了四种土地利用政策情景下流域城市化对水文响应的影响，认为流域扩展范围内无限制城市化增长情景下的洪峰最大，且洪峰到达时间最快。Singh 等（2016）发现城市化引发了印度夏季季风极端降水的非一致性现象。

随着城市化和现代化的加快，过度追求“水泥硬化”的城市建设模式显著削弱了雨水渗透能力，加之城市排涝系统不堪重负，国内许多大中城市近年来频发因短历时强降水造成的严重城市内涝灾害，下垫面变化引起的城市水文效应受到广泛关注。1963 年 8 月 9 日，当北京城区面雨量为 359.1mm 时，主要排洪河道通惠河的乐家花园水文站洪峰流量为 261m^3/s，径流系数为 0.52，峰现时间为 20h，洪峰历时 44h；2012 年 7 月 21 日，当北京城区面雨量为 197.0mm 时，该站洪峰流量达到 440m^3/s，径流系数为 0.54，峰现时间为 7h，洪峰历时 16h。与 1963 年 8 月的暴雨相比，2012 年 7 月的暴雨量远小于前者，但乐家花园站的径流系数和洪峰流量变大，峰现时间和洪峰历时减小，其根本原因是北京中心城区不透水面积的比例已从 1963 年的 61% 上升到 2012 年的 86%（白国营等，2012）。城市化造成地表植被和坑塘湖泊减少，地面渗透能力减弱，产汇流时间缩短，河道洪峰流量增加，峰现时间提前。长江三角洲地区城市化改变了流域的产汇流过程与机制，造成洪涝孕灾环境恶化，防洪压力增大（许有鹏，2012）。当城市化率从 4.2% 增加到 13.2% 时，秦淮河流域的多年平均径流系数将增加 12.3% 左右（Du et al.，2012）。近年来，水田、水域等面积向城镇面积的转化造成太湖流域水位整体升高（荣洁等，2014）。李显鸿等

（2015）采用平均洪量模数增量修正设计洪峰频率曲线的均值，进而推算出城市化后的设计洪峰流量。高玉琴等（2018）认为高速城市化背景下土地利用对秦淮河流域暴雨洪水的影响程度呈增大趋势，且规模越小的洪水对土地利用变化的响应越强。Wang 等（2019）研究了气候变化和城市化影响下太湖流域极值水位的非一致性特征。董立俊等（2020）研究了土地利用变化对雅砻江流域水文极值的影响。罗伟林和刘俊（2021）的研究表明土地利用变化导致沂河上游不同重现期的洪峰与径流深均出现增加，峰现时间提前，且重现期越低变化越明显，其中东部地区土地利用变化的设计洪水响应最强。李建庆等（2020）在北江流域的研究中发现，农业用地和森林转换为建设用地将导致径流、产水量和地表径流的增加，以及侧流量、地下水含量和蒸发量的减少。

森林植被不仅通过根系吸水和气孔蒸腾直接参与水文循环，其垂直方向的冠层结构和水平方向的群落分布对水文过程也具有重要影响，相关影响机制比较复杂。在全球气候变化和人类活动的双重影响下，近年来全球植被变绿，中国的植被覆盖度显著提高，对相关流域的水文过程具有较大的影响。Zhou 等（2021）分析了北半球 3670 个自然流域 1982 ~ 2015 年春季植被指数与春季/夏季径流的关系，揭示了气候变化下的四种植被-径流关系模式及其驱动机制，并提出北极变暖是局部地区植被-径流关系的关键影响因素。已有大多数研究认为，无论在湿润地区还是在干旱地区，植被覆盖率增加都会造成径流量显著衰减。例如，Loch（2000）在澳大利亚的研究表明，植被覆盖度增加将大大增加地表入渗，从而减小地表产流；太行山地区的 NDVI 平均以 0.009 ~ 0.017/10a 的速度增加，假定在降水不变的情况下，植被变化将导致径流减少 16.6% ~ 66.7%（Yuan et al.，2019）。我国黄土高原植被变化尤为明显，区域内裸地大范围转变为森林或草地，相关研究也很集中。李怀恩等（2004）分析了黄土区坡面与小流域植被变化的水文效应，发现植被度增大可减少次暴雨产流量，使土壤含水量降低，显著削减洪峰流量。黄河中游植被变化影响流域水量转化，植被增加导致蒸散发明显增加，从而使径流下降（刘昌明等，2016）；大规模化植被恢复是北洛河源区径流量减少的直接因素，而退耕还林（草）、水土保持政策是核心驱动力（陈玫君等，2018）。田磊（2019）探究了黄土高原无定河流域气候、植被、径流和蒸散发之间的相互作用关系。张宝庆等（2020）研究发现，黄土高原全区降水以 5.16mm/a 的速率增加，而植被恢复最剧烈的 16 个子流域河川径流量呈不断下降趋势，平均降幅为 1.45mm/a。受植被恢复与重建的影响，研究区蒸散发以 4.39mm/a 的速率增加，植被恢复导致的冠层蒸腾上升是蒸散发增加的主要因素。在我国南方流域，成向荣等（2017）在钱塘江流域一级支流衢江流域的研究表明，大面积发展经济林会增加地表径流，减少地下水补给，使得植被水源涵养功能减弱。魏玲娜等（2019）研究发现，当东江流域现有针叶林生态系统退化为草地时，多年平均径流量增加了 24.4%，蒸散发量减少了 25.3%，不利于自然流域的水源涵养。

流域下垫面变化在我国海河和黄河流域近期河川径流衰减中发挥了重要作用。在海河流域，刘克岩等（2007）发现白洋淀流域径流发生衰减，人类活动的贡献比例超过气候变化，具有较大的不可恢复性，其中流域植被根系吸水能力更强是引起径流衰减的重要原因。韩瑞光等（2009）通过降水径流一致性修正法和分布式水文模型法，研究了海河流域下垫面条件变化对径流量的影响及其变化趋势。李建柱和冯平（2011）研究发现，下垫面变化导致紫荆关流域洪水的峰量变小，土壤蓄水容量增加是引起洪水明显减少的主要原因。郝振纯和苏振宽（2015）研究发现，海河流域林地的增加和草地的减少会降低汛期径流以及最大月径流量，汛期径流系数随着林地面积的增加而减少。付军和冯平（2015）的研究则指出在 1961 ~ 1983 年的降水条件下，相对于 1961 ~ 1983 年的下垫面条件，1984 ~ 1999 年、2000 ~ 2011 年下垫面的改变使滦河干流径流分别减少了 19.4% 和 43.2%，这一变化影响了潘家口水库的入库流量。由于土地利用变化和水土保持工程修建，海河流域部分水文站洪峰和洪量明显减少，且不同量级洪水对下垫面变化响应程度不同（冯平和李建柱，2017）。在黄河中游，众多研究表明，沟（河）道工程与坡沟要素变化相互交织，减水减沙效应非常显著。黄土高原 82 个子流域不同时期的对比计算表明，淤地坝、植被和土地利用变化已经极大地改变了流域的降水径流关系（Miao et al.，2020）。刘晓燕（2016）认为下垫面变化是黄河近年天然径流偏少的主要因素。林草植被改善、水平梯田、淤地坝导致流域产流能力明显降低，地下水超采、水库和景观水面蒸发等也使天然径流的还原结果失真。其他研究成果还包括张建军等（2008）在山西选择了七个小流域，分析了黄土高原不同植被覆盖对流域水文的影响；由森林植被增加与坡改梯的耕作措施调整共同引起的土地利用覆被变化使黄土丘陵沟壑区产流能力大幅降低（张晓明等，2009）；泾河流域梯田修建显著减少了河道径流，平均减流量为 4.25 万 m^3/（km^2·a），同时具有显著的蓄洪补枯作用，有效地保障了生态基流（李娟等，2015）；大规模水土保持治理和农田灌溉引水增加是无定河流域径流量下降的主要原因（任宗萍等，2019）；淤地坝群的建设对流域产汇流过程产生了强烈干扰，其拦蓄作用形成了产流阈值效应（李彬权等，2019）。坝库工程、引水灌溉及梯田林草等水利水保工程措施是黄河中游径流锐减的主要驱动力，显著减弱了河流径流的波动性（冯家豪等，2020；穆兴民等，2021）；水土保持措施可有效调蓄洪峰，同时显著减缓洪水消退过程，可将延河流域 200 年一遇的特大洪水事件降低为风险更小的 50 年一遇洪水（翟婷婷等，2021）。

此外，城市化还能通过地表能量分配及其他城市环境要素改变区域降水特性，从而影响地表水文过程。随着城市化的发展，城市下垫面和生态环境与郊区差异越来越大，局地气候差异越来越明显，城市热岛效应增强。王萃萃和翟盘茂（2009）利用中国 753 个台站的逐日降水资料，分析了人口在 100 万以上的大城市极端强降水事件的变化特征及其与周围的区别，发现半数以上的大城市，尤其是在华北地区，极端降水强度和频数的变化趋势比周围大。Shepherd 等（2011）分析了美国亚特兰大地区 2009 年致洪暴雨的成因，证实了城市下垫面对这次极端降水天气系统的显著影响。Kishtawal 等（2010）对全印度地区的研究发现，城市地区强降水的频次显著高于郊区。杨龙（2014）关于城市下垫面以及城市化引起的降水空间分布改变对流域洪水的影响分析表明，不透水面积的增加以及降水空间分布的改变对流域的洪水量级以及年径流量年际变异性的影响具有“协同效应”。

总体而言，下垫面变化对径流的影响是一个渐变的过程，其影响因素复杂，使得水文模型结构及参数的不确定性也越来越高。因此，对于人类活动影响逐渐加大的流域，在采用较长径流系列进行水文频率计算、水文模拟和预报时，即使将实测系列还原成天然系列，仍难以使系列具有较好的一致性，传统的计算成果也难以反映近期下垫面条件下的产流量。

1.2.3 水循环演变贡献分解

径流形成与演变通常同时受到气候变化、下垫面和人类用水等多因素的共同影响，气候变化的影响主要通过降水和蒸发的变异来实现，下垫面变化和人类用水的变化则属于人类活动范畴，不同区域和流域径流演变的主导因素和驱动机制存在差异。国内外学者通过深度挖掘和利用多源监测数据，采用物理实验、模型模拟、统计评价等手段，开展了流域径流演变的过程、规律和驱动机制研究。例如，Seguis 等（2004）运用分布式水文模型对三个不同时期地表年径流变化趋势进行了研究，并分析了人类活动及气候因素对径流的影响程度。Guo 等（2008）采用 SWAT 模型，检验了过去气候变化和土地覆盖变化对鄱阳湖流域年径流和季节径流的影响，结果发现年径流变化主要源于气候变化，而土地覆盖变化改变了流域年内水文过程，进而对季节径流产生了重要影响。孟现勇等（2015）分析了近 60 年气候变化及人类活动对艾比湖流域水资源的影响。谢瑾博等（2016）基于最优指纹法分析探讨了中国东部季风区黄河、淮河、海河、珠江、长江、松花江流域水循环变化（地表温度、降水、径流、蒸散发）及其归因。苏贤保等（2021）分析了气候变化和人类活动对黄河上游径流影响的时空差异。气候干旱、上游流域水资源消耗增加、地下水超采等因素是我国北方岱海、黄旗海、察汗淖尔等许多湖泊湿地干旱萎缩的主要原因。Wu 等（2022）基于梯度提升决策树的回归模型分析了气候要素和地下水位对中国最大沙漠淡水湖——红碱淖湖水位变化的影响。

在气候变化与人类活动影响的贡献分解计算中，一般需要准确识别径流发生突变的年份，将突变年份之前的一段时期作为基准期，将突变年份后的一段时期划分为变化期。常用的突变点检验方法包括 Mann-Kendall 突变检验法、Pettitt 突变检验法、滑动 t 检验法、双累积曲线法等（谢平等，2012；Wang et al.，2013；王随继等，2012）。林凯荣等（2012）建立了气候变化及人类活动对流域径流影响的贡献分解方法，运用改进的 SCS 月模型进行径流模拟，以揭示气候变化及人类活动对流域径流量的影响。各子流域中气候变化和人类活动对径流影响的分量基本相当，岳城、顺天和蓝塘三个子流域土地利用变化对径流影响的贡献率分别为 19.54%、24.11% 和 29.94%。宋晓猛等（2013）总结了我国九大流域径流变化特征及其归因分析结果。邱玲花等（2015）采用敏感性系数法与改进前后的双累积曲线法，分析了气候变化与人类活动对太湖西苕溪流域 1972～2010 年水文过程的影响。结果表明，气候变化与人类活动对流域径流变化影响的贡献分别为 37%～42% 和 58%～63%，人类活动影响大于气候变化。黄斌斌等（2018）将已有的定量区分气候变化和人类活动对地表径流演变贡献的主要方法分为基于水文模型的径流还原法、弹性系数法、情景模拟法、幂指数连乘与多元回归结合法、累积斜率法五类，并比较了各自的优缺点和适用条件，认为在全球范围内不同流域气候变化和人类活动对地表径流变化的影响强度存在明显的区域分异。刘剑宇等（2016）基于 Budyko 假设的水热耦合平衡方程，构建了气候变化和人类活动对径流变化影响定量评估模型，量化了气候变化和人类活动对径流变化的影响，认为对中国大多数流域径流变化而言，人类活动的影响主要以减少年径流量为主。从国内已有文献来看，径流演变贡献分解的相关文献以海河流域和黄河流域最为集中。基于Budyko理论的水热耦合模型通常在较长的时间尺度上模拟流域水文过程；然而，若在模拟时忽视流域水储量的变化，将会导致一定的误差，进而限制了该方法在更小时间尺度的应用。相关研究基于卫星遥感的方式获取流域水储量的变化，从而实现了在更精细的时间尺度上对流域水文过程的模拟（Dang et al.，2021；Fang et al.，2016；Han et al.，2021；Lv et al.，2018；Nayak et al.，2021；Wu et al.，2018）。

在海河流域，Wang等（2009）建立了分布式月水量平衡模型，通过设置人类活动影响背景参数集，识别出潮白河流域人类活动导致下垫面变化使径流减少的贡献率接近70%，成为导致径流减少的主要原因。Jia等（2012）利用指纹识别技术，定量区分了气候系统的自然变异、温室气体排放导致的气候变暖以及区域高强度人类活动等因素在流域水资源演变过程中的贡献。结果表明，气候系统的自然变异和区域人类活动是导致海河流域过去40年地表水资源量变化的两个因素，其中区域人类活动是主要因素，其贡献约为60%。胡珊珊等（2012）发现唐河上游流域1980年后发生突变，径流下降趋势显著，气候变化和人类活动对径流减少的贡献率分别约占40%和60%。Xu等（2014）利用Budyko假设法计算出气候变化和土地利用/覆被变化对于海河流域径流下降的贡献率分别为27%和73%，其中气候变化主要来自降水减少，覆被变化主要来自植被增加。王庆明等（2021）通过分析降水、蒸发、水保工程等因素，讨论了大清河流域山区地表径流衰减的原因，评估了不同时段各个因素的影响程度。鲍振鑫等（2021b）建立了气温变化、降水变化、下垫面变化和取用水四元素驱动的河川径流变化定量识别技术体系，分析了四种因子在海河流域河川径流减少中的贡献，认为气候变化和人类活动的贡献分别占1/3和2/3。流域上游径流衰减的贡献分解结果表明，上游山区下垫面变化与人类活动耗水增加是白洋淀干旱的主要原因（Wang et al.，2021）。生态水文模型的模拟结果表明，白洋淀上游环境变化对植被动态和水分收支的影响较大，未来应加强气候变化趋势的不确定性及土地利用的适应性管理措施研究，以实现森林植被率增加和产水量增加的双赢局面（Ye et al.，2021）。

在黄河流域，Zhan等（2014）利用改进的气候弹性系数法得出气候变化和人类活动在渭河径流衰减中的贡献分别为22%~29%和71%~78%。张丽梅等（2018）基于Budyko水热耦合平衡理论的水量平衡法估算了径流变化对各驱动因素的弹性系数，并对气候变化和人类活动对径流变化的贡献率进行了定量评价。研究发现，渭河干流和泾河流域下垫面变化对径流减少的贡献率均超过了60%，降水变化贡献次之，潜在蒸散发的影响最小。魏晓婷等（2019）采用累计斜率变化率比较法，定量分解了气候变化和人类活动对其四季径流变异的贡献率。研究发现，人类活动对春季、夏季、秋季和冬季径流变异的贡献率分别为50.40%、89.69%、39.14%和84.59%。在夏季和冬季，人类活动（主要是水土保持措施的不断深入）对泾河径流变异的贡献占主导地位，且干扰了径流的周期变化。鲍振鑫等（2021a）以黄土高原窟野河流域为典型研究对象，利用VIC水文模型和八种基于机器学习算法的输沙量模型，耦合构建流域水沙集合模拟技术，定量识别了流域水沙演变特征与变异成因。与天然期1960~1979年相比，1980~2014年气候变化和人类活动对径流减少的贡献分别为24%~39%和61%~76%，人类活动是窟野河流域水沙减少的主要原因，且随时间推移呈增大趋势。

总体而言，不同研究的起止时间、选取的站点数量及空间分布存在差异，而且贡献分解方法本身存在一定的不确定性。因此，即使在同一流域或区域，不同研究成果的结论也会存在一定程度的差异。但大多数研究都表明，人类活动及下垫面变化是近期我国海河、黄河等北方流域径流演变的主导因素。目前，相关研究侧重年径流的演变分析，而对于水文极值事件的演变成因研究相对偏少。在实际分析中，应采取多途径多方法比较的方式，从多时间尺度综合区分并确定多源影响因素的贡献。

1.2.4 水文序列的非一致性

传统的水文频率分析通常假设数据是独立同分布的，必须满足独立性、平稳性、一致性等要求。实际上，对许多水文现象而言，它们的随机性常常呈现出某种趋势、季节性或者周期等系统性影响，这就导致了水文时间序列的非一致性。气候及下垫面变化引起的水文非一致性也已得到越来越多观测事实的证实。非一致性水文时间序列的概率分布随时间而变化，其重现期和风险的概念也与稳定环境背景下的情况有所区别，其超越概率的变化及设计值的不确定性更加复杂（Read and Vogel，2015；Yan et al.，2017）。这些特征决定了不能用一般的极值建模方法对其建模，对传统水文频率计算方法进行改进创新以适应水文序列的非一致性显得尤为重要。例如，Waylen 和 Woo（1982）发现频率分析所选取的极值序列中个体有时并非服从于同一分布，进而提出了混合分布模型和基于条件概率的分析方法。Strupczewski 等（2001）考虑统计参数均值和方差的趋势性，提出了处理非一致性极值序列的时变矩模型，可得到设计值随时间的变化关系。Rigby 和 Stasinopoulos（2005）将累积分布函数的参数建模成协变量的函数，提出了位置参数、尺度参数、形状参数的广义可加模型（GAMLSS）。Rootzén 和 Katz（2013）讨论了气候变化背景和全生命周期概念下水文设计值的风险及不确定性。一些文献利用非平稳 GPD 模型研究了极端强降水的频率、强度、空间范围、持续时间和发生时间等要素的变化（Sugahara et al.，2009；Beguería et al.，2011；Mailhot et al.，2013）。Vanem（2015）建立了反映年际变化和不同年内变化特征的多种非平稳 GEV 模型，通过研究北大西洋某区域波高 1970 ~ 1999 年的历史观测数据以及 RCP4.5、RCP8.5 等不同排放情景下气候模式预测的 2071 ~ 2100 年的数据，对区域的极值波高是否受气候变化的影响存在趋势进行了分析。

国内，梁忠民等（2011）从还原/还现和直接分析等两个途径介绍了非一致性水文频率分析的研究进展。宋松柏等（2012）应用全概率公式，推导了具有跳跃变异的非一致分布水文序列频率计算公式。叶长青等（2013）对东江流域洪水非一致性的研究表明，传统设计方法高估了设计洪水的量级。冯平和李新（2013）采用 Copula 函数进行了非一致性洪水峰量的联合分析。谢平等（2013，2014）针对西江洪水归槽问题，分别基于希尔伯特-黄变换和小波分析计算了非一致性洪水的频率。顾西辉等（2014，2015）基于 GEVcdn 等模型研究了珠江流域非一致性洪水的频率。熊立华等（2015）从非一致性诊断、数学描述、归因分析、重现期定义和估计等方面对非一致性水文序列的频率进行了综述和展望。Song 等（2018）提出了一种基于惩罚似然函数的参数估计方法，用来确定非一致性条件下皮尔逊Ⅲ型分布的参数估计结果。熊立华等（2018）针对洪水、枯水以及年径流序列，研究了非一致性水文序列统计分布规律及其内在水文驱动机制。在我国第二、第三次水资源调查评价中，提出了年河川径流系列的一致性处理方法，包括实测河川径流系列的还原和天然年河川径流系列的修正两个步骤。

一些研究案例证实了影响水文极值的协变量的存在。吴孝情等（2015）考虑了全球气候变化影响，采用厄尔尼诺-南方涛动（ENSO）指标、太阳黑子、东亚季风指数、南亚夏季季风指数、南中国海夏季季风指数等影响因子对其进行了分析，发现不同影响因子在各个站点的重要度影响不同，其中厄尔尼诺指标（SMEI）对珠江流域极端降水的影响最为明显。Tramblay 等（2013）选择地中海的空气温度、海水压力等指标作为备选协变量，利用44 个站点 1958 ~ 2008 年的日降水数据，建立了非平稳 GPD 模型来分析法国南部 100mm/d 以上极端强降水事件的发生频率。研究结果表明，非平稳模型的拟合效果要好于传统的平稳模型。López 和 Francés（2013）将北极涛动、北大西洋涛动、地中海涛动、西地中海涛动等气候指标和水库调控指标作为协变量，选择极值模型中的 Gumbel、Weibull、Gamma 等分布函数，利用 GAMLSS，研究了西班牙 20 条河流的非平稳洪水频率分析问题。该模型既能体现低频气候强迫因子的年际变化在西班牙河流洪水极值建模中的重要作用，又提出了一个无量纲的水库调控指标来反映水库调度对洪水极值的影响。研究结果表明，带时变参数的非平稳极值模型可以清楚地解释洪水的非平稳特性。水库调控指标的定义是 $\mathrm{RI}=\sum_{i=1}^{N}\left(\frac{A_i}{A_\mathrm{T}}\right)\cdot\left(\frac{C_i}{C_\mathrm{T}}\right)$。式中，$N$ 为水文测站上游的水库数量；A_i 为每一个水库的控制流域面积；A_T 为水文测站的控制流域面积；C_i 为每一个水库的总库容；C_T 为水文测站的年均径流量。Shao 等（2022）利用耦合气象、人类活动等协变量因子的 GAMLSS 模型构建了非稳态的水文干旱指标，评价了环境变化对无定河流域水文干旱演变的驱动作用。

已有建模研究中主要关注三个问题：一是分析过去已经发生的水文序列是否存在变化趋势；二是通过模拟发现影响水文序列的协变量，探索非一致性条件下的建模方法；三是预测未来环境变化对水文序列的影响。当然，这三个问题也是相互关联的。目前，非一致性水文频率计算方法的研究及应用还在探索阶段。今后应进一步加强以下几方面的研究工作：一是要充分利用非平稳时间序列极值统计、贝叶斯分析等学科知识，对传统水文频率计算方法进行改进创新，使之适用于非一致性条件下的水文极值统计，同时要重视非平稳时间序列极值统计模型和传统水文频率分析方法的比较；二是要加强水文非一致性多源影响因素的贡献分解研究，综合利用水文模型、水文气象统计等工具，定量区分气候变化、土地利用、工程设施等因素在水文极值变化中的作用；三是要结合物理成因及外部环境变化判断非平稳极值统计模型预估结果的可信度，重视非一致条件下水文极值重现期和风险的不确定性评估。

1.3　研究内容及技术路线

大清河山区位于海河流域中西部，区内拒马河、北易水、中易水、唐河、沙河等主要水系呈扇形分布，总面积为 18 602km^2，是河北省雄安新区、保定市、北京市房山区等城市上游的重要水源涵养区。对比 1956 ~ 2000 年与 2001 ~ 2020 年两个时段，发现大清河山区后一时段平均降水比前一时段减少了6.2%，但实测河川径流却减少了61.5%，不同时段的降水径流关系发生了巨大变化，各条主要河流径流系列的非一致性均非常显著。山区紫荆关站、阜平站、中唐梅站等水文站暴雨洪水的产流阈值整体上升，而径流系数则在持续减少。探索变化环境下大清河山区水循环转化的复杂机理，结合未来变化情景预估大清河流域上游水库径流的变化趋势，不仅有助于揭示整个华北地区水资源演变的成因机制，而且能为雄安新区供水安全保障和白洋淀水生态修复提供直接的科学依据，具有理论与实践的双重意义。

本书针对雄安新区上游大清河山区水资源演变问题，开展了水循环非稳态过程模拟研究，各章的主要内容如下。

（1）第1章：在简要描述流域水循环的稳定性问题的基础上，从气候变化水文效应、下垫面变化水文效应、水循环演变贡献分解、水文序列的非一致性等方面进行了文献综述，并介绍了本书的主要内容与技术路线。

（2）第2章：从自然地理和社会经济两方面阐述了雄安新区上游山区的基本概况，研究了气温、降水、蒸散发等气象因素的时空分布规律及变化趋势，介绍了河流水系分布情况，并对流域内水利工程、水资源利用的现状及存在的主要问题进行了分析。

（3）第3章：介绍了大清河山区水循环的非稳态特征，包括运用趋势分析方法分析大清河山区洪水、径流系列数据的演变特征，采用双累积曲线法分析山区降水径流关系的演变趋势，通过多时段数据比较分析流域径流系数和洪水产流阈值的演变特征。此外，从流域水土流失与治理措施、土地利用类型、植被覆盖变化、人类活动取用水变化等方面，分析了大清河山区降水径流关系演变的驱动因素。

（4）第4章：介绍了水热耦合模拟的理论基础及主要的参数Budyko方法，利用不同类型的Budyko模型，对大清河山区王快水库、西大洋水库以上两个子流域的水热耦合过程进行了模拟，通过比较模拟效果，确定了模拟模型的优化结构及参数，并利用直接分解法、弹性系数法两种方法定量识别了流域内气候、下垫面等不同因子对径流演变的贡献率。

（5）第5章：介绍了分布式水文模型DHSVM（distributed hydrology soil vegetation model）的结构模块、计算原理及输入数据，利用方差分析法和多目标遗传算法开展了水文模型参数的敏感性分析和自动率定，根据建立的模型模拟了大清河山区王快水库以上流域和西大洋水库以上流域的水文过程，分析了各子流域水量平衡及水资源时空变化特征，并利用分布式水文模型定量识别了气候变化、植被改变、人类活动对地表径流演变的影响。

（6）第6章：介绍了大清河山区水循环对未来环境变化的响应模拟，结合研究区域实测气象数据，对CMIP6气候数据开展降尺度处理，作为流域水循环模型中未来时期的气象输入，结合拟定的下垫面和社会经济发展情景，预估了不同组合情景下流域未来径流、土壤水、实际蒸散发的时空变化情况，为区域水资源规划与管理提供科学依据。

（7）第7章：将皮尔逊Ⅲ型分布拓展至非一致性条件下并开展应用，提出了惩罚似然函数来优化该分布在非一致性条件下的应用，同时通过数值模拟验证了惩罚似然函数法的优越性，最终根据优化后的估计结果评估了大清河山区河流的径流频率及其不确定性，相关计算成果应用于大清河流域上游水库生态补水潜力的分析计算中。

本书在广泛收集气象、水文、水资源、土壤、植被、土地利用、水利工程、社会经济等各类基础资料数据的基础上，以水文统计、Budyko 方法、分布式水文模型、气候模式降尺度技术等理论和方法为支撑，采用多学科综合和跨学科交叉的方式，按照“规律分析—机理揭示—趋势预估”的技术路线开展大清河山区水循环非稳态过程模拟研究，以期为雄安新区多水源联合调配提供科学依据。总的技术路线如图 1.2 所示。

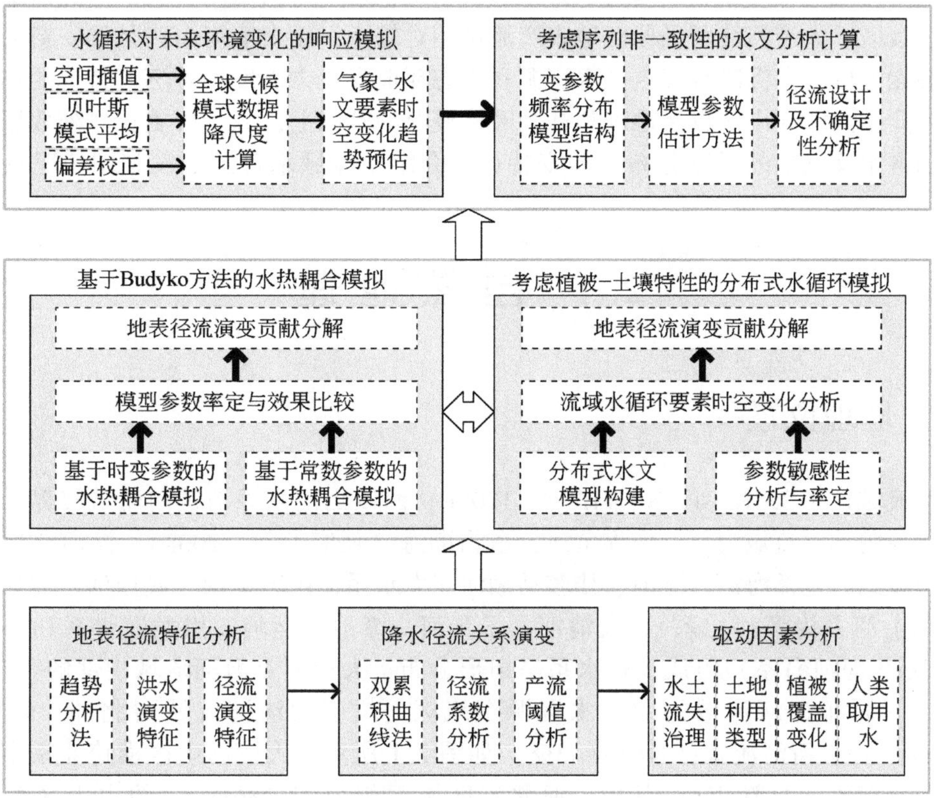

图 1.2　技术路线图

第2章　雄安新区上游山区概况

雄安新区地处海河流域大清河水系中部，上游包括大清河山区、大清河淀西平原两个水资源三级区。大清河淀西平原区地表产流量相对较小，而大清河山区是雄安新区上游重要的水源涵养区，在保障雄安新区水资源和生态环境安全方面发挥着不可替代的作用。本章在简要介绍大清河山区自然地理和社会经济概况的基础上，基于历史长序列数据分析了大清河山区水文气象的时空分布及演变特征，介绍了流域水资源开发利用情况及存在的问题。

2.1　自然地理

2.1.1　地理位置

海河流域位于35°N～43°N、112°E～120°E，西以山西高原与黄河流域接界，北以内蒙古高原与内陆河流域为邻，南界黄河，东临渤海（任宪韶等，2008）。海河流域河流众多，源短流急，包括海河、滦河、徒骇马颊河三大水系，由蓟运河、潮白河、北运河、永定河（以上河系为海河北系）、大清河、子牙河、漳卫南运河、黑龙港水系和海河干流（以上河系为海河南系）组成，各水系呈扇形分布。大清河是海河流域中部的重要河流，大清河山区属于海河流域的一个水资源三级区，位于大清河流域西北部，面积约为18 602km^2，占大清河流域总面积的43%。如图2.1所示，大清河山区横跨北京市、河北省、山西省三省（直辖市）。其中，河北省区域面积为13 786km^2，约占山区总面积的74%；山西省区域位于大清河山区西部，面积为3406km^2，约占山区总面积的18%，主要集中于西大洋水库、王快水库以上流域范围内；北京市区域面积最小，位于大清河山区东北部，约占山区总面积的8%。

2.1.2　地形地貌

海河流域西北高、东南低，燕山、太行山等山脉自东北至西南形成一道高耸的屏障，环抱海河平原，平原地势自西、北、西南三面向渤海湾倾斜。流域内山脊海拔多在1400～2000m，最高点五台山主峰海拔为3061m。流域山地和平原近乎直接相交，丘陵过渡段很短（诸葛亦斯等，2021）。海河流域地貌可划分为高原、山地和平原三类。高原区位于大同市、张家口市、御道口镇以北的内蒙古坝上地区，海拔在1500m以上。山地区位于大同市、张家口市、御道口镇以南，山海关区、蓟州区、房山区、焦作市以北地区，海拔界于

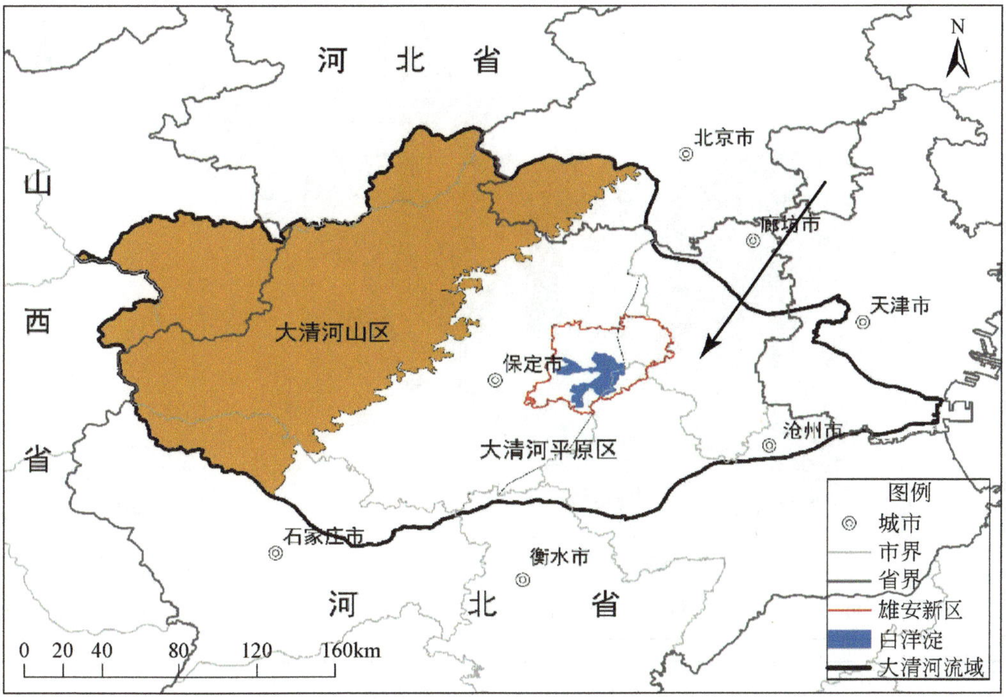

图 2.1　大清河山区地理位置图

100～3000m。平原区位于山海关区、蓟州区、房山区、满城区、邯郸市、焦作市以南，以东至渤海，海拔在 100m 以下。

如图 2.2 所示，山区地形总体上呈现出西北部高、东南部低的特点。以京广铁路为分界线，铁路以东为平原区（大清河淀西平原与淀东平原统称为平原区），铁路以西为山区，其中山区按照海拔又可分为中山区、低山区和丘陵区三类。中山区海拔大都在 100m 以上，位于大清河山区西部，主要包括河北省涞源县全部，涞水县、易县、满城区、顺平县、唐县、阜平县的西部深山区，山西省大同市的灵丘县大部分，浑源县、广灵县小部分，以及忻州市繁峙县一部分区域，最高山峰为五台山东台，海拔高达 2767m。该区域山体切割强烈，山势高峻，河谷深切，支脉发育，并嵌有小型盆地和断裂谷地。低山区及丘陵区位于中山区东南部，呈条带形，北起涞水县，南至阜平县，包括涞水县、易县、徐水区、满城区、顺平县、唐县、曲阳县、阜平县的大部分地区。低山区坡缓谷宽，陆地发育，有黄土覆盖，除狼牙山为 1105m 外，其余地区海拔一般在 50～100m。丘陵区地形低缓起伏，向东南逐渐变为平原，并有孤山圆丘突出地面，大致分布在京广铁路西侧 10～40km 处。其中，拒马河流经的十渡地区是华北地区最为典型的河流侵蚀与岩溶地貌发育区，地表岩溶峰丛与峡谷类型多样，地下岩溶形成的各类溶洞和次生化学沉积物千姿百态。图 2.3 分别展示了易水河、唐河、拒马河等河流沿线不同的地貌特征。

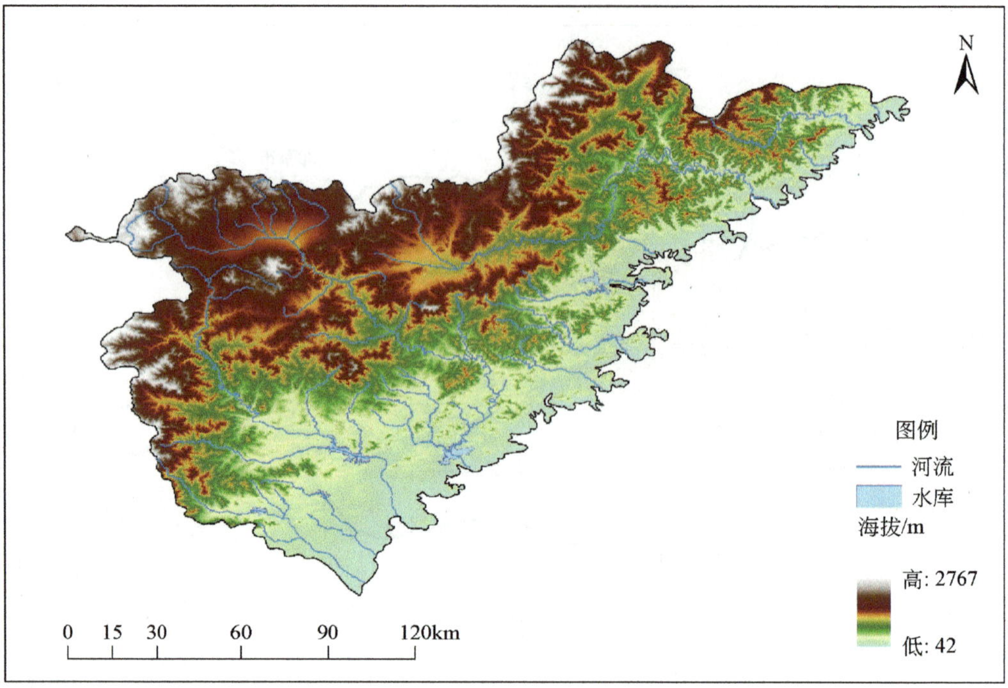

图 2.2　大清河山区高程图

图 2.3　大清河山区河流沿线地貌特征

2.1.3 土壤类型及分布

大清河山区土壤类型数据来源于中国科学院地理科学与资源研究所资源环境科学与数据中心的中国土壤类型空间分布数据（1km 栅格数据）。此数据是根据全国土壤普查办公室 1995 年编制并出版的《1∶100 万中华人民共和国土壤图》数字化生成的，采用了传统的“土壤发生分类”系统，基本制图单元为亚类，共分出 12 土纲、61 个土类以及 227 个亚类。土壤属性数据库中的记录数达 2647 条，属性数据项共 16 个，基本覆盖了全国各种类型土壤及其主要属性特征。

大清河山区土壤类型分布如图 2.4 所示。大清河山区土壤类型可划分为 7 个土纲、11 个土类及 17 个亚类，其中 11 个土类分别为棕壤、褐土、黄绵土、新积土、石质土、粗骨土、山地草甸土、潮土、沼泽土、水稻土，以及湖泊、水库。表 2.1 为大清河山区不同土壤类型面积统计表，图 2.5 为大清河山区土壤类型分布直方图。可以看出，大清河山区内土壤主要为褐土、粗骨土以及棕壤，其中半淋溶土–褐土在大清河山区分布最广泛，主要分布在山区中、西、北部的灵丘县、涞源县及易县一带，面积占比达 57.80%；其次是初育土–粗骨土，粗骨土主要分布在大清河山区王快水库、西大洋水库上游，集中在沙河、唐河及其支流附近处，面积占比达 21.04%。从地貌类型来看，山地土壤的垂直分布自山顶为耕作褐土、山地褐土、山地棕褐土、山地粗骨土，山区表层土壤岩性一般为石质、土质、土石质。

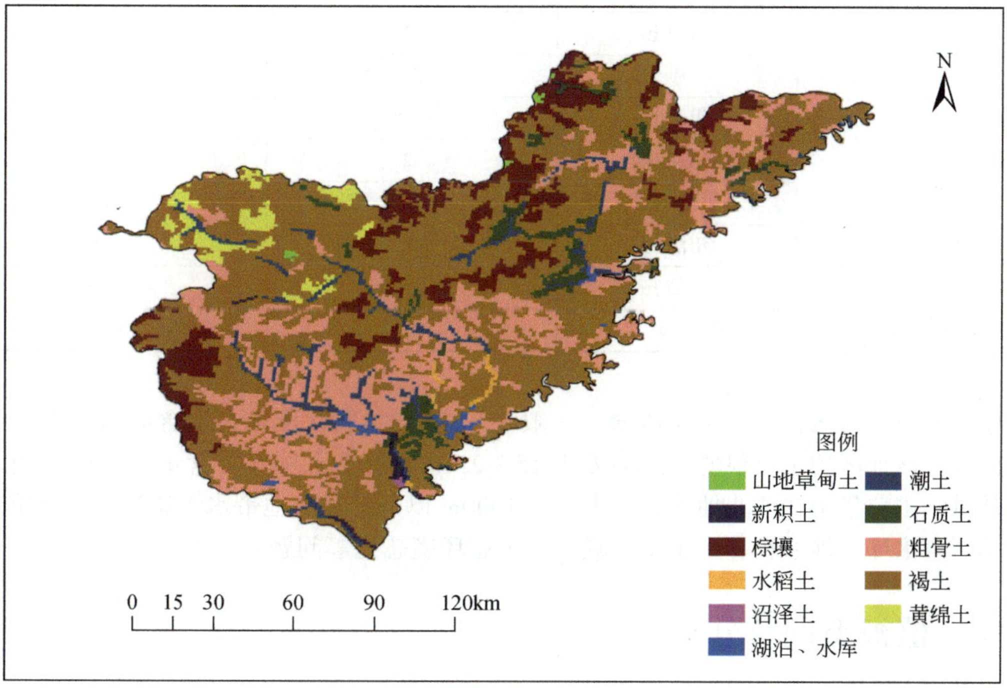

图 2.4　大清河山区土壤类型分布图

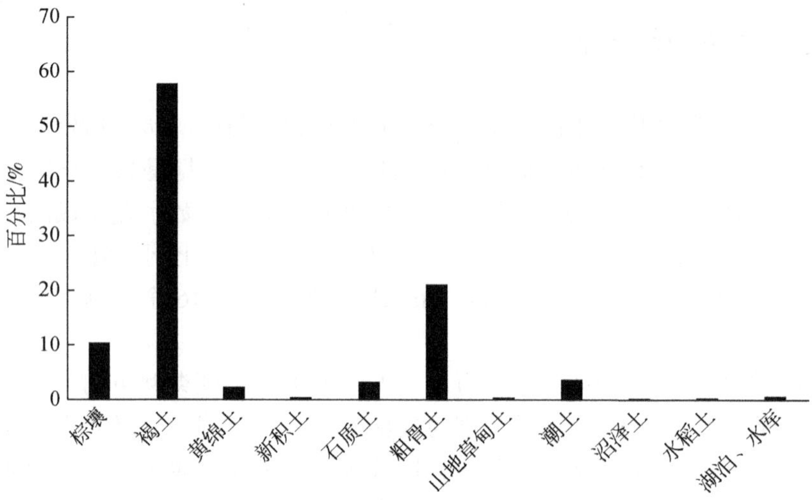

图 2.5　大清河山区土壤类型分布直方图

表 2.1　大清河山区不同土壤类型面积统计表

土纲	土类	面积/km²	面积占比/%
淋溶土	棕壤	1 931	10.38
半淋溶土	褐土	10 752	57.80
初育土	黄绵土	424	2.28
	新积土	82	0.44
	石质土	600	3.23
	粗骨土	3 915	21.04
半水成土	山地草甸土	32	0.17
	潮土	682	3.67
水成土	沼泽土	9	0.05
人为土	水稻土	56	0.30
湖泊、水库	湖泊、水库	119	0.64

整个大清河山区石质土土层浅薄，一般小于 10cm，风化度低，富含砾石，多碎屑岩粒。同时，该地区的土层很薄，平均处于 15～25cm。由于土壤养分含量低，区域内水土流失严重，主要集中在西北地区，其中海拔 1000m 以下的丘陵地带水土流失最为严重。这导致了下游水库泥沙淤积、土壤肥力减少、生态环境恶化等问题。

2.1.4　植被类型及分布

大清河山区植被类型数据来源于中国科学院地理科学与资源研究所资源环境科学与数据中心的中国 100 万植被类型空间分布数据（1km 栅格数据）。此数据来源于《1：

1 000 000中国植被图集》，该图集详细反映了我国 11 个植被类型组、54 个植被型的 796 个群系和亚群系植被单位的分布状况、水平地带性和垂直地带性分布规律，同时反映了我国 2000 多个植物优势种、主要农作物和经济作物的实际分布状况及优势种与土壤和地面地质的密切关系。大清河山区植被类型分布如图 2.6 所示，共有 7 大类，分别是针叶林、阔叶林、灌丛、草原、草丛、草甸和栽培植被。流域内植被受地形、气候等自然因素影响，随着海拔的变化呈现出层次分明、区域集中、类型多样的规律性分布特点。

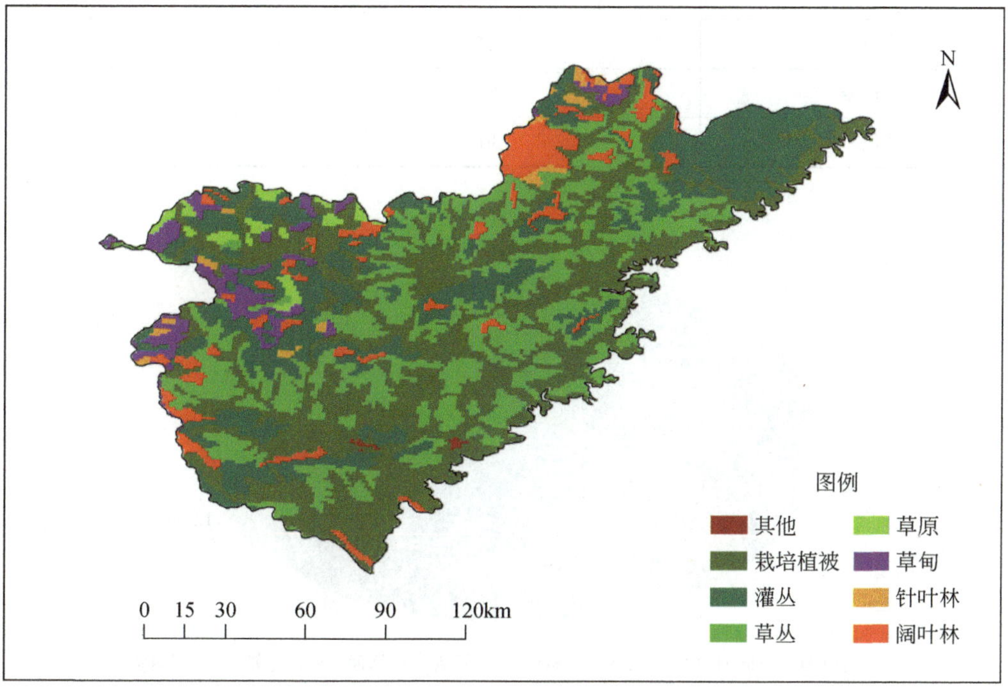

图 2.6　大清河山区植被类型分布图

其中，针叶林植被主要分布在大清河山区西北部涿鹿县，分布面积占全区植被总面积的 1.03%，为流域内最小；栽培植被主要分布在山区中部保定市区域内，面积比例为 38.67%，分布最为广泛；阔叶林主要分布在西北山区，分布面积较小，仅为 6.57%；灌丛主要分布在山区北部，分布面积比例为 23.53%；草原主要分布在山西境内，所占比例仅为 1.39%；草丛主要集中分布在山区中东部范围内，分布面积相对较大，所占比例为 24.80%；草甸主要分布在上游山西区域，所占比例为 3.85%。具体统计结果见大清河山区植被类型面积比例统计表（表 2.2）和大清河山区植被类型面积比例饼状图（图 2.7）。图 2.8 为本书作者实地拍摄的大清河山区夏季和冬季的植被特征。

表 2.2　大清河山区植被类型面积比例统计表

植被类型	面积/km^2	面积占比/%
针叶林	192	1.03

续表

植被类型	面积/km²	面积占比/%
阔叶林	1222	6. 57
灌丛	4377	23. 53
草原	258	1. 39
草丛	4614	24. 80
草甸	716	3. 85
栽培植被	7193	38. 67
其他	30	0. 16

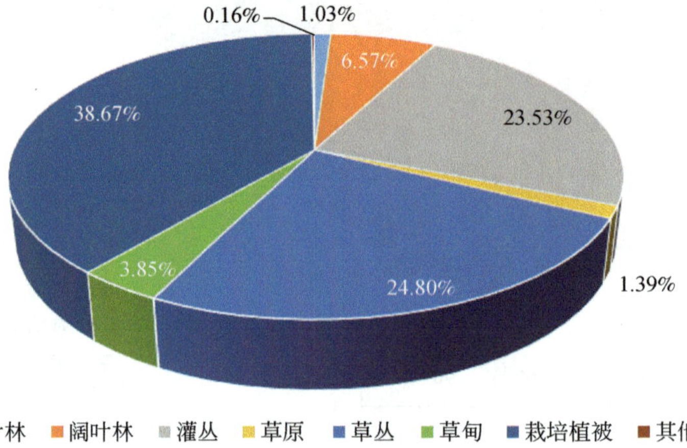

图 2. 7　大清河山区植被类型面积比例饼状图

图 2. 8　大清河山区不同季节的植被特征

2.1.5 土地利用

多年来，通过开展生态清洁小流域建设、风沙源治理、坡耕地治理、退耕还林等工程，海河流域水土流失综合治理成效显著，林草覆盖率持续增加。遥感监测结果表明，1980～2020 年，海河流域山区耕地面积减少了 4360km^2，林地面积增加了 840km^2，城镇居民用地增加了 5450km^2（鲁帆等，2023）。大清河山区土地利用数据采用中国科学院地理科学与资源研究所资源环境科学与数据中心的 2020 年中国土地利用遥感监测数据，该数据是在 2015 年土地利用遥感监测数据的基础上，基于 Landsat 8 遥感影像，通过人工目视解译生成，数据格式为 1km 栅格数据。土地利用类型包括耕地、林地、草地、水域、未利用土地，以及城乡、工矿、居民用地 6 个一级类型及 25 个二级类型，其中大清河山区土地利用类型包括 6 个一级类型及 17 个二级类型，根据资料绘制大清河山区 2020 年土地利用类型图，如图 2.9 所示。

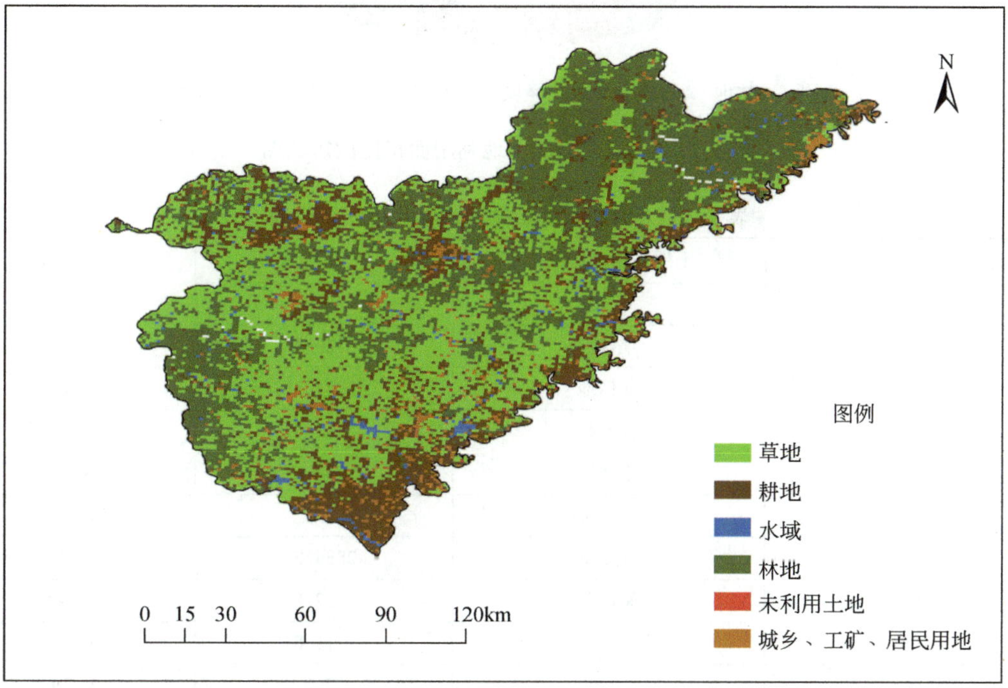

图 2.9 2020 年大清河山区土地利用类型图

大清河山区土地利用类型分布具有显著的地形梯度（李硕等，2021）。统计结果表明，大清河山区土地利用类型以草地及林地为主。草地的优势分布区在中、高地形梯度地区，面积约占全区面积的 38.74%，所占面积比例最大，广泛分布于大清河山区中西部阜平县、灵丘县区域内。林地的优势分布区多集中在高地形梯度区域，主要分布在大清河山区北部保定市涞水县、北京市房山区等区域内，所占比例为 36.81%，是大清河山区第二大土地利用类型。耕地与城乡、工矿、居民用地在低地形梯度地区分布优势明显，主要分布在大清河山区东部及南部，与平原区接壤，地势平坦，便于居住与种植农作物，其中耕地面积所占比例为 17.93%，城乡、工矿、居民用地面积所占比例为 4.81%。大清河山区水库河流众多，广泛分布于山区范围内，水域面积所占比例也达 1.66%。未利用土地的面积所占比例为 0.05%。具体统计结果见大清河山区土地利用面积比例饼状图（图 2.10）和大清河山区土地利用面积比例统计表（表 2.3）。

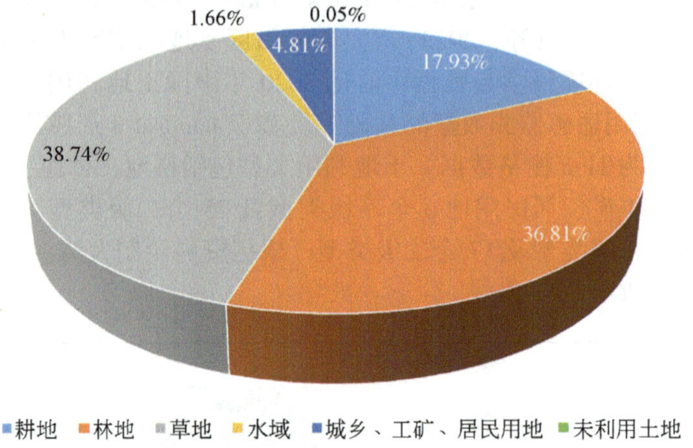

图 2.10　大清河山区土地利用面积比例饼状图

表 2.3　大清河山区土地利用面积比例统计表

土地利用一级分类	土地利用二级分类	面积/km²	面积占比/%
耕地	水田	14.0	0.08
	旱地	3320.4	17.85
林地	有林地	2954.2	15.88
	灌木林	3131.8	16.84
	疏林地	669.1	3.60
	其他林地	92.3	0.49
草地	高覆盖草地	2834.8	15.24
	中覆盖草地	3157.8	16.98
	低覆盖草地	1211.8	6.52
水域	河渠	72.2	0.39
	水库坑塘	88.3	0.47
	滩地	149.5	0.80
城乡、工矿、居民用地	城镇用地	56.2	0.30
	农村居民点	477.5	2.56
	其他建设用地	362.1	1.95
未利用土地	沙地	2.0	0.01
	裸岩石质地	8.0	0.04

2.2 社会经济

2.2.1 行政区划

大清河山区所在的海河流域在我国历史上具有重要的政治、经济和文化地位。海河流域人口密集，城市众多，包括北京市、天津市两个直辖市以及石家庄市、唐山市、秦皇岛市、廊坊市、张家口市、承德市、保定市、邯郸市、邢台市、沧州市、衡水市、大同市、朔州市、忻州市等城市。大清河山区行政区划分属北京市、石家庄市、保定市、张家口市、大同市及忻州市，大清河山区行政区划见图 2.11。

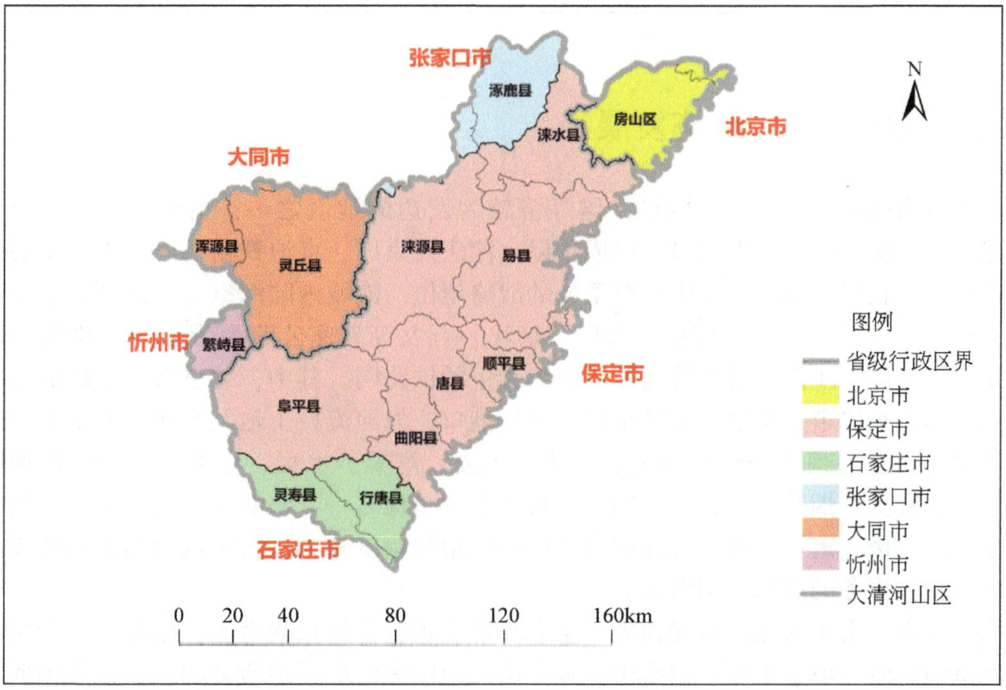

图 2.11 大清河山区行政区划图

表 2.4 是大清河山区各行政区的面积及其占比。其中，保定市辖区面积为 11 158km²，主要包括西边的阜平县、涞源县、易县、唐县、曲阳县等县，是大清河山区面积占比最大的市，面积占比达 60%；其次为大同市东南部的灵丘县、浑源县，辖区面积为 2971km²，占整个大清河山区面积的比例约为 16.0%。灵丘县地势险要，古有“燕云扼要”之称，浑源县有北岳恒山，是晋北地区重要交通枢纽，两县均有悠久的历史；石家庄市辖区面积为 1518km²，占大清河山区面积比例为 8.2%，主要包括西北部的灵寿县和行唐县部分范围；北京市辖区面积为 1410km²，主要包括西南部的房山区，占整个大清河山区面积的比例为 7.6%；张家口市辖区面积为 1110km²，主要包括涿鹿县，占整个大清河山区面积的

比例为6.0%，涿鹿县地处河北省西北部，距北京市区约130km，是京西北地区东进西出、南下北上的重要枢纽；最后为忻州市，辖区面积为435km^2，主要包括繁峙县一小部分，是大清河山区面积占比最小的市，为2.3%。

表2.4　大清河山区行政区划表

省（直辖市）	市	面积/km^2	占比/%
北京市	北京市	1 410	7.6
河北省	石家庄市	1 518	8.2
	保定市	11 158	60.0
	张家口市	1 110	6.0
山西省	大同市	2 971	16.0
	忻州市	435	2.3

2.2.2　区域特色与经济发展

大清河山区所在的海河流域是中国经济较为发达的地区之一，主要行业有冶金、电力、化工、机械、电子、煤炭等，形成了以京津唐及京广、京沪铁路沿线城市为中心的工业生产布局，在国家经济发展中具有重要的战略地位。流域内陆海空交通便利，已建成以京津、京沪、京珠、京藏、京昆、大广、京沈、石太等高速公路为骨干的公路网和以京津、京沪、京广、津保、石太等高速铁路为骨干的铁路网。其中，北京市是全国的航空铁路交通中枢，天津市、秦皇岛市是重要的海运港口。海河流域土地及光热资源丰富，适于农作物生长，主要粮食作物有小麦、玉米、大麦、高粱、水稻、豆类等，经济作物以棉花、油料、麻类、烟叶为主，是全国主要粮食生产基地之一。农业生产结构中，油料、果品、水产品、肉、禽蛋、鲜奶等林牧渔业产品的增长幅度较大，大中城市周边农业逐渐转为向城市提供服务的高附加值农业。

大清河山区山水秀丽，风光旖旎，生态环境优越，自然景观奇特，旅游与矿产资源丰富。区域内有野三坡、十渡、白石山、狼牙山、中国房山世界地质公园、上方山国家森林公园、易水湖等自然景观和周口店北京人遗址、清西陵、太行水镇等众多人文景观。区域内各县矿产储量可观。例如，涞源县是河北省9个矿产资源大县之一，全县已发现矿种43种，矿产地207处，主要矿种有铁、铜、铅锌、钼、金、银、煤、石灰石等。其中，铁矿石探明储量为14.5亿t，铅锌金属量为120万t，铜金属量为110万t（华北地区最大），钼金属量为36万t（全国第三位）；山西省灵丘县有各种金属、非金属矿产资源12大类40多个品种，其中金、银、铜、铁、锰、铅、锌、珍珠岩、沸石等储量可观；河北省灵寿县拥有金、银、铁、云母、花岗岩、大理石、矿泉水等多种矿藏资源；河北省曲阳县境内有汉白玉、大理石、花岗岩、陶土、云母、煤炭、石灰石等20多种矿产品，煤炭储量为1.5亿t；河北省行唐县有石灰岩、白云岩、钾长石、硅石等13种固体矿产。

大清河山区已形成石雕、果品、畜牧、食用菌、中药材等多种高效特色产业。行唐县享有“中国大枣之乡”的美称，拥有40多年乳业发展历史，被评为“中国优质大枣产业基地”“河北省乳业名县”，实现了青贮种植、农牧机械、饲料加工、兽药生产、奶牛养殖、乳品加工、乳品包装全产业链发展。曲阳县是雕刻之乡，曲阳石雕誉满海内外。曲阳县还是全国水果百强县之一，种植红枣近6600hm^2，年产约1500万kg，种植梨树共5200多公顷，常年产量达5000万kg，是外贸出口“河北鸭梨”的主要产地之一。涞源县是“国家优质核桃种植基地”之一，生产以速生核桃、杏扁、优质小杂粮等为主的无公害绿色产品。此外，易县也盛产多种中药材和无公害杂粮。

区域内人口及经济主要集中在保定市和房山区。根据第七次全国人口普查结果，保定市（不含定州市）常住人口为924.3万人，房山区常住人口为131.3万人。2022年，保定市实现地区生产总值3880.3亿元，三次产业的占比分别为12.0%、35.9%、52.1%。房山区三次产业的占比分别为1.3%、41.4%、57.3%，规模以上工业总产值为956.2亿元。根据《河北统计年鉴2020》《北京区域统计年鉴2020》等资料估算，大清河山区常住人口约为375万人，城镇人口约为155万人，城镇化率超过40%。

2.3 水文气象

大清河山区所在的海河流域地处温带半湿润、半干旱大陆性季风气候区。年内四季分明，寒暖适中，日照充足，适宜许多植物生长。冬季寒冷少雪，盛行北风和西北风；春季气温回升快，风速大，干旱多风沙；夏季气候湿润，降水多，多东南风；秋季天高气爽，降水少。本节主要依据实测资料分析了流域内气温、降水、蒸散发三项气象要素的演变特征，并介绍了主要河流水系情况。

现有大清河山区范围内灵丘、顺平、涞源、曲阳、阜平、霞云岭六个站点1960~2020年的气象数据资料，气象站点分布见图2.12。

为了分析近60年来大清河山区气象要素系列的趋势性，采用线性回归法建立气象要素序列 $x(t)$ 与其时序 t 之间的线性回归方程，进而检验时间序列的趋势性。该方法可以给出时间序列是否具有递增或递减的趋势，并且线性方程的斜率在一定程度上表征了时间序列的平均趋势变化率。这是目前趋势性分析中最简便的方法，其不足是难以判断序列的趋势性变化是否显著。

线性回归方程为

$$x(t)=at+b \tag{2-1}$$

式中，$x(t)$ 为时间序列；t 为相应时序；a 为线性方程的斜率，表征时间序列的平均趋势变化率；b 为截距，a 和 b 的值可由最小二乘法进行估计。

2.3.1 气温

海河流域年平均气温由南往北、由平原向山地降低，温度变化在0~14.5℃。1961年以来，海河流域年均气温以每10年超过0.30℃的速率显著上升，升温速率在中国仅次于青藏高原。根据大清河山区范围内六个气象站点1960~2020年的逐日平均气温，计算山

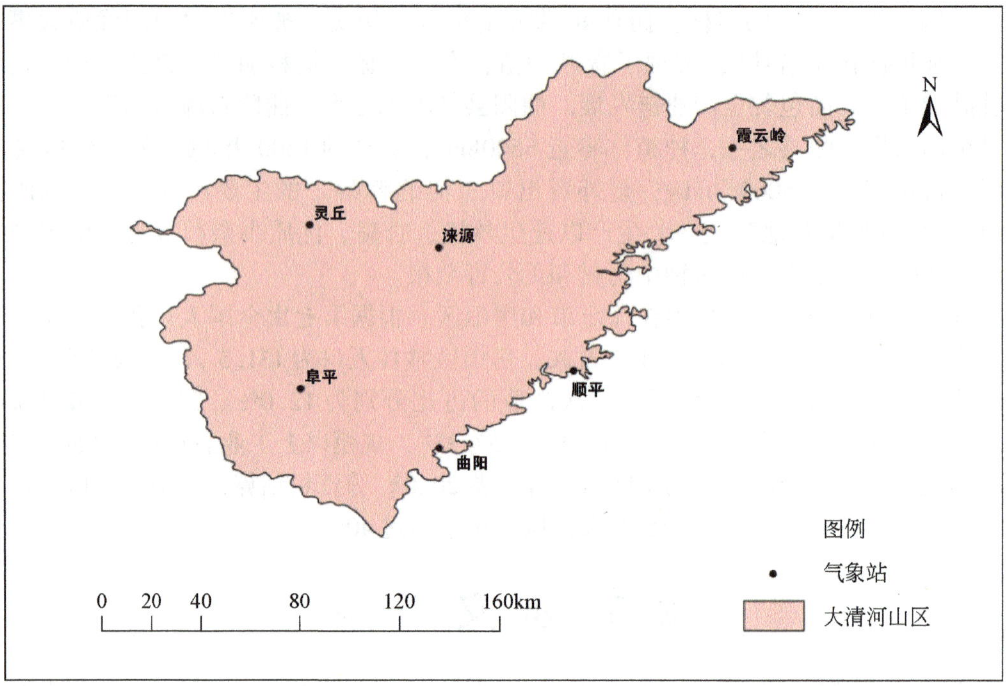

图 2.12 大清河山区气象站点分布图

区的逐年、逐月平均气温序列（图 2.13 和图 2.14）。大清河山区多年平均气温均值为 10.6℃，气温自西北向东南递增，山区西北部灵丘、涞源两县的年均气温为 7.8℃，山区东南部阜平、曲阳、顺平等县的年均气温为 12.7℃。最低气温通常出现在 1 月，冬季 1 月平均气温为-5.6℃，最高气温通常出现在 7 月，夏季 7 月平均气温为 24.6℃。最高气温和最低气温相差较为明显，最低气温可以达到-21.9℃，最高气温则可达到 43.3℃。本章统

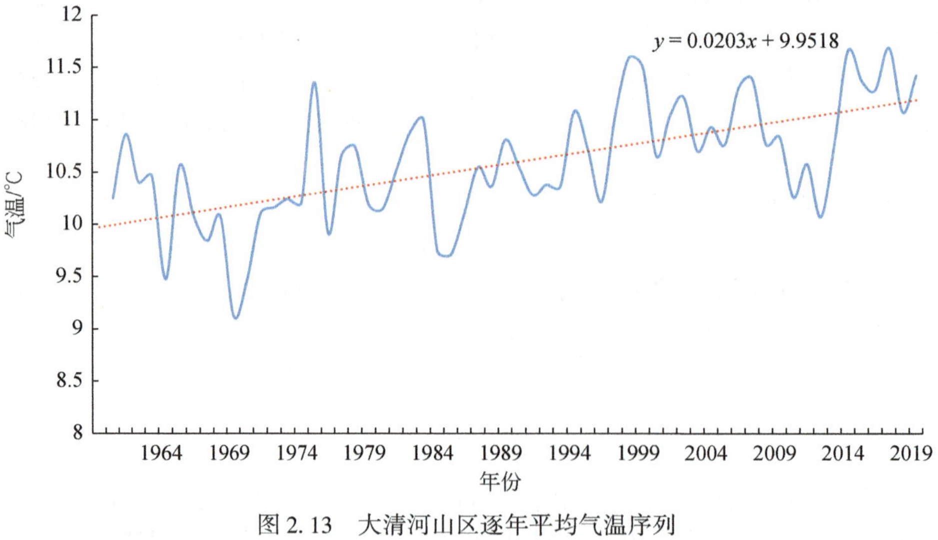

图 2.13 大清河山区逐年平均气温序列

计年限内，大清河山区在 2017 年为历年温度最高，20 世纪 60 年代末、20 世纪 80 年代中期和 21 世纪 10 年代初呈现明显的低温期，2013 年以后气温上升明显，最近五年大清河山区平均气温达 11.3℃。从图 2.13 中趋势线可见，大清河山区年均气温序列整体上呈现缓慢上升的趋势，上升幅度约为 0.2℃/10a。

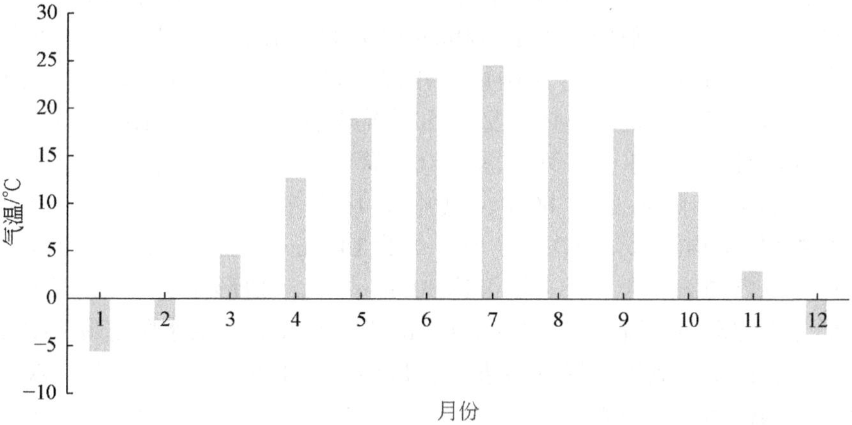

图 2.14　大清河山区逐月平均气温序列

2.3.2　降水

海河流域多年平均年降水量约为 532mm，年内分配极不均匀，夏季降水量占全年的 60%～80%。根据大清河山区范围内灵丘、顺平、涞源、曲阳、阜平、霞云岭六个气象站点 1960～2020 年的逐日降水量，计算山区的逐年平均降水量系列（图 2.15）。

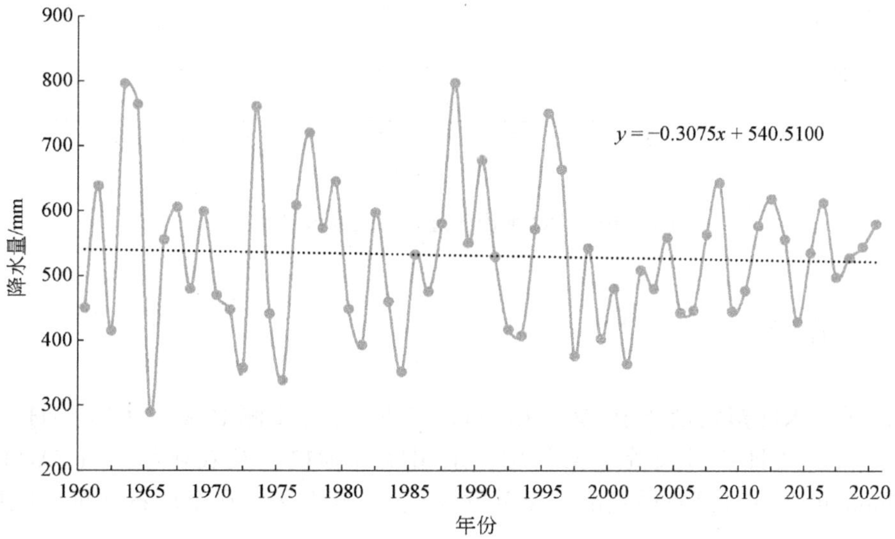

图 2.15　大清河山区逐年平均降水量序列

大清河山区多年平均降水量均值为530mm，降水在年际间变化较大，降水量最大年份为1988年（798mm），降水量最小年份为1965年（290mm），极值比达2.75。1980～1986年、1997～2010年相对较枯，其年均降水量仅为多年平均值的90%；1987～1996年、2011～2016年相对较丰，其年均降水量为多年平均值的1.1倍。其他年份的年降水量围绕均值上下波动，且波动幅度在2000年后减小。在空间分布上，呈西多东少的特征，拒马河紫荆关至阜平一线为多年平均降水量600mm以上的多雨带，其中阜平下庄为暴雨中心，多年平均降水量达770mm。在统计年限内，年降水量序列与时间所拟合直线的斜率为负数，说明大清河山区年降水量在整体上呈现出缓慢减小趋势，下降幅度约为3mm/10a。

大清河山区逐月平均降水量序列见图2.16。降水量的年内分配极不均匀，汛期（6～9月）降水量约占全年降水量的80%，其中7月为多年平均降水量最多月份，约为161mm，8月的多年平均降水量仅次于7月，约为141mm，且降水在6～9月常以暴雨的形式出现，统计年限内局部最大日降水量可达307mm。由于地形陡峭，土层覆被较薄，植被较差，呈扇形分布的众多支流河道源短流急，汇流时间较短，洪水陡涨陡落，历时短，洪峰高且非常集中，极易造成较大的洪涝灾害，1956年、1963年、1996年、2012年、2023年等年份洪水影响范围广、损失大。

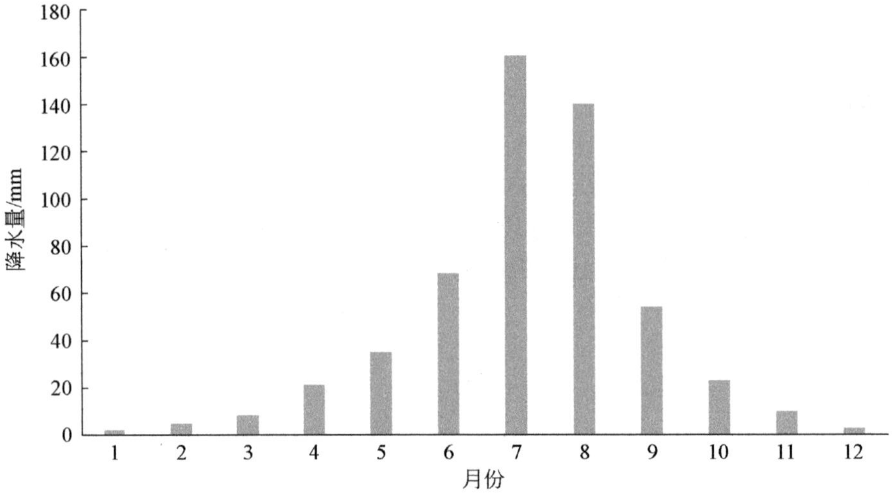

图2.16 大清河山区逐月平均降水量序列

2.3.3 蒸散发

海河流域年水面蒸发量介于850～1300mm。基于站点实测1960～2020年日平均温度、相对湿度、风速及日照时长等气象数据，采用联合国粮食及农业组织（FAO）推荐的Penman-Monteith公式计算各站点潜在蒸散发（E_0），该方法已在全球各地推广应用，计算公式如下：

$$E_0 = \frac{0.408\Delta(R_n - G) + \gamma \frac{900}{T_{\text{mean}} + 273} u_2 (e_s - e_a)}{\Delta + \gamma(1 + 0.34 u_2)} \tag{2-2}$$

式中，T_{mean}为日均气温（℃）；R_n为净辐射；G为土壤热通量（MJ/（m^2·d）），以日为时间尺度进行计算时，土壤热通量相对净辐射是个非常小的值，通常假定 $G \approx 0$；γ 为干湿表常数（kPa/℃）；u_2为 2m 高风速（m/s）；e_s和 e_a分别为饱和、实际水气压（kPa）；Δ 为饱和水气压曲线斜率（kPa/℃）。

大清河山区多年平均潜在蒸散发为 950mm。潜在蒸散发的年内分配极不均匀，主要集中在 5～7 月，最大潜在蒸散发通常出现在 6 月，6 月的多年平均潜在蒸散发为 149mm，最小潜在蒸散发出现在 1 月，1 月的多年平均潜在蒸散发仅有 17mm（图 2.17）。

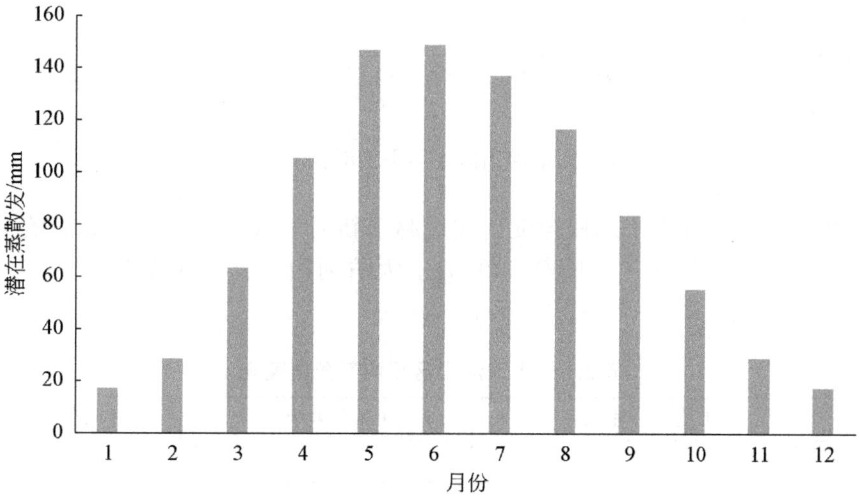

图 2.17　大清河山区逐月平均潜在蒸散发序列

潜在蒸散发的年际间变化也较大，大清河山区潜在蒸散发最大值出现在 1972 年，为 1040mm，最小值出现在 1964 年，为 846mm，极值比为 1.23。大清河山区潜在蒸散发呈现出阶段性变化特征，在 20 世纪 60～80 年代潜在蒸散发变化不明显，在 20 世纪 80～90 年代，大清河山区潜在蒸散发明显下降；20 世纪 90 年代至今，大清河山区潜在蒸散发又呈现出上升趋势。在空间分布上，大清河山区潜在蒸散发有自西北向东南递增的特征。总体而言，大清河山区潜在蒸散发在整体上均呈现缓慢上升趋势，上升幅度约为 4mm/10a（图 2.18）。

大清河山区年（月）平均降水量，年（月）平均气温以及年（月）平均潜在蒸散发的值见表 2.5。

2.3.4　河流水系

大清河是海河水系五大河之一，发源于太行山东麓山西省灵丘县，上游支流繁多，源短流急，水量季节性变化显著，形如折扇状，发源于山区的潴龙河、唐河、清水河、府

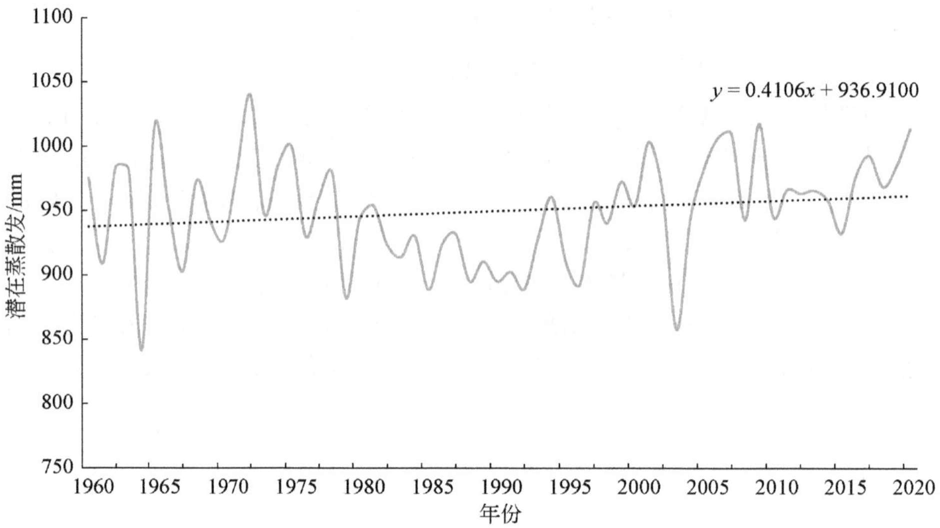

图 2.18　大清河山区逐年平均潜在蒸散发序列

河、漕河、瀑河、萍河等均汇入白洋淀，通过赵王新河汇入东淀，出东淀后流至天津市独流减河、海河干流注入渤海（吕长安，2016）。大清河山区河流水系分为南北两支，分布见图 2.19。

表 2.5　大清河山区平均气象要素表

时段	平均降水量/mm	平均气温/℃	平均潜在蒸散发/mm
1 月	2	−5.6	17
2 月	5	−2.3	29
3 月	9	4.6	63
4 月	21	12.7	105
5 月	35	19.0	147
6 月	68	23.2	149
7 月	161	24.6	137
8 月	141	23.1	117
9 月	54	17.9	84
10 月	23	11.3	55
11 月	10	3.0	29
12 月	2	−3.7	17
年	530	10.6	950

1）北支水系

北支为白沟河水系，主要由小清河、琉璃河、南拒马河、北拒马河、中易水、北易水等组成。其中，拒马河最长，发源于河北省涞源县西北太行山麓，干流长 254km，整体从

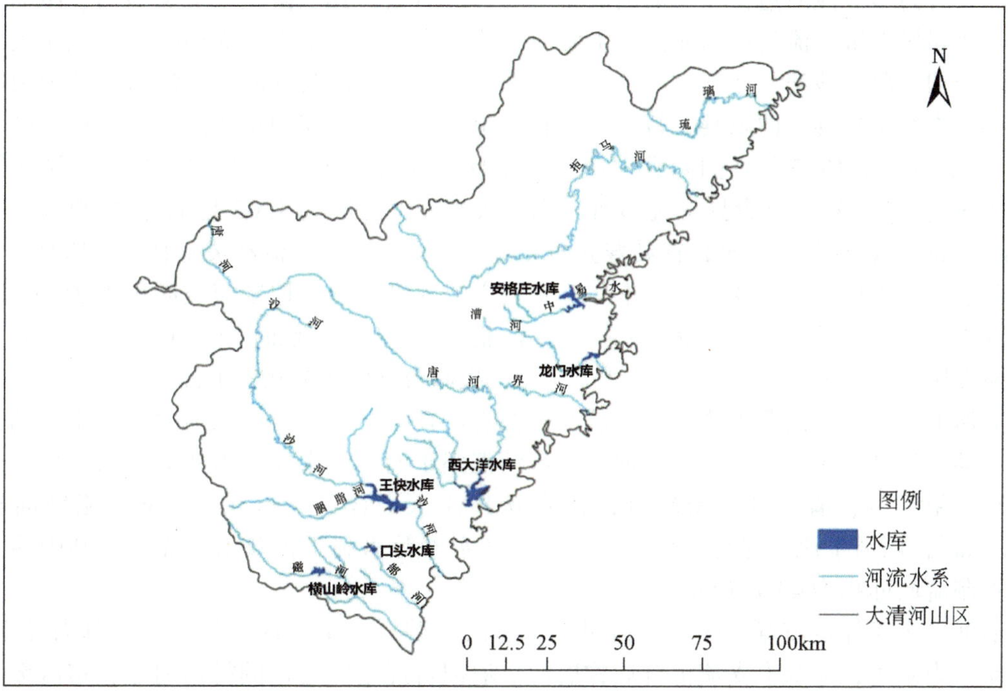

图 2.19 大清河山区河流水系分布图

东流折向南流，流域地势西北高、东南低，河道曲折，河槽宽浅。在北京市房山区张坊镇以下分流成为南、北拒马河。北拒马河先后有胡良河、琉璃河、小清河汇入，至东茨村控制站以下称白沟河。中易水是大清河北支的南支南拒马河的支流。中易水源头多而广，西南源于河北省易县西部山区，上源多条支流汇于安格庄水库，再由水库向东流，在定兴县北河店村与北易水汇入南拒马河。中易水干流全长 130km，流域控制面积为 $829km^2$。北易水是南拒马河右岸支流，流经易县、涞水县、定兴县，在北河镇与中易水汇合又南汇入南拒马河，全长约 72km。沿河中上游流经中低山区，水系发育，支流众多，主要有旺隆河、马头沟等，并建有伞子水库、旺隆水库、马头水库等多座中型水库及灌溉渠道等水利工程。北易水和中易水在保定市定兴县北河店村汇入南拒马河。南拒马河和白沟河在高碑店市白沟镇附近汇合后，始称大清河。由新盖房枢纽经白沟引河入白洋淀，经新盖房分洪道和大清河故道入东淀。大清河北支白沟镇以上流域面积为 10 $151km^2$，其中张坊镇以上为 $4820km^2$。

2）南支水系

南支为赵王河水系，由潴龙河、唐河、府河、瀑河、漕河、萍河等组成。其中，潴龙河及唐河较大，各支流均向东汇入白洋淀，经白洋淀调蓄后通过枣林庄枢纽下泄，由赵王新河汇入白洋淀东淀。南支白洋淀以上流域面积为 21 $054km^2$。白洋淀为连接大清河山区与平原的缓洪滞洪、综合利用洼淀，淀区滞洪水位为 9m 时，水面面积为 $404km^2$。下游接赵王新河、赵王新渠后入东淀。东淀下游分别经海河干流和独流减河入海。

潴龙河为多沙性河道，是大清河南支主要行洪河道，其上游主要支流沙河、磁河、孟良河在北郭村上游汇流后称潴龙河，上游有王快水库、口头水库、横山岭水库三座大中型水库，分别坐落在沙河、沙河支流部河（现称“颖水河”）及磁河上。沙河发源于山西省灵丘县，流经阜平县、曲阳县、行唐县、新乐市、定州市至安国市入潴龙河，控制流域面积为5560.0km^2，1960年在曲阳县建成王快水库，库容为13.89亿m^3，控制流域面积为3770.0km^2，1964年在行唐县支流部河建成口头水库，库容为1.05亿m^3，控制流域面积为142.5km^2。磁河发源于河北省灵寿县西北端的驼梁山东麓，流经灵寿县、行唐县、正定县、新乐市、藁城区、无极县、深泽县至安国市汇入潴龙河，控制流域面积为2126.0km^2，1960年在灵寿县建成横山岭水库，库容为2.43亿m^3，控制流域面积为440.0km^2。孟良河发源于曲阳县西北的红山，流经定州市入安国市，控制流域面积为923.0km^2。

唐河干流发源于山西省浑源县，流经山西省灵丘县，出太行山入河北省保定市的涞源县、唐县，与其支流通天河、三会河、逆流河汇集于西大洋水库，出西大洋水库后东流经定州市、望都县、清苑区、安新县，在安新县注入白洋淀，全长273km，流域面积为4990.0km^2，唐河干流上建有唐河水库、西大洋水库等水利工程及诸多灌区，其中西大洋水库控制流域面积为4420.0km^2。

府河发源于保定市竞秀区的一亩泉村，府河上游有一亩泉河、候河、白草沟等支流，一亩泉河为主流，与众多支流汇合后称府河。府河曾经是保定市的排污河道，市区废污水经污水处理厂集中处理后的部分水量通过府河入淀，每年入淀水量在300万~4500万m^3。

漕河发源于保定市易县境内的五回岭，自西北向东南流经易县、满城区的低山丘陵区至满城区市头村。河道全长110km，流域面积为891.0km^2，仅保定市辖区内段河流由于承接沿途的城镇废水形成径流。漕河上建有龙门水库，建成于1960年，库容为1.27亿m^3，集水面积为470.0km^2。

瀑河发源于河北省易县狼牙山东麓，流经易县、徐水区、安新县、容城县等县（区）汇入白洋淀。瀑河仅部分季节有水，承接沿途的城镇废水形成径流，瀑河在入淀口上游建有橡胶坝，正常情况下污水不能入淀。干流建有瀑河水库，所在水资源分区为大清河南支山区，瀑河水库总库容为9750万m^3，兴利库容为2900万m^3。

萍河发源于河北省定兴县西南的南幸村，流经定兴县、徐水区、容城县、安新县等县（区），在徐水区北营村有鸡爪河汇入，经黑龙口东南注入白洋淀。萍河流域面积为443km^2，干流总长30km。

2.4 水资源开发利用及存在问题

2.4.1 水利工程

大清河山区所在的海河流域历史上水旱灾害频发，特殊的自然地理、气候条件使得流域治水任务繁重，治理难度大。1949年以来，海河流域开展了三次大规模水利建设，初步建成了水资源合理配置和高效利用体系、水资源保护和河湖健康保障体系、防洪抗旱减灾体系、有利于水利科学发展的制度体系四大保障体系，为流域经济社会发展提供了有力支撑。经过中华人民共和国成立后的一系列大规模建设，大清河山区水利事业取得了长足发展，水利工程体系日渐完善。大清河山区内水利工程主要包括水库工程、引调水工程、灌区工程、水电站工程、水闸工程、泵站工程等。其中，水库工程包括六座大型水库［大（Ⅰ）型两座，大（Ⅱ）型四座］和若干中小型水库。引调水工程主要有张坊水源应急供水工程、王快水库与西大洋水库连通工程等。下面介绍了主要蓄水工程和引调水工程。

2.4.1.1 蓄水工程

大清河山区水利工程以蓄水工程为主，主要由大型、中型、小型水库构成。除安格庄水库位于大清河北支中易水外，横山岭水库、口头水库、王快水库、西大洋水库、龙门水库五座大型水库均位于南支白洋淀上游，库容共 34.3 亿 m^3。中型水库包括龙潭水库、燕川水库、红领巾水库、旺隆水库、垒子水库、宋各庄水库和马头水库等。流域内蓄水工程主要是通过调节径流来发挥调控作用：一是在正常年份，通过工程蓄水来协调自然径流过程与生产、生活需水之间的矛盾，在丰水期拦截径流蓄水，以缓解枯水期径流量不足的问题，为区域提供水资源保障，以满足社会生产、生活等对水资源的持续需求，对于流域水系环境和生态系统的稳定也可起到一定的维持作用；二是在洪水期，利用蓄水容积拦蓄上游洪水，起到削减洪峰和延时的作用，为下游的保护对象提供安全保障，同时上游通过拦蓄洪水可以与下游产生的洪水错开洪峰，进一步减小下游的防洪压力。六座大型水库的基本参数如下。

1）王快水库

王快水库位于河北省保定市曲阳县党城乡郑家庄村大清河南支沙河上游。该水库于 1958 年 6 月动工兴建，1960 年投入使用，控制流域面积为 3770km^2，占沙河流域面积的 59%。水库总库容为 13.89 亿 m^3，调洪库容为 9.56 亿 m^3，兴利库容为 5.91 亿 m^3，设计洪水位为 207.50m，校核洪水位为 213.63m。目前，该水库的防洪标准是 500 年一遇洪水设计，10000 年一遇洪水校核，是一座以防洪为主，结合灌溉、发电等综合利用的大（Ⅰ）型水利枢纽工程。灌溉对象为沙河灌区。

2）西大洋水库

西大洋水库位于河北省唐县大清河南支唐河出山口西大洋村下游 1km 处。该水库初建于 1958 年，1960 年拦洪蓄水，控制流域面积为 4420km^2，占唐河流域面积的 88.7%，除险加固后总库容为 12.58 亿 m^3，调洪库容为 8.79 亿 m^3，兴利库容为 5.15 亿 m^3，设计洪水位为 147.53m，校核洪水位为 152.96m。目前，该水库的防洪标准是 500 年一遇洪水设计，10000 年一遇洪水校核，是一座以防洪为主，兼顾城市供水、灌溉、发电等综合利用的大（Ⅰ）型水库。灌溉对象为唐河灌区。

3）安格庄水库

安格庄水库位于河北省保定市易县境内的安格庄村西，中易水中上游。该水库控制流域面积为 476km^2，占中易水山区流域面积的 93.5%，总库容为 3.09 亿 m^3，调洪库容为 1.85 亿 m^3，兴利库容为 1.40 亿 m^3，正常蓄水位为 160.00m，设计洪水位为 161.92m，校核洪水位为 168.71m。目前，该水库的防洪标准是 100 年一遇洪水设计，2000 年一遇洪水校核，是一座以防洪、灌溉为主，兼顾发电等综合利用的大（Ⅱ）型水利枢纽工程。灌溉对象包括易水灌区、胜利灌区。

4）横山岭水库

横山岭水库位于大清河系磁河上游，坝址位于河北省石家庄市灵寿县岔头镇坡门口村附近横山岭峡谷处。该水库于1958年开始兴建，1960年竣工，控制流域面积为440km^2，总库容为2.43亿m^3，为年调节水库，调洪库容为1.48亿m^3，兴利库容为0.93亿m^3，正常蓄水位为235.15m，设计洪水位为241.39m，校核洪水位为244.99m。目前，该水库的防洪标准是100年一遇洪水设计，2000年一遇洪水校核，是一座以防洪、灌溉为主，结合发电、水产养殖等综合利用的大（Ⅱ）型水利枢纽工程。灌溉对象包括磁右灌区、磁左灌区。

5）口头水库

口头水库位于大清河系沙河支流部河上游，河北省行唐县口头镇北1km处。该水库于1958年开工兴建，1964年10月主体工程竣工，控制流域面积为143km^2，总库容为1.06亿m^3，调洪库容为0.49亿m^3，兴利库容为0.43亿m^3，设计洪水位为202.27m，校核洪水位为205.18m。目前，该水库的防洪标准是100年一遇洪水设计，2000年一遇洪水校核，是一座以防洪、灌溉为主，发电、水产养殖为辅，综合利用的大（Ⅱ）型水利枢纽工程。灌溉对象包括口东灌区、口西灌区。

6）龙门水库

龙门水库位于河北省保定市满城区境内的漕河干流上。该水库控制流域面积为470km^2，总库容为1.27亿m^3，调洪库容为0.94亿m^3，兴利库容为0.44亿m^3，正常蓄水位为123.60m，设计洪水位为128.22m，校核洪水位为131.27m。目前，该水库的防洪标准是100年一遇洪水设计，2000年一遇洪水校核，是一座以防洪为主，结合灌溉等综合利用的大（Ⅱ）水利枢纽工程。灌溉对象为龙门灌区。

2.4.1.2 引调水工程

1）张坊水源应急供水工程

张坊水源应急供水工程位于北京市西南部，自房山区张坊镇西关上村水源地（胜天渠取水口），利用胜天渠经片上村、张坊村、南白岱村、广禄庄村至辛庄村。随后，经石窝村南、西甘池村北，穿过龙门口水库、牛口峪水库的下游。最终，经房山城区的东南向北经丁家洼村至燕化动力厂。该工程始建于2004年，总长92km。拒马河地表水源取水设施由五渡及上游7座铅丝石笼坝、胜天渠五渡取水闸、三渡地表水提水泵站和11km胜天渠组成，最大引水能力为4m^3/s。张坊地下水源取水设施由位于张坊镇的60眼岩溶井、10km联络管线和35台备用发电机组成，最大日供水能力为25万m^3。输水系统由沉砂调蓄池、清水池、42kmDN2000的PCCP输水管道、38km燕化DN1200和DN1500原有管道、压力和流量控制设施以及自动化监控调度系统等组成。该工程主要负责北京市西南部的部分生活和工业用水，是缓解北京水资源紧缺的有效工程措施之一。张坊水源应急供水工程用水户包括中国石化集团北京燕山石油化工有限公司、北京市田村山水厂、中国原子能科学研究院、祁家坡水厂、青龙湖水库、中国华北电力集团公司北京第三热电厂、长辛店水厂、中国航天科工集团第三研究院、中国北方车辆制造有限公司、南水北调主管线等。

2）王快水库与西大洋水库连通工程

王快水库与西大洋水库连通工程位于河北省保定市，该工程是以自流输水方式将水量较为丰沛的王快水库和西大洋水库连接在一起的引调水工程，渠首位于王快水库大坝左坝肩，跨沙河流域到唐河流域，经三会河流入西大洋水库。该工程引水渠段全长 14.449km，隧洞长 5.352km，渡槽总长 1.232km，设计输水流量为 $10m^3/s$，于 2012 年竣工通水。正常年份王快水库可向西大洋水库调水 2 亿 m^3，途经保定城区向白洋淀供水 1.2 亿～1.5 亿 m^3，向一亩泉水源区补充地下水 3000 万～5000 万 m^3。在改善保定市区水环境、确保居民饮水安全的同时，还可缓解白洋淀、一亩泉水源地水资源紧缺的状况，恢复和保护白洋淀水生态环境，增加沿途灌溉面积。

3）五一渠与官座岭渠

拒马河流域河北省境内主要的引水工程有易县的五一渠和官座岭渠。五一渠渠首位于紫荆关站上游 1.5km 处，设计供水能力为 $25m^3/s$，任务是向位于中易水的安格庄水库补水，并通过五级水电站发电，向易县县城、清西陵和沿线灌溉供水。五一渠近年年均引水量约 1.3 亿 m^3，安格庄水库目前主要向易水灌区、胜利灌区两灌区及白洋淀供水，五一渠引水量占水库入库水量约 80%。官座岭引水工程建于 1975 年，渠首位于紫荆关下游 5km，设计引水能力为 $10m^3/s$，引水入北易水支流旺隆水库。官座岭渠已成为旺隆水库的主要补水水源。图 2.20 是流域内王快水库、西大洋水库、安格庄水库及张坊水源应急供水工程。

2.4.2 水资源利用

大清河山区山西省、北京市、河北省均有水资源利用，但以河北省保定市的利用量为主。除山区用水外，主要供给河北省保定市、北京市房山区等地平原区的工农业及生活生态用水。根据流域内各行政分区 2021 年水资源公报的统计数据，对供用水量及其类型进行分析。

(a)王快水库　　(b)西大洋水库

(c)安格庄水库　　(d)张坊水源应急供水工程

图 2.20　流域内主要水资源利用工程

1）供水量

2021 年，保定市全市总供水量为 22.57 亿 m^3。其中，地表水供水量为 9.43 亿 m^3（包含南水北调工程生态补水量 4.19 亿 m^3），占总供水量的 41.8%；地下水开采量为 10.92 亿 m^3，占总供水量的 48.4%；其他水源供水量为 2.22 亿 m^3，占总供水量的 9.8%。在地表水供水量中，蓄水工程供水量为 1.11 亿 m^3，占地表供水量的 11.8%；引水工程供水量为 0.23 亿 m^3，占地表供水量的 2.4%；提水工程供水量为 0.53 亿 m^3，占地表供水量的 5.6%；跨流域调水量为 7.56 亿 m^3（包含南水北调工程生态补水量 4.19 亿 m^3），占地表供水量的 80.2%。在地下水开采总量中，浅层地下水开采量为 10.58 亿 m^3，占地下供水量的 96.9%；深层承压水开采量为 0.34 亿 m^3，占地下供水量的 3.1%；区域无微咸水开采。从水源来看，保定市全市供水以浅层地下水供水最多，其次为跨流域调水、其他水源供水和本地蓄水工程供水，引提水工程及深层承压水的供水比例相对较少。跨流域调水、其他水源供水等已在保定全市供水中占据相当大的比例。山西省大清河流域总供水量为 0.37 亿 m^3，其中地表水供水量为 0.19 亿 m^3，地下水供水量为 0.18 亿 m^3。北京市房山区全区总供水量为 1.93 亿 m^3，其中地表水供水量为 0.23 亿 m^3，地下水供水量为 1.50 亿 m^3，再生水供水量为 0.20 亿 m^3。2021 年保定市供水量统计见表 2.6。

表 2.6　2021 年保定市供水量统计表

供水来源		供水量/亿 m^3	合计/亿 m^3
地表供水量	蓄水工程供水量	1.11	9.43
	引水工程供水量	0.23	
	提水工程供水量	0.53	
	跨流域调水量	7.56	
地下水开采量	浅层地下水开采量	10.58	10.92
	深层承压水开采量	0.34	
	微咸水开采量	0	

续表

供水来源		供水量/亿 m^3	合计/亿 m^3
其他水源供水量	污水处理利用	2.22	2.22
合计			22.57

2） 用水量

2021 年，保定市全市总用水量为22.57 亿 m^3，人均用水量为244m^3。其中，农田灌溉用水为10.44 亿 m^3，林牧渔畜用水为0.75 亿 m^3，工业用水为0.89 亿 m^3，城镇公共用水为0.62 亿 m^3，居民生活用水为2.49 亿 m^3，生态与环境用水为7.38 亿 m^3（包含南水北调工程生态补水量4.19 亿 m^3），分别占总用水量的46.3%、3.3%、3.9%、2.7%、11.0%和32.7%。从用水类型来看，保定市农田灌溉用水比例最大，其次为生态与环境用水及居民生活用水，其他类型用水量相对较少。山西省大清河流域总用水量为0.37 亿 m^3，其中农业用水量为0.25 亿 m^3，工业用水量为0.02 亿 m^3，生活用水量为0.10 亿 m^3。北京市房山区全区总用水量为1.93 亿 m^3，其中生活用水量为0.44 亿 m^3，生态环境用水量为0.13 亿 m^3，工业用水量为0.92 亿 m^3，农业用水量为0.44 亿 m^3。保定市2021 年的用水量统计见表2.7。

表 2.7 2021 年保定市用水量统计表

用水去向		用水量/亿 m^3	合计/亿 m^3
农业用水量	农田灌溉用水	10.44	11.19
	林牧渔畜用水	0.75	
	其中地下水	9.33	
工业用水量	工业用水	0.89	0.89
	其中地下水	0.29	
生活用水量	城镇公共用水	0.62	3.12
	居民生活用水	2.49	
	其中地下水	1.29	
人工生态环境补水量	生态与环境用水	7.38	7.38
	其中地下水	0	
合计			22.57

注：因为小数修约，合计项与分项之和有出入。

2.4.3 存在问题

大清河山区是流域内北京市房山区、河北省保定市及雄安新区的重要水源涵养地，直接影响首都及雄安新区供水安全。该流域水资源及其开发利用存在以下几方面问题。

（1）水资源开发利用强度高。华北地区是我国地下水超采最严重地区之一，形成了大面积地下水漏斗。相关统计结果表明，大清河流域供水总量超过了多年平均水资源总量，水资源总开发利用率已超过110%，其中地下水超采严重，浅层地下水的供水量远大于可开采量，形成了高蠡清-肃宁、一亩泉两个较大的地下水漏斗，部分地区深层承压水超采严重。近年来，该区域河湖生态补水及地下水超采治理成效显著，地下水位明显上升，2021年保定全市平原浅层地下水平均埋深达23.46m。与浅层地下水相比，深层地下水可恢复性和可更新能力较差，尤其深层地下水开采造成的地面沉降绝大部分是由不可恢复的黏土层骨架压密释水引起的，这部分非弹性的压密释水量在未来水位上升后也很难得到恢复，会导致深层地下水储量永久性损失（赵勇等，2023）。

（2）河川径流衰减显著。大清河山区气温持续上升，受气候、人类活动及下垫面变化等多因素影响，大清河山区各水系的降水径流关系发生改变，主要水库2001～2020年的实测年均径流量比1956～2000年系列减少了61.5%。近年来，六座大型水库中仅安格庄水库、西大洋水库和王快水库常年有水入库。例如，1990年以前西大洋水库多年平均入库流量为5.16亿m^3，2000年后其多年平均入库流量减少至1.82亿m^3，减幅达64.7%。汛期降水减少、植被质量提高、梯田面积增加是径流衰减的主要原因（王庆明等，2021）。

（3）极端干旱枯水事件风险大。大清河山区地处温带半湿润半干旱大陆性季风气候区，降水年内年际变化大，干旱发生频率高，春旱多于秋旱，易发生季节连旱和多年干旱，尤其是冬春连旱和春夏连旱较为常见（许怡然等，2021）。降水最小的年份仅有290mm，仅为多年平均降水量的54.7%。1980～1986年、1997～2010年流域降水相对较枯，其年均降水量仅为多年平均值的90%，白洋淀1983～1988年曾连续五年干淀。若遭遇连续枯水年，将进一步恶化流域上下游的用水竞争关系，导致流域缺水风险增加。

（4）河淀生态缺水问题曾经较为严重。下游的白洋淀是华北平原最大的淡水湿地系统，在维护华北地区生态系统平衡、调节京津冀地区气候、涵养地下水源、缓洪滞沥、保持生物多样性和珍稀物种资源等方面发挥着不可替代的作用，素有“华北明珠”“华北之肾”等美誉。20世纪80年代以来，由于上游用水增加，入淀河流相继断流，仅有白沟引河、府河和孝义河有水入淀，其中府河和孝义河还主要是城市排污河流。河床长期干涸，渗漏量大，严重干扰了河流地表—地下水补给关系，河流廊道生态空间锐减。白洋淀曾经多次发生干淀，淀泊生态环境破碎，极大地影响和制约了白洋淀生态功能的发挥（龚家国等，2023；鲁帆等，2020）。流域水资源开发利用强度高、用水竞争性强、产流量持续减少、入淀河道断流是干淀的主要原因（图2.21），仅仅依靠上游水库群生态补水难以维系白洋淀生态安全。近年来，南水北调中线工程、引黄入冀补淀工程及上游水库群联合为白洋淀补水，白洋淀生态环境状况持续改善。

（5）未来流域用水需求及保障水平增加。设立河北雄安新区，是我国重大的历史性战略选择，是千年大计、国家大事，是集中疏解北京非首都功能、推进京津冀协同发展的重要举措。随着雄安新区建设及白洋淀水生态修复与保护工作的大力推进，大清河流域平原区经济社会及生态环境的用水需求将显著增加，用水格局将发生大改变，需要山区水库河流提供更充足的水量和更优良的水质。大清河流域应加强水源涵养区的保护与修复，继续深入推进地下水超采治理，进一步强化水资源刚性约束，从供水管理向需水管理转变，加强扇形水系的互联互通，构建“自然-人工”现代水网，促进区域水资源的优化配置和高效利用（夏军和张永勇，2017）。

图 2. 21　上游河道季节性断流

第3章 水循环非稳态特征及驱动因素

雄安新区上游大清河山区水循环过程呈现出显著的非稳态变化特征。本章基于实测水文气象数据，采用数理统计方法分析了大清河山区洪水、径流的基本特征，运用线性回归法、肯德尔秩次相关检验法、斯皮尔曼秩次相关检验法判别了流域洪峰流量及汛期、非汛期、年等时间尺度上径流量的变化趋势，利用双累积曲线方法和径流系数、产流阈值等指标研究了降水径流关系的演变特征，并从水土流失治理、土地利用类型、植被覆盖度、人类活动取用水变化等方面综合分析了流域水循环过程非稳态变化的主要驱动因素。

3.1 地表径流特征分析

随着人口增加和社会经济的快速发展，人类活动对流域下垫面及产汇流条件变化的影响在不断加剧，径流可能存在一定程度的趋势性。本节基于线性回归法、肯德尔秩次相关检验法、斯皮尔曼秩次相关检验法三种趋势分析方法对水文要素序列的非稳态变化特征进行判别，并通过不同时期水文要素的对比来分析各类径流序列的演变特征。

3.1.1 趋势分析方法

1）线性回归法

线性回归法通过建立水文序列 $x(t)$ 与其时序 t 之间的线性回归方程，进而检验时间序列的趋势性。该方法可以给出时间序列是否具有递增或递减的趋势，同时线性方程的斜率也在一定程度上表征了时间序列的平均趋势变化率，其不足是难以判断序列趋势性变化是否显著，这是目前趋势性分析中最简便的方法。

线性回归方程为

$$x(t)=at+b \tag{3-1}$$

式中，$x(t)$ 为时间序列；t 为相应时序；a 为线性方程的斜率，表征时间序列的平均趋势变化率；b 为截距，a 和 b 的值可由最小二乘法进行估计。

2）肯德尔秩次相关检验法

肯德尔秩次相关检验法是判断时间序列趋势性的一种常用方法，在水文、气象等领域已得到广泛应用（鲁帆等，2012；钟永华等，2013）。该方法的基本思路是针对所研究的径流序列构造统计量：

$$U=\frac{U_1}{U_2^{1/2}} \tag{3-2}$$

式中，U_1、U_2 均为中间变量，$U_1=\frac{4\mathrm{AL}}{N(N-1)}-1$，$U_2=\frac{2(2N+5)}{9N(N-1)}$，AL 为径流序列中所有

对偶值（Q_i，Q_j，$j>i$）中 $Q_i>Q_j$ 出现的个数，N 为径流序列的总长度。可以证明，当 N 增加时，U 很快收敛于标准正态分布。通过检验在一定显著性水平 α 下的双尾检验临界值 $U_{\alpha/2}$，即可判别径流序列的变化趋势。若 $|U|>U_{\alpha/2}$，则说明径流序列的变化趋势显著，当 $U>0$ 时序列呈上升趋势，当 $U<0$ 时序列呈下降趋势；若 $|U|<U_{\alpha/2}$，则说明径流序列的变化趋势不显著。

3）斯皮尔曼秩次相关检验法

斯皮尔曼秩次相关检验法通过分析径流序列与其时序的相关性来检验径流序列是否具有趋势性（鲁帆等，2012；钟永华等，2013）。该方法的基本思路是针对所研究的径流序列构造统计量：

$$T = r_s \left[\frac{N-4}{1-r_s^2}\right]^{1/2} \tag{3-3}$$

式中，N 为径流序列的长度；r_s 为径流序列的秩次相关系数，$r_s = 1 - \frac{6\sum_{t=1}^{N} d_t^2}{N^3 - N}$，$d_t = R_t - t$，$R_t$ 为径流序列从大到小排列时所对应的序号，t 为径流序列的时序。可以证明，T 服从自由度为（$N-2$）的 t 分布，在显著性水平 α 下检验 $|T|>t_{\alpha/2}$ 是否成立，如果成立，说明径流序列的变化趋势显著；否则，则说明径流序列的变化趋势不显著。

3.1.2 洪水演变特征

选取大清河山区紫荆关站以上、阜平站以上两个典型山区流域进行分析。紫荆关站是北支拒马河上游的主要控制站，控制流域面积为 1760km²。阜平站是南支沙河上游的主要控制站，控制流域面积为 2210km²。该区域属大陆性季风气候，四季分明，春季干旱多风，夏季炎热多雨，是暴雨洪水多发地区之一，洪水暴涨暴落。土地利用类型主要以耕地、草地、林地为主。选定 1960～2018 年的水文数据资料进行统计，其中紫荆关站控制流域范围内对应的 6 个雨量站分别为艾河村站、团圆村站、东团堡站、石门站、王安镇站、平顶山站；阜平站控制流域范围内对应的 10 个雨量站分别为银厂站、庄旺站、站上站、神堂堡站、不老台站、西弯站、砂窳站、龙泉关站、桥南沟站、阜平站，研究区域河流水系及各雨量站、水文站的位置如图 3.1 所示。

1）洪水基本特征

根据紫荆关站、阜平站 1960～2018 年洪水水文要素摘录表及降水摘录表中的数据，对两个子流域的洪峰流量值变化及次洪场次等进行分析。其中，年最大洪峰的峰现时间主要发生于 7～8 月。紫荆关站以上流域 1960～2018 年的年最大洪峰流量均值为 255.5m³/s，小于均值的年数共 44 年，其中 1980 年之后的 39 年中有 33 年低于该均值，比例达到 84.6%；统计排名前 10 位洪水的年代分布，其中发生在 20 世纪 60～70 年代的占 6 次；年最大洪峰流量小于 100m³/s 的有 32 次，其中 20 世纪 90 年代有 7 次，2000 年以后有 16 次。阜平站以上流域 1960～2018 年的年最大洪峰流量均值为 308.5m³/s，小于该值的年数共 46 年，其中 1980 年之后的 39 年中有 34 年低于该均值，比例超过 87.0%；排名前 10

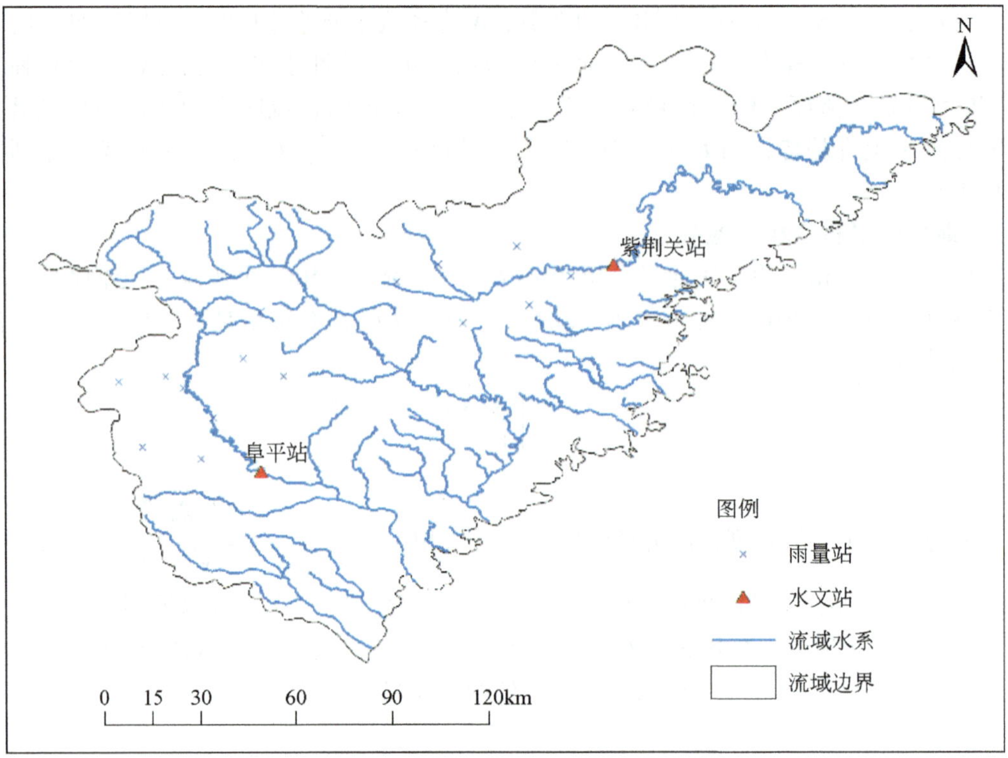

图 3.1　研究区域示意图

位洪水的年代分布，其中发生在 20 世纪 60 ~ 70 年代的占 7 次；年最大洪峰流量小于 $100m^3/s$ 的有 27 次，其中 20 世纪 90 年代有 6 次，2000 年以后有 14 次。

紫荆关站以上流域洪峰流量值在 $2000m^3/s$ 以上的年份分别为 1963 年、2012 年，其值为 $4490.0m^3/s$、$2156.5m^3/s$；阜平站以上流域洪峰值在 $2000.0m^3/s$ 以上的年份分别为 1963 年、2016 年，其值分别为 $3380.0m^3/s$、$2020.0m^3/s$，两个流域的典型特大洪水过程如图 3.2 所示。紫荆关站以上流域 1963 年特大洪水峰现时间历时 79.0h，面雨量达到 380.0mm，次洪水量折合径流深为 213.0mm。紫荆关站以上流域 2012 年特大洪水峰现时间历时 9.0h，面雨量为 166.0mm，次洪水量折合径流深为 39.6mm。与 1963 年特大洪水相比，峰值减少了 52.0%，面雨量均值下降了 214.0mm。阜平站以上流域 1963 年特大洪水峰现时间历时 109.0h，面雨量达到 541.0mm，次洪水量折合径流深为 205.6mm。阜平站以上流域 2016 年特大洪水峰现时间历时 4.6h，面雨量为 76.0mm，洪水量折合径流深为 16.5mm。与 1963 年特大洪水相比，峰值减少了 40.2%，面雨量下降了 465.0mm。

2）洪峰流量及洪量变化趋势

根据紫荆关站、阜平站 1960 ~ 2018 年的实测流量资料，选择每年的最大洪水过程提取洪峰流量值，用线性回归法分析两站实测年最大洪峰流量序列的变化趋势。逐年数据序列及趋势性分析结果见图 3.3 和图 3.4，两站实测年最大洪峰流量序列均具有显著减小的趋势。

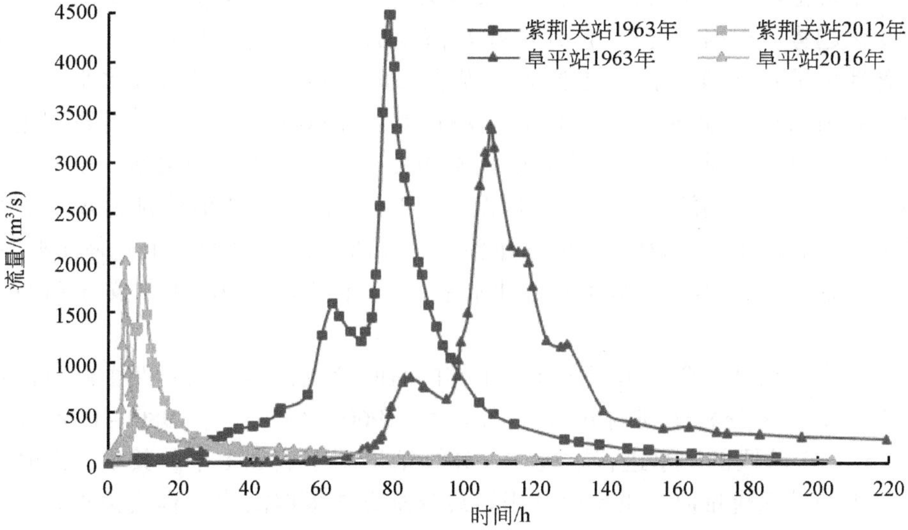

图 3. 2　流域特大洪水对比图

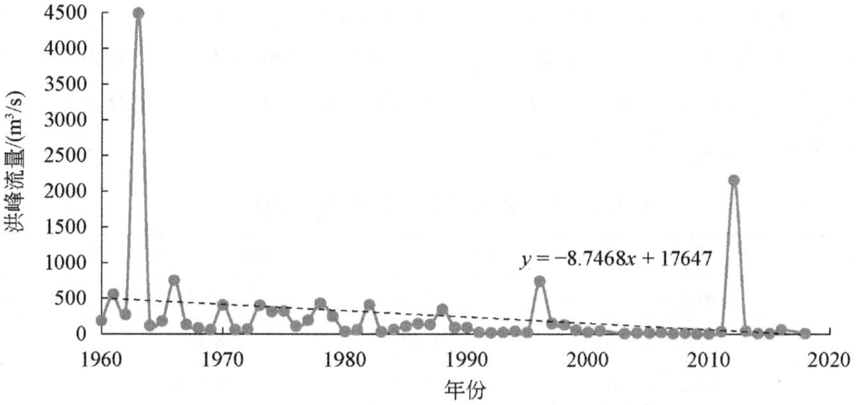

图 3. 3　紫荆关站洪峰流量序列变化图

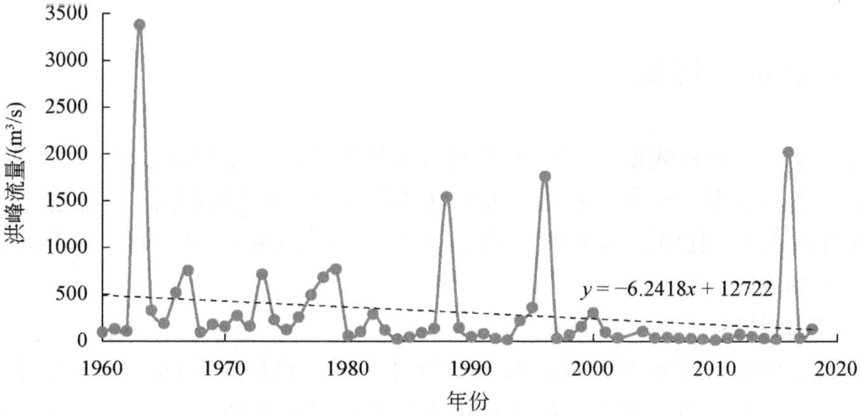

图 3. 4　阜平站洪峰流量序列变化图

这里运用肯德尔秩次相关检验法分析紫荆关站、阜平站两个水文站实测年最大洪峰流量序列的变化趋势。根据式（3-2）计算得 U 值分别为–5.22、–3.87，上述两数的绝对值均大于显著性水平 $\alpha=0.1$ 下的双尾检验临界值 1.64，且均大于显著性水平 $\alpha=0.05$ 下的双尾检验临界值 1.96，说明在显著性水平 $\alpha=0.1$ 及 $\alpha=0.05$ 下水文序列的变化趋势均显著，且呈下降趋势。同时，运用斯皮尔曼秩次相关检验法分析紫荆关站、阜平站两水文站实测年最大洪峰流量序列的变化趋势。根据式（3-3）计算得 T 值分别为 6.23、4.37，上述两数均大于显著性水平 $\alpha=0.1$ 下的双尾检验临界值 1.67，且均大于显著性水平 $\alpha=0.05$ 下的双尾检验临界值 2.00，说明在显著性水平 $\alpha=0.1$ 及 $\alpha=0.05$ 下水文序列的变化趋势显著。

考虑资料序列长度及全国水资源评价工作的时间节点，本节在对两个站点洪水水文要素分阶段对比时，将资料序列划分为三个阶段（1960～1979 年、1980～1999 年、2000～2018 年），对三个阶段的洪水进行了统计，计算结果列于表 3.1 中。其中，洪峰流量为年最大洪水过程的洪峰流量值，洪量值利用斜线分割方法根据洪水过程线推求。紫荆关站以上流域洪峰流量的时期均值呈先下降后上升的趋势，而洪量均值则一直在下降。同 1960～1979 年比较，1980～1999 年的洪峰流量、洪量分别下降了 71.1%、68.7%；同 1980～1999 年相比，2000～2018 年的洪峰流量上升了 9.6%，而洪量下降了 23.8%。阜平站以上流域洪峰流量和洪量均值基本呈下降趋势。同 1960～1979 年比较，1980～1999 年的洪峰流量、洪量分别下降了 45.2%、48.7%；同 1980～1999 年相比，2000～2018 年的洪峰流量下降了 35.1%，洪量下降了 58.7%。

表 3.1 不同时期洪峰流量及洪量变化均值

站名	指标年均值	1960～1979 年	1980～1999 年	2000～2018 年
紫荆关站	洪峰流量/（m^3/s）	467.40	135.00	147.90
	洪量/10^6m^3	28.30	8.85	6.74
阜平站	洪峰流量/（m^3/s）	479.20	262.40	170.20
	洪量/10^6m^3	41.10	21.10	8.71

3.1.3 径流演变特征

根据实测及统计分析数据，分析大清河山区紫荆关站、阜平站、倒马关站、中唐梅站四个水文站及王快水库、西大洋水库、安格庄水库三个水库径流量的变化趋势，各站点及水库的位置见图 3.5。其中，四个水文站的径流序列为 1959～2018 年，三个水库的径流序列为 1961～2018 年。

1）径流基本特征

根据上述七个站点（水库）径流数据的统计结果，将径流量的年序列均值、最丰水年和最枯水年列于表 3.2 中。其中，最丰水年指年径流量最大值所发生的年份，最枯水年指年径流量最小值对应的年份。四个水文站点的最丰水年均为 1959 年，三个水库的最丰水

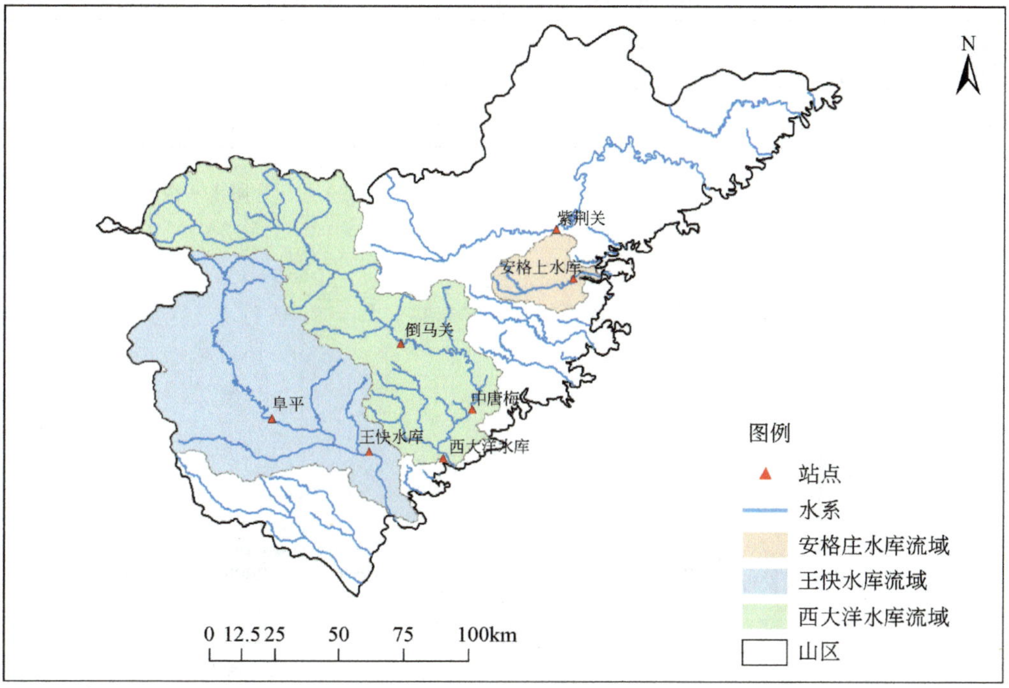

图 3.5 站点（水库）位置分布图

年均为 1963 年。不同站点最枯水年的年份并不一致，但是多数出现在 2000 年之后。最丰水年与最枯水年的比值范围在 7.5 ~ 29.5，其中阜平站的极值比最大，达到 29.5，其次为王快水库，极值比为 25.6。降水和径流丰、平、枯的划分标准列于表 3.3 中，其中径流的丰枯标准依照《水文情报预报规范》（SL 250—2000）进行划分。根据表 3.3 中的距平百分率和各站历史时期的年度水文气象资料，分析各站点（水库）逐年的丰枯变化情况，如图 3.6 所示。七个站点（水库）径流量的丰水年多为 1980 年前，而在 1980 年后，王快水库、安格庄水库多属于偏枯水年，其余均属于枯水年，尤其在 1999 年之后，70% 以上均属于偏枯或枯水年，对比 1980 年之前与 2000 年之后降水量为丰水年的年份，在 1980 年之前其径流量基本属于丰水年，而 2000 年之后基本没有属于丰水年的情况。

表 3.2　站点（水库）径流数据基本特征

	紫荆关站	阜平站	倒马关站	中唐梅站	王快水库	西大洋水库	安格庄水库
年均径流量/亿 m^3	2.01	2.51	1.97	2.58	4.78	3.49	1.42
最丰水年	1959 年	1959 年	1959 年	1959 年	1963 年	1963 年	1963 年
最丰水年径流量/亿 m^3	6.81	10.91	6.97	10.18	15.60	13.14	3.90
最枯水年	2007 年	1972 年	1991 年	2003 年	2015 年	2001 年	2007 年
最枯水年径流量/亿 m^3	0.63	0.37	0.72	0.70	0.61	0.75	0.52

表 3.3　降水径流丰平枯的划分标准

要素	枯	偏枯	平	偏丰	丰
降水	$P<-25\%$	$-25\% \leqslant P<-10\%$	$-10\% \leqslant P \leqslant 10\%$	$10\% <P \leqslant 25\%$	$P>25\%$
径流	$P<-20\%$	$-20\% \leqslant P<-10\%$	$-10\% \leqslant P \leqslant 10\%$	$10\% <P \leqslant 20\%$	$P>20\%$

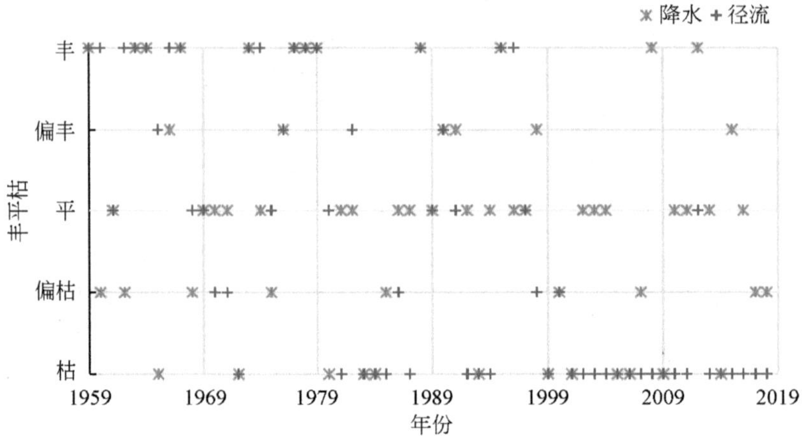

(a)紫荆关站

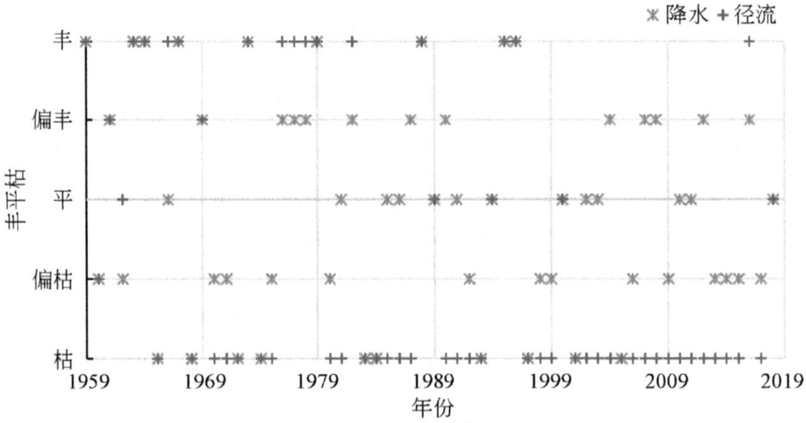

(b)阜平站

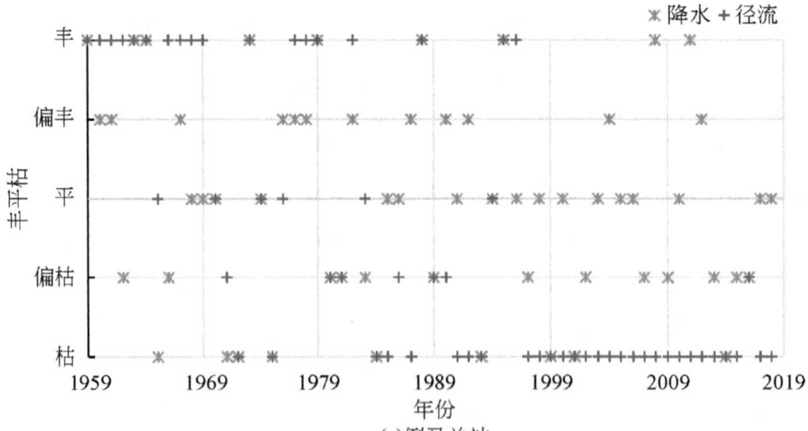

(c)倒马关站

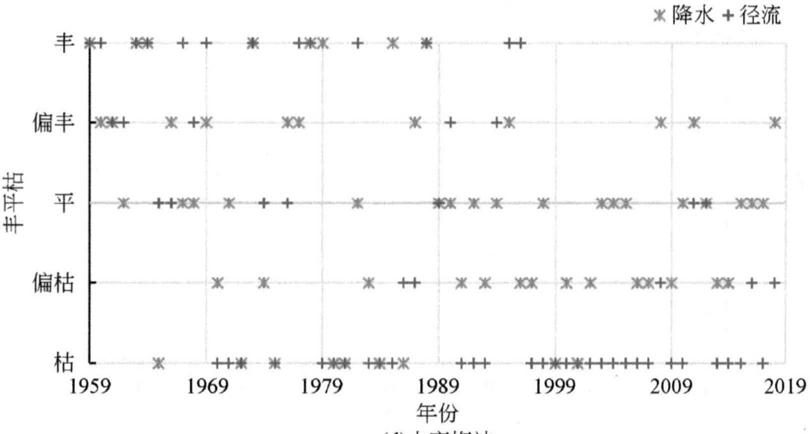

(d)中唐梅站

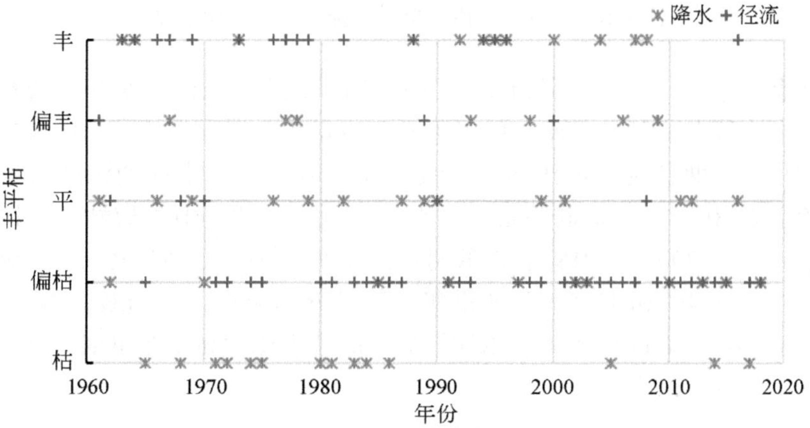

(e)王快水库

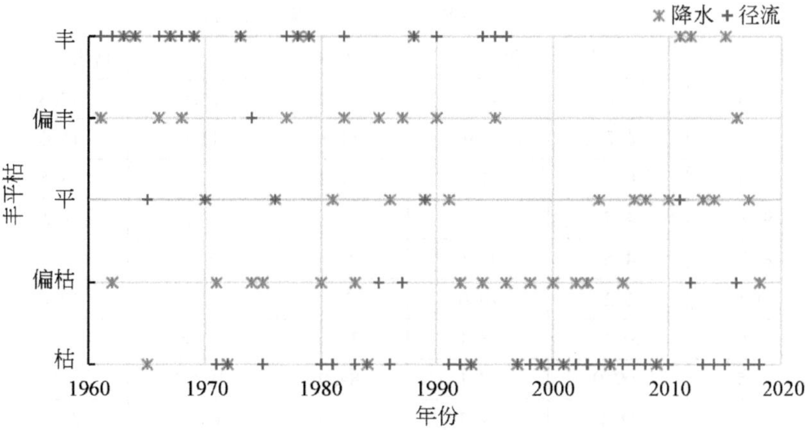

(f)西大洋水库

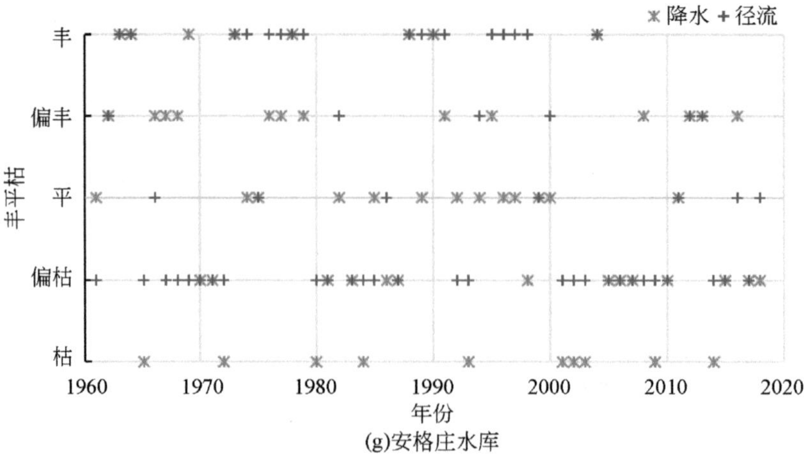

图 3.6　站点（水库）降水径流丰平枯变化情况

计算各站点（水库）月平均径流量及汛期（6～9 月）径流占全年径流量的比例，结果列于表3.4 中。所有站点（水库）的最大月径流量均出现在8 月，其次为7 月，1～6 月的月径流量较小，汛期径流量占比均在 50% 以上，其中王快水库的汛期占比最高，达到 71.9% 。相较于2000 年前，紫荆关站、阜平站、倒马关站、中唐梅站、王快水库、西大洋水库和安格庄水库 2000～2018 年的汛期径流量分别减少了 64.5% 、48.9% 、69.2% 、62.9% 、60.8% 、64.4% 和 47.5% ，非汛期径流量分别减少了 48.6% 、28.5% 、56.4% 、27.5% 、29.6% 、43.0% 和 15.9% ，汛期径流量的减少比例高于非汛期，且所有站点中倒马关站径流的下降幅度最大。

表 3.4　站点（水库）径流量年内变化

月份	站点（水库）月径流量/$10^6 m^3$						
	紫荆关站	阜平站	倒马关站	中唐梅站	王快水库	西大洋水库	安格庄水库
1	11.4	7.6	10.6	13.2	16.0	17.3	8.1
2	10.3	6.8	9.9	11.8	13.6	15.3	6.8
3	11.5	6.9	11.3	11.4	12.7	14.6	6.4
4	9.9	4.7	9.0	7.1	7.9	9.9	4.6
5	8.5	4.6	8.0	5.4	8.3	9.0	4.1
6	10.1	6.2	10.0	7.5	12.1	12.6	5.4
7	26.0	38.9	23.1	35.6	80.6	49.3	19.9
8	50.5	109.9	47.1	84.9	192.4	113.1	41.6
9	21.3	34.1	21.2	32.3	64.4	43.4	15.9
10	16.3	18.7	15.1	20.3	35.4	27.2	11.6
11	13.0	12.4	12.0	13.2	21.9	18.0	8.4
12	12.5	10.2	11.2	15.0	20.6	18.8	9.4
汛期比例/%	53.6	72.5	53.8	62.2	71.9	62.7	58.2

2）径流序列趋势分析

用线性回归法分析紫荆关站、阜平站、倒马关站、中唐梅站四个水文站 1959～2018 年年径流量序列及王快水库、西大洋水库、安格庄水库三个水库 1961～2018 年的年入库径流量的变化趋势，逐年数据序列及拟合的线性趋势线见图 3.7。如图 3.7 所示，四个水文站及三个水库的实测年径流量序列均呈现显著减小的趋势，但是安格庄水库的减小趋势相对其他站点和水库较小，其原因是其上游有跨流域调水入库。

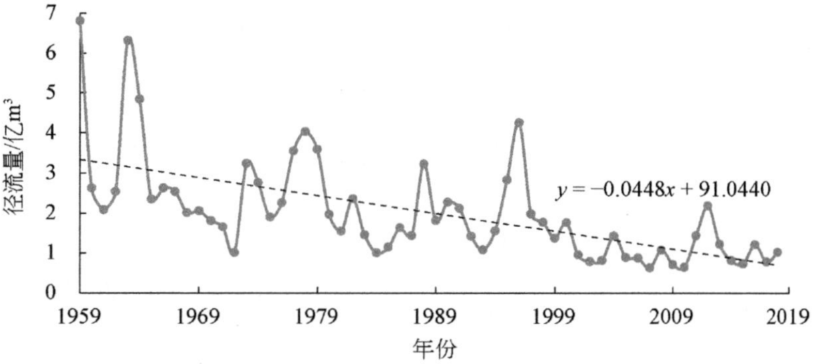

(a)紫荆关站

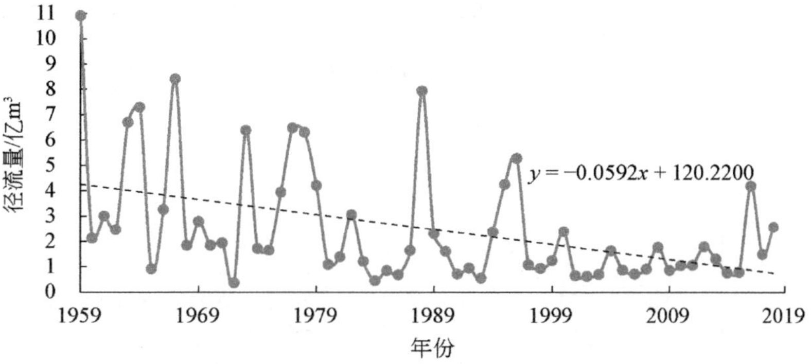

(b)阜平站

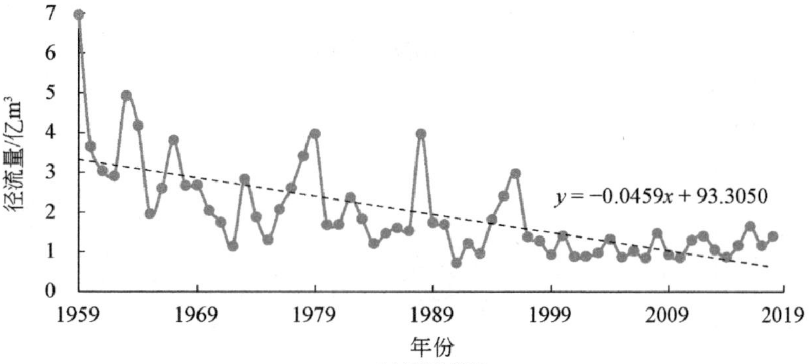

(c)倒马关站

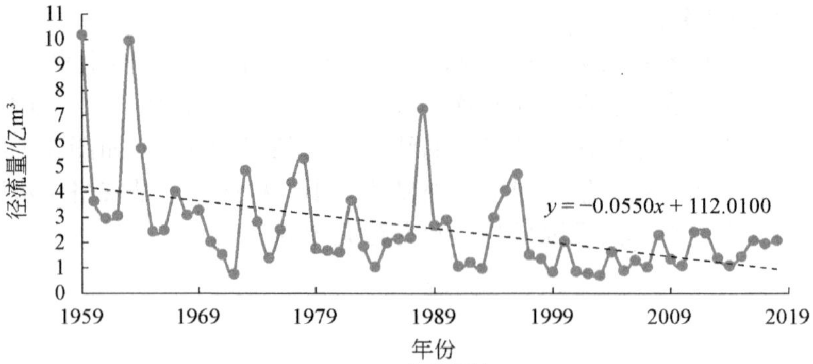

(d)中唐梅站

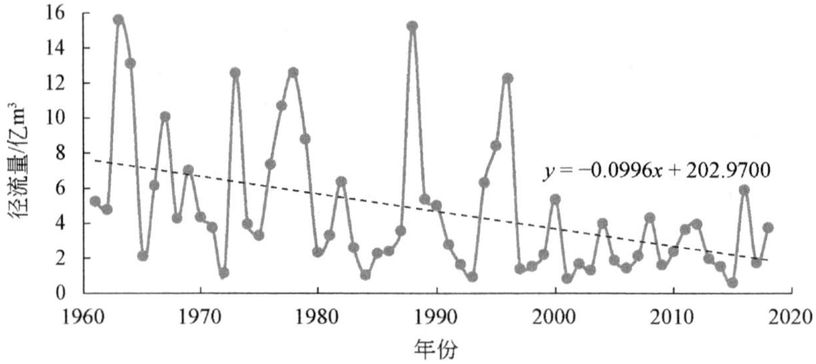

(e)王快水库

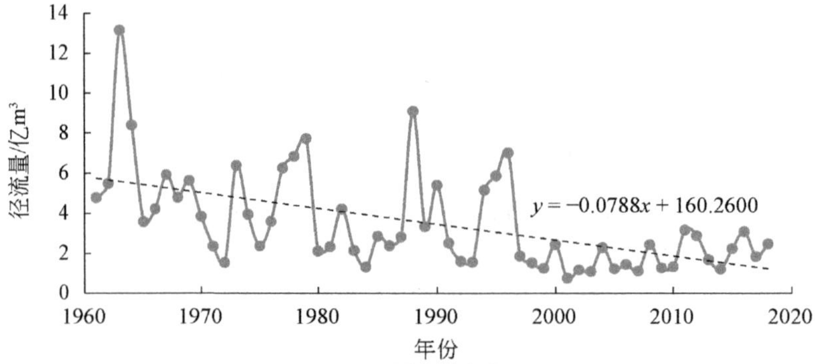

(f)西大洋水库

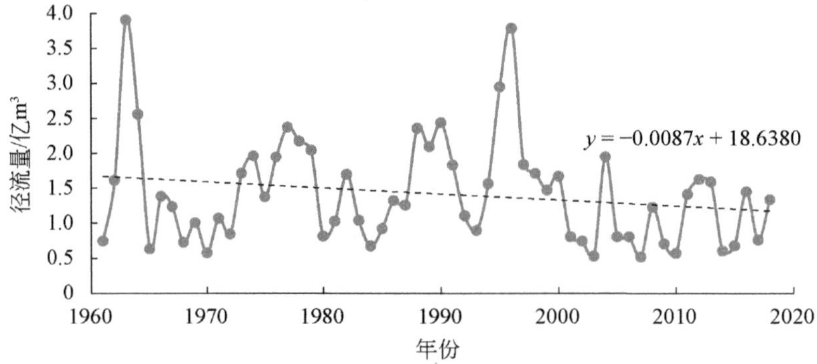

(g)安格庄水库

图 3.7　年径流序列变化趋势图

利用肯德尔秩次相关检验法和斯皮尔曼秩次相关检验法对各年径流序列进行趋势检验，结果见表 3.5。根据式（3-2）计算得出四个水文站、王快水库、西大洋水库的年径流序列统计量 U 的绝对值均大于显著性水平 $\alpha=0.10$ 下的双尾检验临界值 1.64，且均大于显著性水平 $\alpha=0.05$ 下的双尾检验临界值 1.96，说明在显著性水平 $\alpha=0.10$ 及 $\alpha=0.05$ 下上述年径流序列的变化趋势显著，且呈下降趋势。安格庄水库年径流序列得到的统计量 U 的绝对值小于显著性水平 $\alpha=0.10$ 下的双尾检验临界值 1.64，说明在显著性水平 $\alpha=0.10$ 安格庄水库年径流序列的变化趋势不显著。根据式（3-3）计算得出四个水文站、王快水库、西大洋水库的 T 值均大于显著性水平 $\alpha=0.10$ 下的双尾检验临界值 1.67，且均大于显著性水平 $\alpha=0.05$ 下的双尾检验临界值 2.00，说明在显著性水平 $\alpha=0.10$ 及 $\alpha=0.05$ 下上述年径流序列的变化趋势显著。安格庄水库的 T 值小于显著性水平 $\alpha=0.10$ 下的双尾检验临界值 1.67，说明在显著性水平 $\alpha=0.10$ 安格庄水库的年径流序列变化趋势不显著。

表 3.5　站点（水库）年径流量变化趋势检验

站点（水库）	统计量 U	$U_{0.10}$临界值	$U_{0.05}$临界值	统计量 T	$t_{0.10}$临界值	$t_{0.05}$临界值	趋势性
紫荆关站	−5.83	1.64	1.96	7.38	1.67	2.00	显著
阜平站	−3.27	1.64	1.96	3.68	1.67	2.00	显著
倒马关站	−6.05	1.64	1.96	8.15	1.67	2.00	显著
中唐梅站	−3.81	1.64	1.96	4.58	1.67	2.00	显著
王快水库	−3.49	1.64	1.96	3.89	1.67	2.00	显著
西大洋水库	−4.26	1.64	1.96	5.22	1.67	2.00	显著
安格庄水库	−1.48	1.64	1.96	1.44	1.67	2.00	不显著

对汛期、非汛期的径流量序列进行肯德尔秩次相关检验和斯皮尔曼秩次相关检验，结果如表 3.6 所示。检验结果表明，紫荆关站、阜平站、倒马关站、中唐梅站四个水文站及王快水库、西大洋水库的汛期径流量、非汛期径流量序列均呈现显著下降的趋势，通过了显著性水平 $\alpha=0.05$ 下的检验。而安格庄水库汛期径流量序列得到的统计量 U 值为负值，非汛期径流量序列得到的 U 值为正值，径流序列变化趋势不显著。两种秩次相关检验法的结果基本一致。

表 3.6　站点（水库）汛期、非汛期径流量变化趋势检验

站点（水库）	时段	统计量 U	统计量 T	趋势性
紫荆关站	汛期	−5.05	6.02	显著
	非汛期	−6.06	8.37	显著
阜平站	汛期	−2.50	2.60	显著
	非汛期	−3.21	3.47	显著
倒马关站	汛期	−5.79	7.11	显著
	非汛期	−8.23	14.63	显著

续表

站点（水库）	时段	统计量 U	统计量 T	趋势性
中唐梅站	汛期	-3.41	4.02	显著
	非汛期	-3.99	4.37	显著
王快水库	汛期	-3.02	3.25	显著
	非汛期	-3.17	3.74	显著
西大洋水库	汛期	-3.82	4.46	显著
	非汛期	-5.91	7.94	显著
安格庄水库	汛期	-1.63	1.59	不显著
	非汛期	0.81	-0.66	不显著

3.2 降水径流关系演变

选择紫荆关站以上流域、阜平站以上流域、倒马关站以上流域、中唐梅站以上流域、王快水库以上流域、西大洋水库以上流域，进一步分析大清河山区降水径流关系变化。

3.2.1 双累积曲线分析

双累积曲线就是在直角坐标系中绘制的同期内一个变量的连续累计值与另一个变量连续累计值的关系线，它可以用于水文气象要素的一致性检验、趋势线分析、缺值的插补或资料校正等，该方法是目前用于水文气象要素一致性或长期演变趋势分析中最简单、最直观、最广泛的方法（穆兴民等，2010）。降水量虽然是导致河川径流量变化的主要原因，但人类活动及下垫面变化也对径流影响较大。双累积曲线法假定两个变量之间存在着正比例关系，即两者具有明确的因果关系。将降水量和径流量作为双累积曲线的两个变量，可用于分析人类活动影响下流域径流是否存在趋势性变化，进而分析不同因素对径流变化的影响。在流域自然条件下，如无人类活动和下垫面变化影响，相同时间内的累积降水量和累积径流量之间应基本表现为直线相关关系，即

$$\sum Q = k \cdot \sum P + b \tag{3-4}$$

式中，Q 为某时段的径流量；P 为与径流量同时段内的降水量；k、b 为常数。为使单位统一，将径流量统一转化为径流深，累积降水量与累积径流深双累积曲线斜率的变化可以反映流域单位雨量产生径流深的变化，即

$$\omega = \frac{k_i - k_{i-1}}{k_{i-1}} \times 100\% \tag{3-5}$$

式中，ω 为双累积曲线斜率变化；k_i 为阶段斜率值；i 为阶段，且 $i \geqslant 2$。相邻阶段的 ω 值越大，非降水因素的作用强度越大。如果直线的斜率没有发生明显的偏离，说明降水径流关系无显著变化。反之，则说明降水径流关系有变化。除降水之外，还有其他因素对河川

径流量变化产生了影响。当$k_i>k_{i-1}$时，说明非降水因素使河川径流量增大；当$k_i<k_{i-1}$时，说明非降水因素使河川径流量减小。

根据大清河山区降水径流数据，采用双累积曲线法绘出数据起始年份至 2018 年各研究子流域的径流深–降水量累积曲线，如图 3.8 所示。起始年份至 1979 年记为阶段 1，1980 ~ 1999 年记为阶段 2，2000 ~ 2018 年记为阶段 3。由散点图线性拟合，得到降水径流的拟合关系，其中相关性系数 R^2 均大于 0.97，说明相关性较好。从累积变化量的斜率来看，所有子流域三个阶段的斜率均呈下降趋势，说明在同样的降水条件下，年径流量有明显减少的趋势，这与前面趋势检验的结果一致，且非降水因素对径流量的减少具有直接影响。在拟合趋势线得到相应累积斜率的基础上，由式（3-5）计算各子流域双累积曲线的 ω 值，结果列于表 3.7 中。从阶段 1 到阶段 2，全部子流域非降水因素均使径流量减少，尤其阜平站、王快水库的比值分别达到 40.4%、39.8%；从阶段 2 到阶段 3，非降水因素使全部子流域的径流量减少，且均在 34% 以上，其中西大洋水库比值最大，为 49.0%。

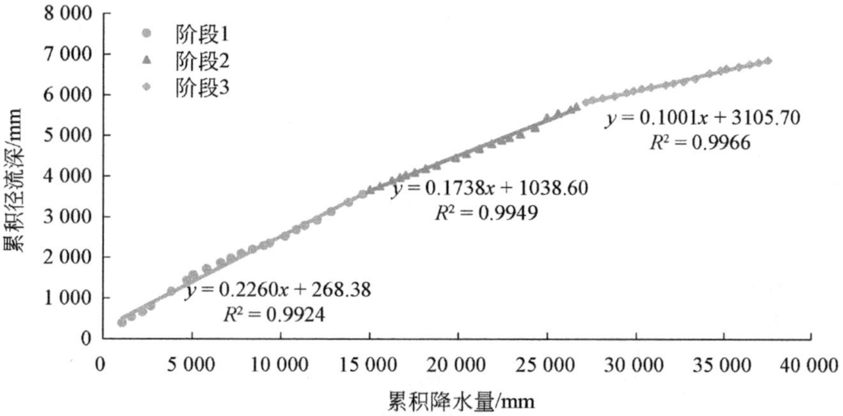

(a)紫荆关站以上流域

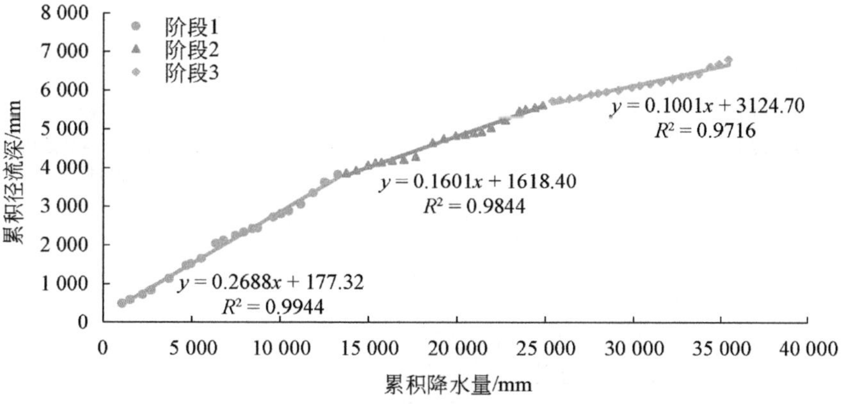

(b)阜平站以上流域

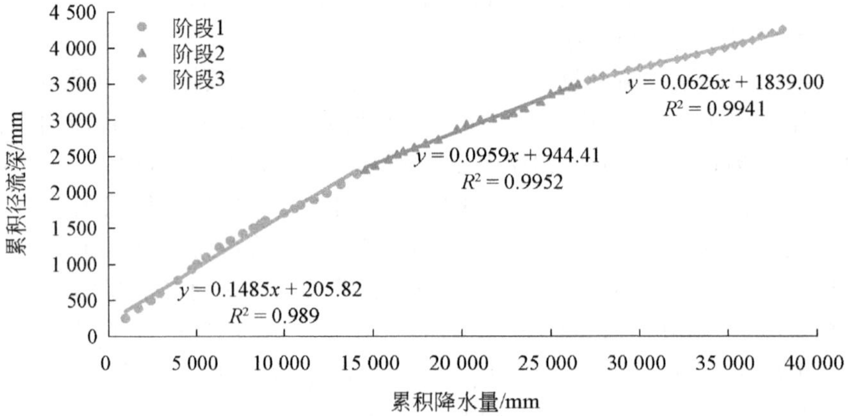

(c)倒马关站以上流域

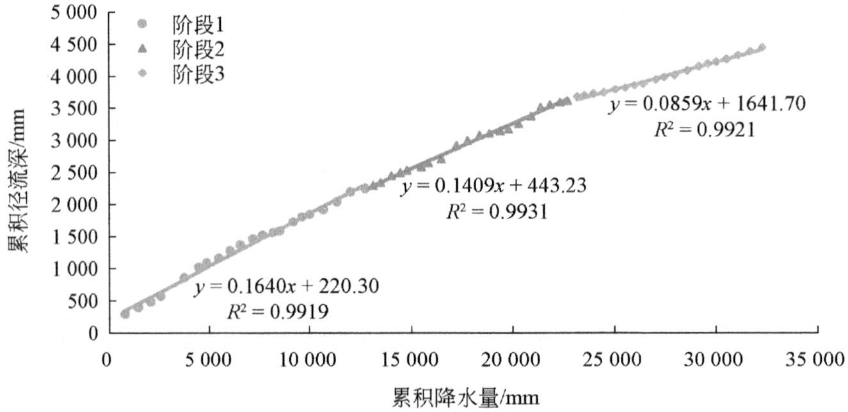

(d)中唐梅站以上流域

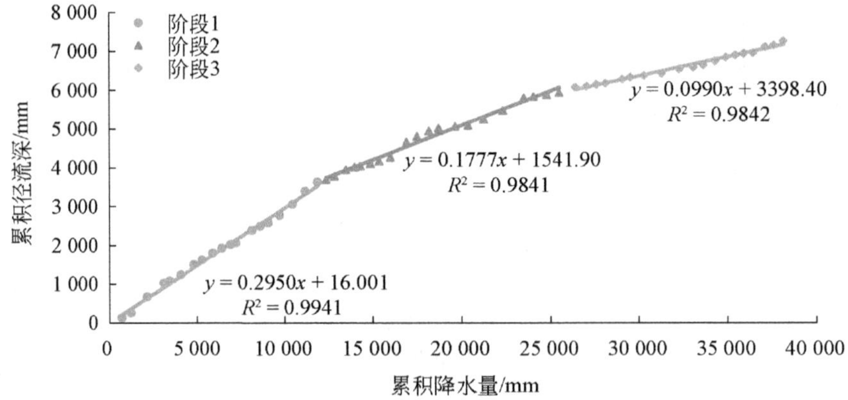

(e)王快水库以上流域

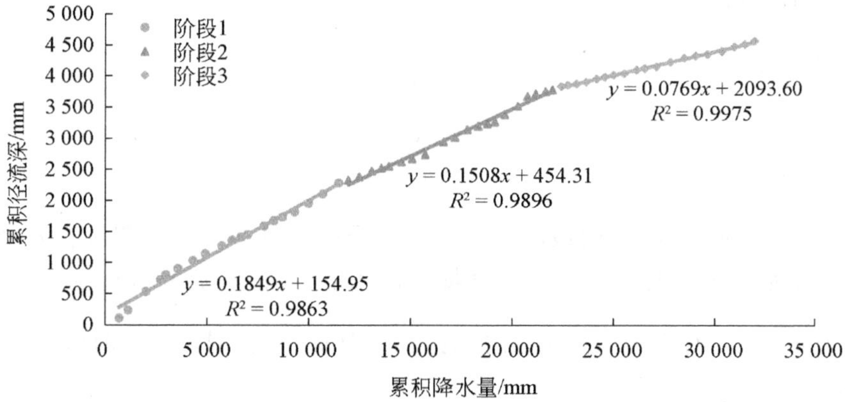

(f)西大洋水库以上流域

图 3.8 降水径流双累积曲线

表 3.7 各子流域的双累积曲线 ω 值 单位:%

阶段	紫荆关站	阜平站	倒马关站	中唐梅站	王快水库	西大洋水库
阶段 1→阶段 2	-23. 1	-40. 4	-35. 4	-14. 1	-39. 8	-18. 4
阶段 2→阶段 3	-42. 4	-37. 5	-34. 7	-39. 0	-44. 3	-49. 0

将阶段 1 作为基准期，根据其累积径流深与累积降水量的线性相关关系，对阶段 2、阶段 3 的径流深进行反推，进而得到未受人类活动影响下的累积径流深，具体计算公式如下：

$$R_j = k_1 \times P_j + b_1 \tag{3-6}$$

式中，R_j为未受人类活动影响下阶段 j 的径流深；k_1、b_1 分别为阶段 1 累积径流深及累积降水量线性拟合方程的斜率和截距；P_j为阶段 j 下对应的累积降水量。

将通过式（3-6）计算得到的阶段年均径流量值与实际年均径流量对比，阶段 2 所有断面实际径流量均比计算值减少。其中，中唐梅站相差最小，为 19. 2%，王快水库及阜平站相差最多，分别为 40. 9%、40. 8%。阶段 3 所有断面的实测径流量年均值较计算值均有所下降，所有断面的下降幅度均在 47%～65%，其中王快水库下降幅度值最大，为 64. 4%。以整个长序列的径流量数据进行分析，所有断面呈现明显的下降趋势，且下降幅度基本达到 50%，在相同降水量条件下，径流量明显减小。

3. 2. 2 径流系数分析

径流系数是一定汇水面积内同一时段的径流深（mm）与降水量（mm）的比值，它通常与汇水区的地形地貌、土壤分布、平均坡度、地表植被覆盖等情况密切相关，能反映降水变化、下垫面条件变化等因素对径流形成过程的影响。已有监测和研究结果表明，水土保持、生态建设等措施通过改变下垫面的产汇流特性，从而改变着流域径流系数的大小（李珂等，2022；马勇星等，2022；杜映妮等，2023）。分析计算时段可以针对洪水过程或

月、年等不同时间尺度。具体计算公式为

$$\alpha_i = \frac{R_i}{P_i} \tag{3-7}$$

$$\overline{\alpha}_k = \frac{\sum_m^n \alpha_i}{T_{m\sim n}} \tag{3-8}$$

式中，α_i、R_i、P_i分别为第 i 个时段的径流系数、径流深及降水量；假设有 k_n 个阶段，阶段 k 的起止时段为第 m 个时段至第 n 个时段，$\overline{\alpha}_k$为阶段 k 的径流系数均值（$k=1$，2，…，k_n）；$\sum_m^n \alpha_i$ 为 $m \sim n$ 个时段的径流系数之和；$T_{m\sim n}$为 $m \sim n$ 个时段的总时段数。

1）洪水径流系数

本书对紫荆关站、阜平站两站的洪水序列径流系数进行了分析。基于年最大洪峰选取洪水场次，通过整理次洪降水量及次洪洪量，求得两个流域 1960～2018 年逐年最大场次洪水过程的径流系数值，并计算出三个阶段径流系数的均值，结果如图 3.9 所示。两个子流域年最大洪水系列的径流系数阶段均值均有所下降，点据下移趋势非常明显。紫荆关站

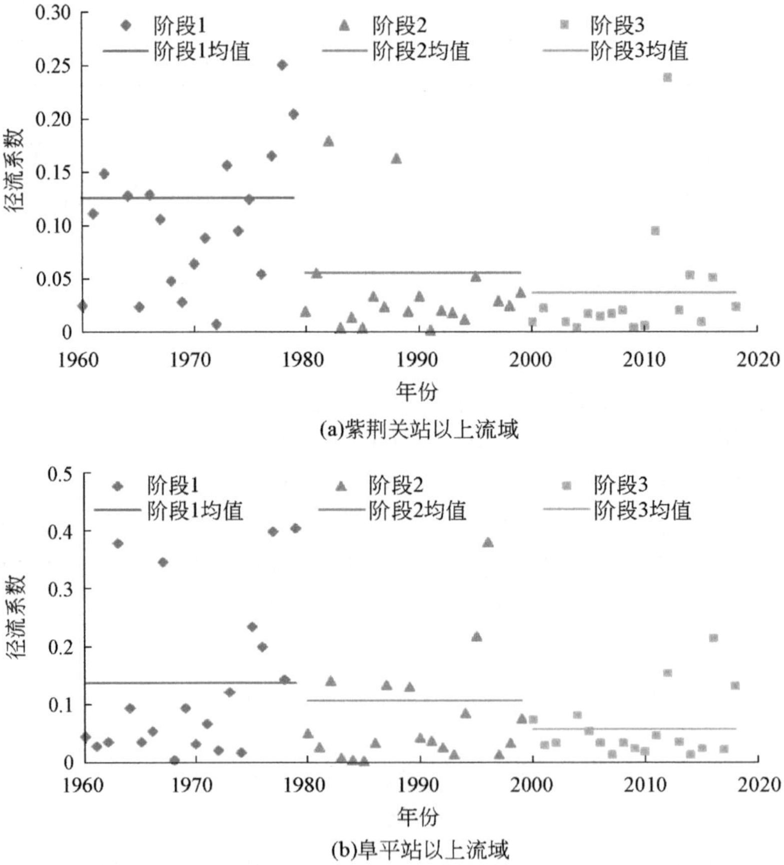

(a)紫荆关站以上流域

(b)阜平站以上流域

图 3.9　年最大洪水系列径流系数的分阶段变化

以上流域 1960～1979 年年最大洪水系列的径流系数均值为 0.126，1980～1999 年系列的径流系数相比于 1960～1979 年系列减少了近 0.070，下降幅度达 55.9%；同 1980～1999 年系列相比，2000～2018 年系列的径流系数减少了 0.019，下降幅度为 34.4%。阜平站以上流域 1960～1979 年系列的径流系数均值为 0.138，1980～1999 年系列的径流系数相比于 1960～1979 年系列减少了近 0.030，下降幅度为 22.8%；同 1980～1999 年系列相比，2000～2018 年系列的径流系数减少了 0.050，下降幅度达到 45.6%。

降水量大小是径流系数变化的重要影响因素。以逐年最大洪水系列的降水量为横坐标，对应的径流系数为纵坐标，分整个历史序列及三个阶段点绘两个子流域降水量-径流系数的线性趋势线，分析不同阶段径流系数与降水量的相关关系，如图 3.10 所示。由图 3.10 可以看出，线性趋势线的斜率均大于 0，即径流系数与降水量呈正相关，降水初期发生蓄渗，不会立即形成径流。随着降水量增加，满足截留、填洼等条件后，进入产流过程，因此径流系数随降水量的增加而增加。紫荆关站以上流域三个阶段的线性趋势线的斜率分别为 0.0014、0.0009 和 0.0002。阜平站以上流域三个阶段的线性趋势线的斜率分别为 0.0024、0.0023 和 0.0013。不同阶段各趋势线的对比结果表明，相同降水量条件下，两个子流域年最大洪水系列的径流系数值均显著下降。

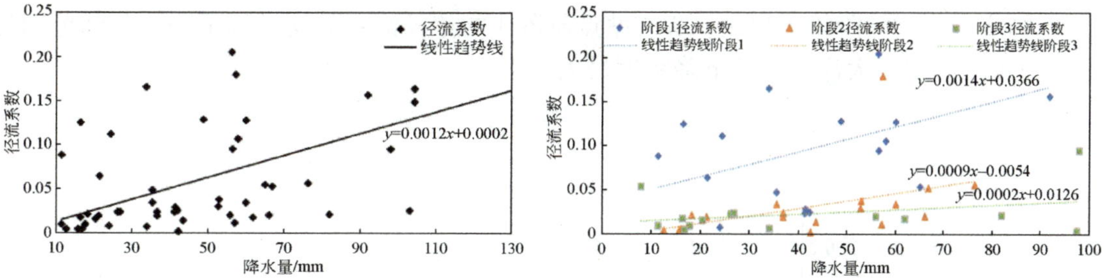

(a)紫荆关站以上流域

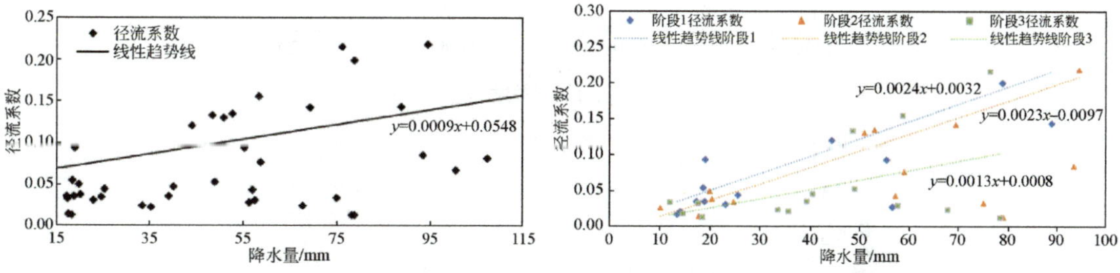

(b)阜平站以上流域

图 3.10 年最大洪水系列的降水量-径流系数对应关系图

2）年径流序列径流系数

对主要站点及水库不同时段的年径流量进行统计，结果见表 3.8。与起始年份至 1979 年作为对比，1980～1999 年四个水文站年径流的下降幅度在 36%～51%。其中，阜平站径流的下降幅度最大，为 50.8%；王快水库、西大洋水库年径流的下降幅度分别为 39.6%、37.5%。2000～2018 年所有站点和水库的年径流都较起始年份至 1979 年呈显著下降趋势，下降幅度在 58%~66%。

表 3.8　主要水文站点及水库的分阶段年径流量统计　　单位：亿 m^3

名称	阶段 1	阶段 2	阶段 3
紫荆关站	2.98	1.91	1.05
阜平站	4.03	1.98	1.38
倒马关站	2.97	1.72	1.12
中唐梅站	3.72	2.38	1.52
王快水库	7.21	4.35	2.63
西大洋水库	5.30	3.31	1.85

注：阶段 1 水文站点起始年份为 1959 年，水库起始年份为 1961 年。

计算研究区内上述水文站点及水库逐年的径流系数，分别计算三个阶段年径流系数的均值，结果如图 3.11 和表 3.9 所示。与阶段 1 相比，紫荆关站、阜平站、倒马关站、中唐梅站、王快水库、西大洋水库阶段 2 的年径流系数下降幅度在 23%~47%，其中阜平站的下降幅度最大。与阶段 2 相比，所有站点阶段 3 的年径流系数均继续下降，下降范围为 21%~43%，其中西大洋水库的下降幅度最大。

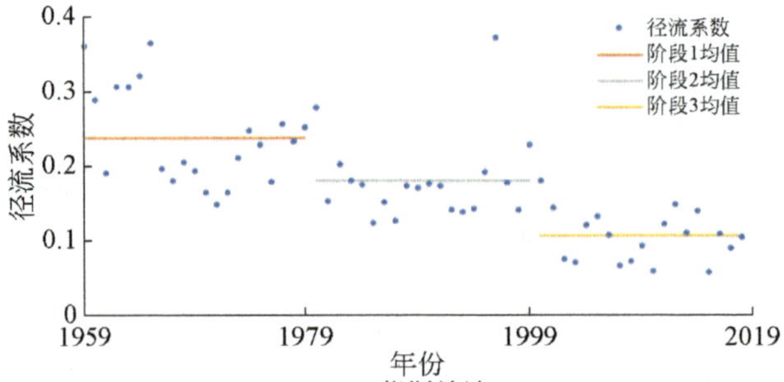

(a)紫荆关站

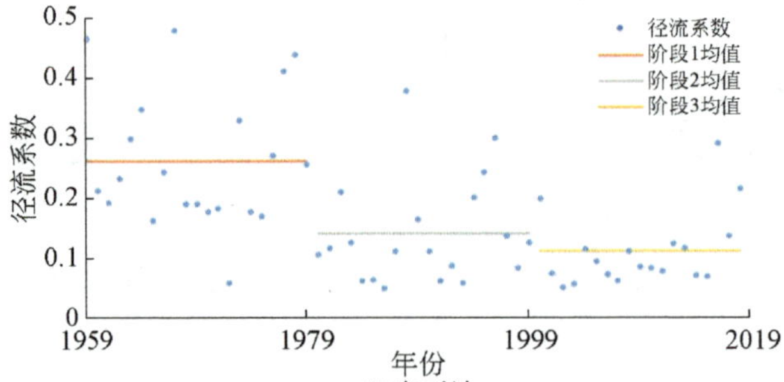

(b)阜平站

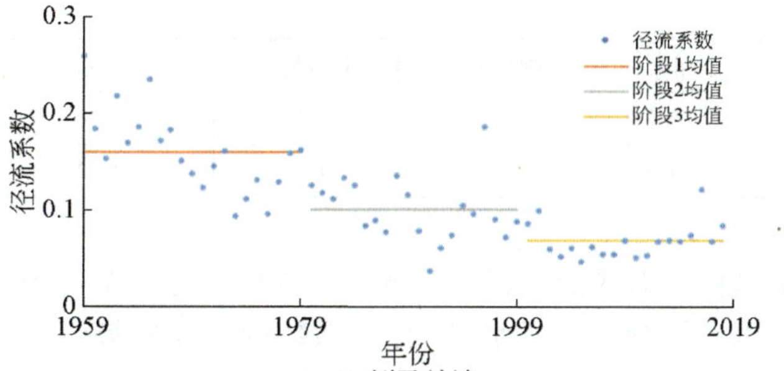

(c)倒马关站

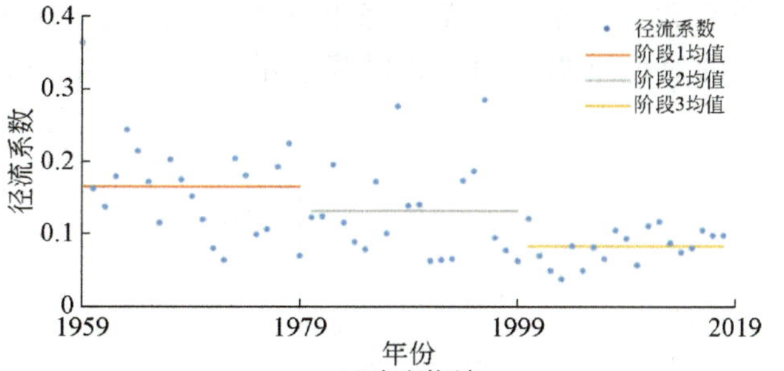

(d)中唐梅站

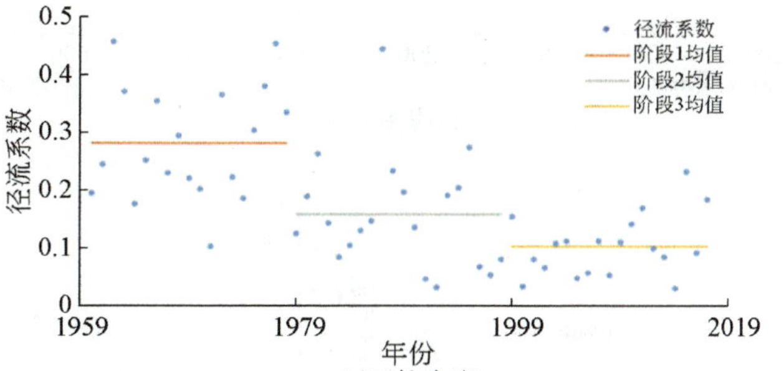

(e)王快水库

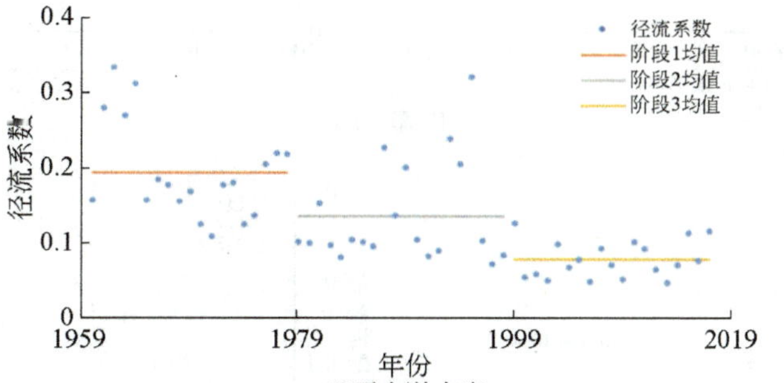

(f)西大洋水库

图 3.11　分阶段年径流系数变化过程

表 3.9　分阶段年均径流系数值

	紫荆关站	阜平站	倒马关站	中唐梅站	王快水库	西大洋水库
阶段 1	0.24	0.26	0.16	0.17	0.28	0.20

续表

	紫荆关站	阜平站	倒马关站	中唐梅站	王快水库	西大洋水库
阶段 2	0. 18	0. 14	0. 10	0. 13	0. 16	0. 14
阶段 3	0. 11	0. 11	0. 07	0. 09	0. 11	0. 08

以年降水量为横坐标，对应的年径流系数为纵坐标，分整个历史序列及三个阶段点绘上述各水文站及水库以上控制流域降水量-径流系数的线性趋势线，分析不同阶段年径流系数与年降水量的相关关系，如图 3. 12 所示。大部分趋势线的斜率均大于零，说明其对应的年降水量与年径流系数呈正相关关系，降水量越多，产流量越大，年径流系数也越高。不同阶段各趋势线的对比结果表明，相同降水量条件下，年径流系数值呈显著下降趋势。

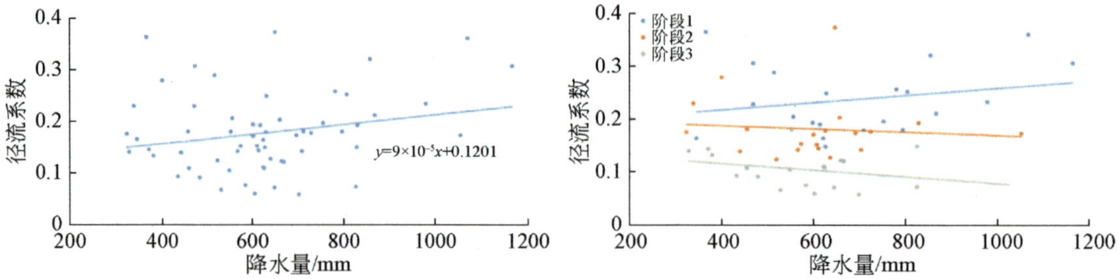

(a)紫荆关站

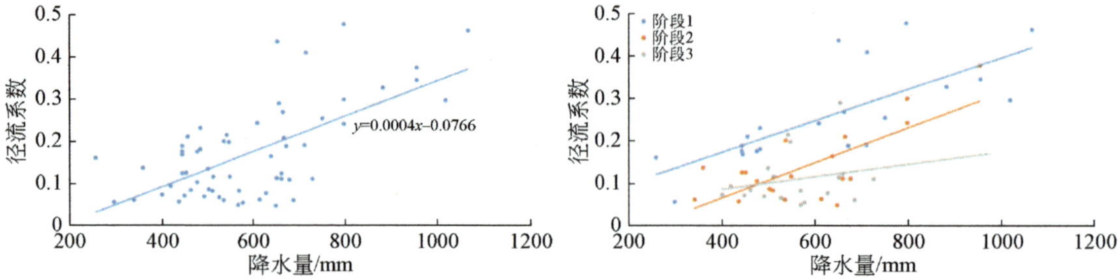

(b)阜平站

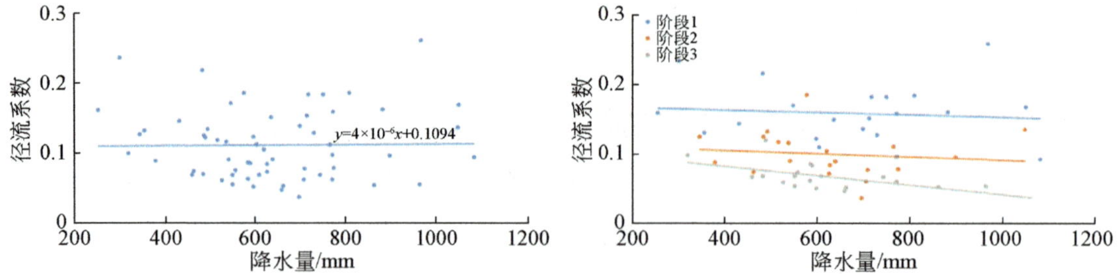

(c)倒马关站

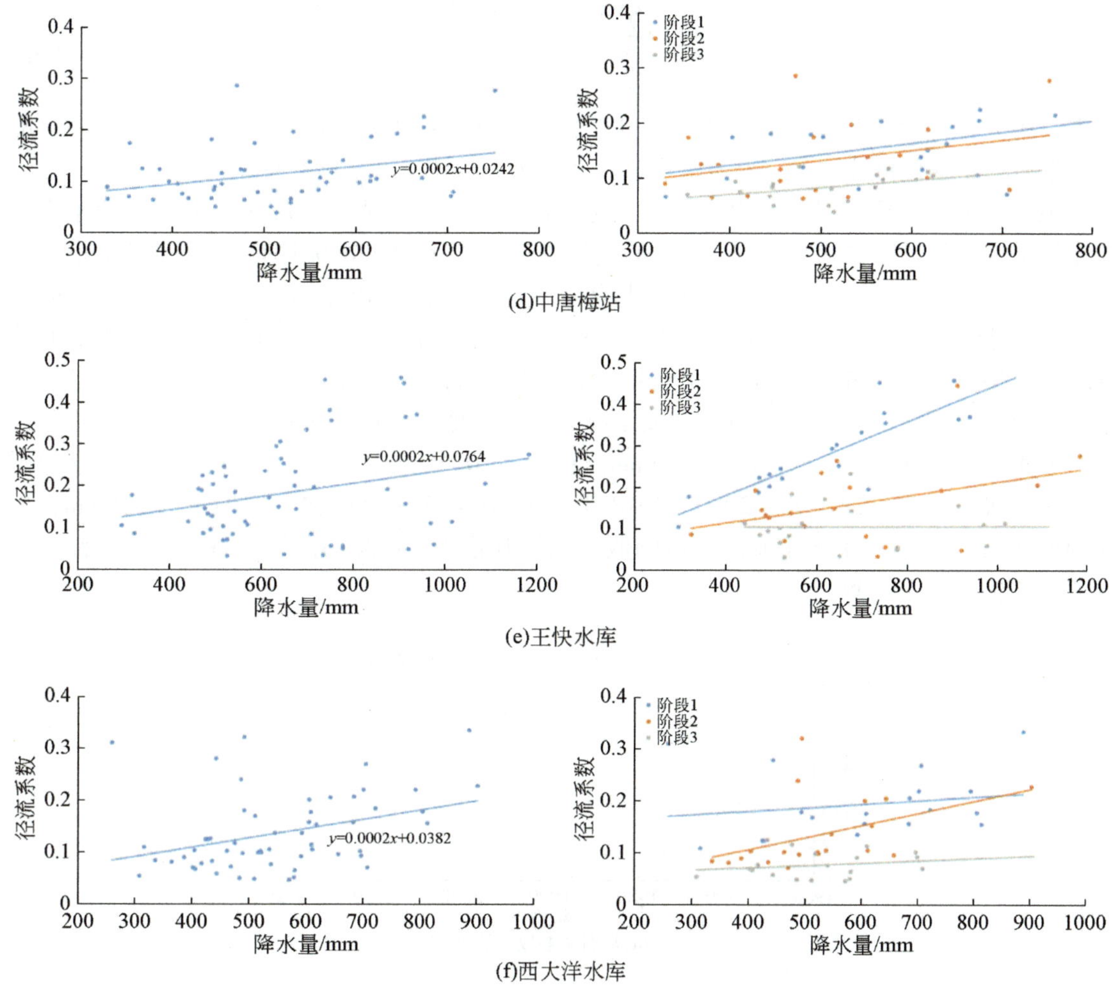

图 3.12　年降水量–年径流系数对应关系图

3.2.3　产流阈值分析

产流是指降水量扣除损失形成净雨的过程，其中降水损失包括植物截留、下渗、填洼与蒸发，且以下渗为主，典型的产流机制包括蓄满产流机制和超渗产流机制，某些地区水文模型的构建兼具两种产流机制。降水产流阈值是指接受降水的下垫面能够产生地表径流的最小降水量，是产流产沙规律研究的重要参数。例如，黄俊等（2011）通过建立非线性降水产流阈值模型研究了不同调控措施下坡面的降水产流阈值；李彬权等（2019）针对黄河中游典型子流域，推导了骨干淤地坝拦蓄作用下的产流阈值。本节采用最大值取样法选取年最大洪峰对应的场次洪水来确定所选择洪水过程线中的流量起涨点，根据降水量摘录表中流量起涨点时刻之前各雨量站的时段降水，求均值得到的区域降水量即为产流阈值。计算公式为

$$\overline{P}_k = \frac{\sum_m^n P}{T_{m\sim n}} = \frac{\sum_m^n \frac{\sum P_a}{b}}{T_{m\sim n}} \tag{3-9}$$

式中，$\overline{P}_k$为分阶段的产流阈值均值（$k=1, 2, \cdots, k_n$）；P 为年产流阈值；P_a为对应起涨点所选站点记录的降水量值；b 为站点数；$T_{m\sim n}$为阶段内 $m\sim n$ 年的总年份数。

根据年最大洪峰值对应的次洪场次，对紫荆关站、阜平站以上流域产流阈值的年序列变化情况进行统计，结果如图 3. 13 所示，其中纵坐标为次洪产流阈值对应的降水量。紫荆关站以上流域的产流阈值整体呈上升趋势，三个阶段的均值分别为 8. 4mm、12. 7mm 和 13. 7mm。同 1960 ~ 1979 年相比，1980 ~ 1999 年的产流阈值增加了 4. 3mm，增加幅度达 51. 2%；2000 ~ 2018 年与 1980 ~ 1999 年相比，增加约 1. 0mm，增幅仅为 7. 9%。阜平站以上流域产流阈值的变化情况与紫荆关站以上流域类似，阶段均值均在增加，三个阶段的均值分别为 10. 3mm、12. 5mm 和 16. 0mm。1980 ~ 2000 年同 1960 ~ 1979 年相比，增加了 2. 2mm，增加幅度为 21. 4%；2000 ~ 2018 年与 1980 ~ 1999 年相比，增加量为 3. 5mm，增加幅度达 28. 0%。两个子流域的产流阈值均呈上升趋势，但是不同子流域各阶段产流阈值均值的变化幅度不一致。

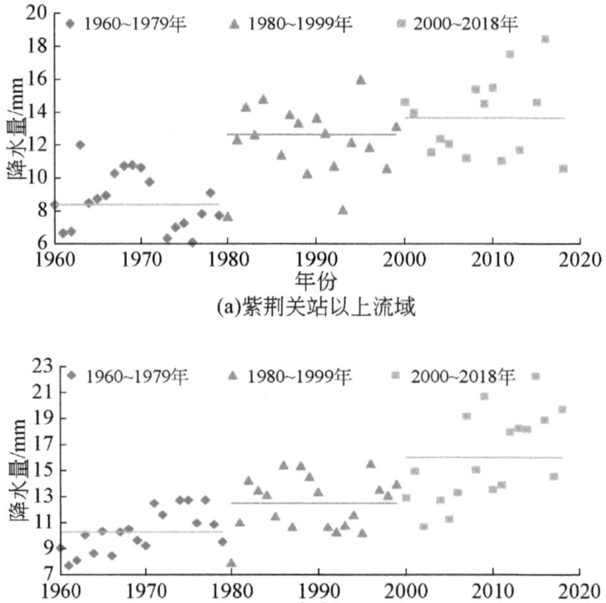

(a)紫荆关站以上流域

(b)阜平站以上流域

图 3. 13　年最大洪峰对应次洪的产流阈值年际变化

3. 3　驱动因素分析

降水径流过程是一个受自然、人工众多因素影响的综合过程，其中人类活动对地表径流的影响分为水资源开发利用活动的直接影响和流域下垫面变化的间接影响，直接影响包括人为的河道取水或引水、跨流域调水及水利工程调蓄作用等，间接影响包括土地利用、植被覆被变化等。本节从水土流失治理、土地利用类型变化、植被覆盖度变化及人类活动取用水变化等方面综合分析了大清河山区水循环非稳态变化的主要驱动因素。

3.3.1 水土流失治理情况

水土流失又称土壤侵蚀，是指在水力、风力、冻融、重力等外营力作用下，土壤、土壤母质被破坏、剥蚀、转运和沉积的全部过程，是自然因素和人类社会经济活动综合作用的结果。水土流失导致耕地减少、土地沙化、石漠化、河湖淤积、面源污染等一系列经济社会和生态环境问题，危及区域防洪安全、供水安全、粮食安全和生态安全。根据《全国水土保持区划（试行）》，大清河山区属于北方土石山区（一级区名称）中的太行山山地丘陵区（二级区名称）。该区山高坡陡，土层薄，山洪灾害多发，土壤保水保肥能力差，涵养水源能力低，且开发较早，开垦程度高，生产活动频繁，梯田和经济林下工程年久失修、田坎损坏严重，受自然和人为活动双重影响，造成水土流失严重。大清河山区水土流失的类型主要是水力侵蚀，局部存在滑坡、崩塌、泥石流等重力侵蚀。

多年来，大清河山区内有关省市高度重视水土保持工作，组织开展了大规模水土流失综合治理。特别是近年来持续实施的国家及省级水土保持重点工程，在王快水库上游、西大洋水库上游、拒马河源头等重点区域建设生态清洁小流域，以小流域为单元，开展山、水、田、林、路综合治理，提高水源涵养能力，保护耕地水源，实现清水下山、净水入库，保障水源地引水安全，改善农村生产条件和生态环境。在非工程措施方面，进一步完善水土保持管理的体制机制，严格控制饮用水水源保护区、水源涵养区、水土流失严重区和易发区及生态脆弱地区的生产建设活动，加强生产建设项目水土保持监督检查，全面提升监管能力。通过实施封育保护、造林种草、退耕还林还草等植被建设与生态修复措施，坡耕地改造、坡林地治理、侵蚀沟道整治等拦淤减蚀措施（图 3.14）及非工程管理措施，流域内林草植被面积大幅增加，蓄水保土减沙和涵养水源能力不断提高，工程区林草植被覆盖率普遍增加，缓洪拦沙效益显著，水土流失得到了基本控制。

(a)石坎梯田　　(b)水土保持林

(c)蓄水工程　　(d)谷坊坝

图 3.14　山区水土保持工程示意图
图片来自相关省市的水土保持公报

根据《2022 年度河北省水土保持公报》，大清河山区河北省范围内水土流失面积为 5413.17km^2，约占该区域总面积的 39.20%。其中，轻度侵蚀面积占侵蚀总面积的 96.30%，中度侵蚀面积占侵蚀总面积的 2.10%，强度侵蚀面积占侵蚀总面积的 1.60%。根据《2022 年北京市水土保持公报》，大清河山区北京市范围内水土流失面积约占该区域总面积的 23.60%。其中，轻度侵蚀面积占侵蚀总面积的 99.13%，中度以上侵蚀面积占侵蚀总面积的 0.87%。根据《山西省大清河流域（唐河、沙河）生态修复与保护规划（2017—2030 年）》，大清河山区山西省范围内水土流失面积约占该区域总面积的 78.50%。其中，微度侵蚀面积占侵蚀总面积的 48.10%，轻度侵蚀面积占侵蚀总面积的 14.30%，中度侵蚀面积占侵蚀总面积的 30.90%，强度侵蚀面积仅占侵蚀总面积的 6.70%。与历史统计数据相比，大清河山区水土流失面积在逐年减小，水土保持工程发挥了重要作用。

水土保持工程建设能显著影响流域水循环要素及其过程。例如，梯田建设改变坡地的地形地貌，使坡面变成相对比较水平的田面，会对径流的产生有一定的截断作用。当坡地改水平梯田后，由于精耕细作，改变了该区域的土壤结构，一定程度上会增加入渗深度。此外，在田面上栽培作物，会增加水流阻力，延长入渗时间。梯田不仅自身产流大幅度减少，还可截留上方坡面来水；而植树造林则有利于削减降水动能，树木枝叶在降水过程中可以截留更多的水量，这部分水量大部分要蒸发掉。同时，有枯枝落叶层和发达根系的林地，具有涵蓄一定水量的能力，其入渗能力比荒地大，从而增加了降水过程中的入渗损失量。蓄水工程、谷坊坝等水保工程的增加则可直接拦截降水径流量，减少了进入河道的水流量。总体来看，大清河山区水土保持工程增强了流域的拦洪蓄水作用，从而影响了地表径流的汇集，增加了有效蒸发，减少了河川径流量。

3.3.2　土地利用类型变化

海河流域山区以林地、草地和耕地为主要土地利用类型，且在这三种土地利用类型间存在相互转化的关系。已有研究表明，土地利用类型的变化直接影响海河流域的径流（郝振纯和苏振宽，2015；冯平和李建柱，2017）。不同遥感数据产品的时间段及其解译出的土地利用类型、面积占比等存在一定差异，因此本节选取全球陆地表面卫星-土地覆被（global land surface satellite-global land cover，GLASS-GLC）和中分辨率成像光谱仪（moderate-resolution imaging spectroradiometer，MODIS）两种遥感数据产品，通过对比综合分析大清河山区土地利用类型变化情况。

1）GLASS-GLC 数据产品

GLASS-GLC 是清华大学地球系统科学系宫鹏教授科研团队对外发布的基于全球地面卫星的逐年长时序动态土地覆盖数据产品，该产品将土地利用类型划分为耕地、林地、草地、灌丛、苔原、荒地、雪地、无资料区 8 种类型，空间分辨率为 5km，含 1982～2015 年共 34 期的数据（Liu et al.，2020）。该数据分类比较简单，没有城镇类型。利用 ArcGIS 对数据进行掩膜提取，得到大清河山区植被变化情况，进而提取不同土地利用类型的面积，计算不同类型的占比。根据大清河山区土地利用类型的变化，选取 1982 年、1985 年、1990 年、1995 年、2000 年、2005 年、2010 年、2012 年和 2015 年共 9 期分析其变化情况，如图 3.15 所示。大清河山区土地利用是一个逐渐变化的过程，东北部以林地为主，且林地所占面积有增加的趋势；中部 2000 年之前以草地为主，2000 年之后草地逐渐被林地取代，到 2015 年主要土地利用类型为林地；南部以草地为主，基本变化不大。根据图 3.15 中显示的土地利用变化趋势，选择 1982 年、2000 年、2015 年作为代表年份进行对比，统计不同年份的土地利用类型面积，数据列于表 3.10 中。从所选的三期土地利用变化来看，耕地、林地面积均呈增加趋势，草地面积减少。1982～2000 年，大清河山区的土地利用类型变化主要体现在耕地、林地分别增加了 61km^2、363km^2，占总面积比例分别上升了 0.3%、1.9%，同时草地减少了 383km^2；2000～2015 年，耕地、林地面积分别持续增加了 343km^2、4600km^2，占总面积比例分别上升了 1.8%、23.9%，而草地面积持续缩减，减少了 4943km^2，较 1982～2000 年占比下降了 25.7%。

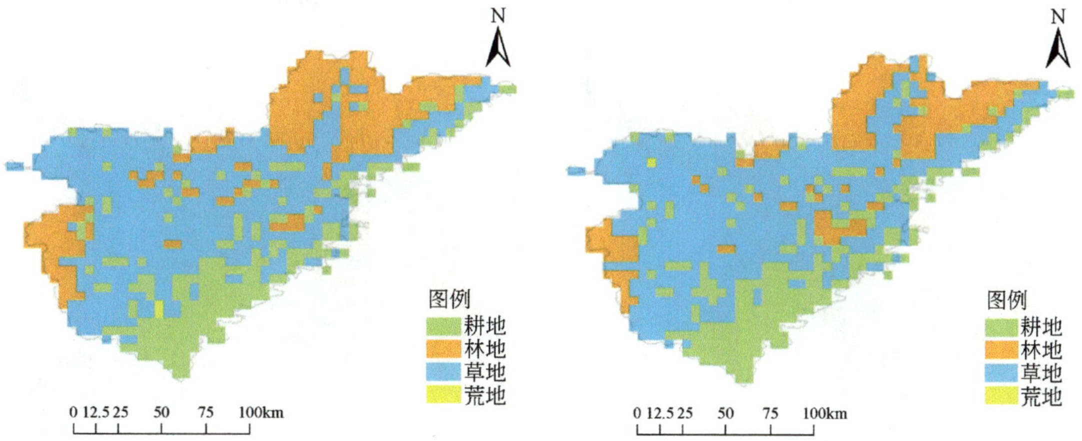

(a)1982年

(b)1985年

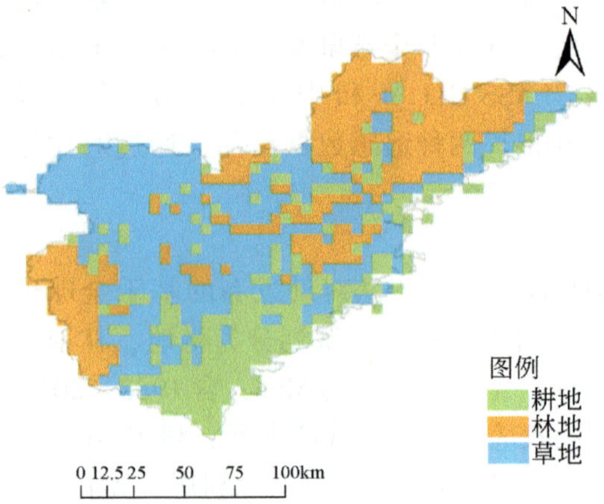

(c)1990年

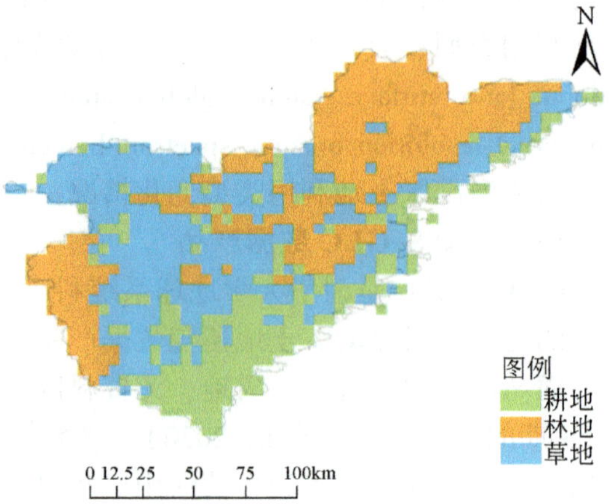

(d)1995年

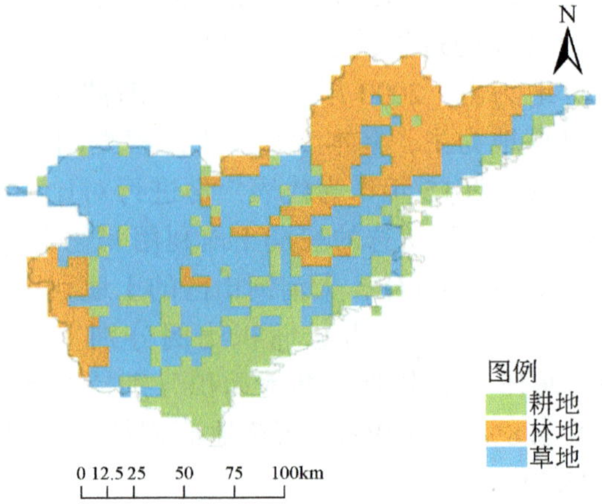

(e)2000年

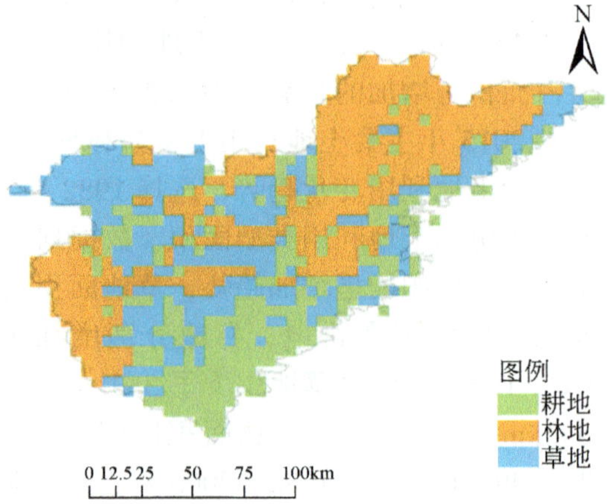

(f)2005年

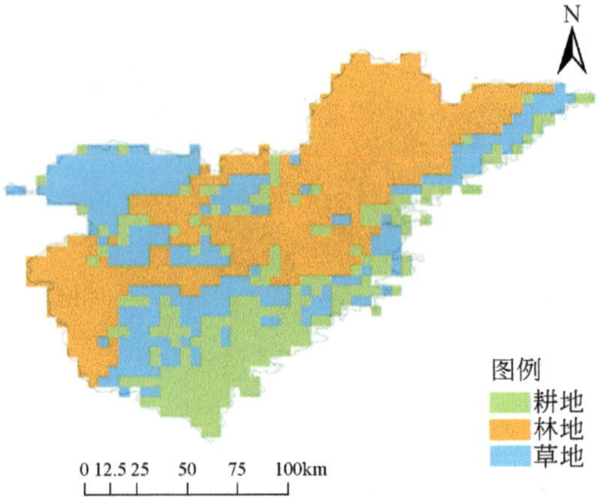

(g)2010年

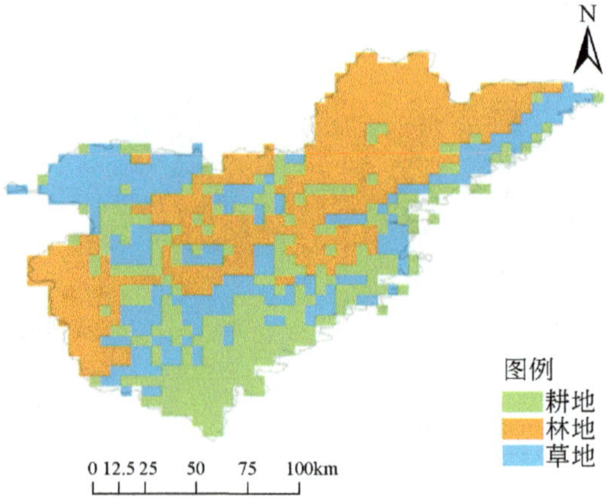

(h)2012年

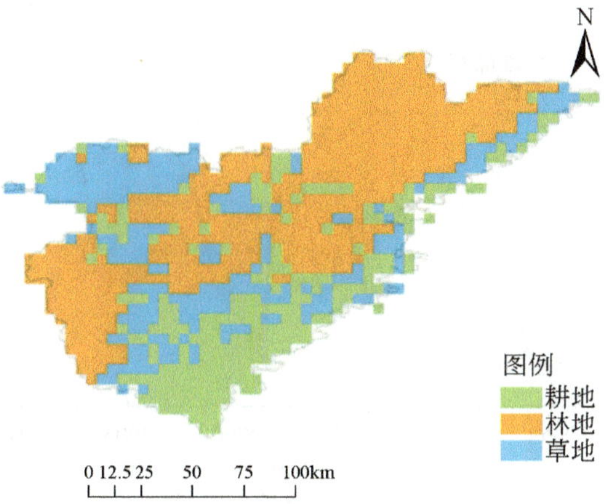

(i)2015年

图 3.15 大清河山区土地利用变化图（GLASS-GLC）

表 3.10 大清河山区 1982 ~ 2015 年土地利用变化数据（GLASS-GLC） 单位：km^2

年份	耕地	林地	草地	荒地
1982	4 276.9	4 781.3	10 147.7	40.3
2000	4 337.5	5 144.4	9 764.3	0
2015	4 680.4	9 744.2	4 821.6	0

根据 GLASS-GLC 数据产品结果，大清河山区土地利用类型主要是耕地、林地和草地，对 1982 ~ 2015 年长序列的数据产品中不同土地类型面积及占比进行统计并整理，如图 3.16 所示。耕地面积占比在 20% ~ 35% 内变化，但是总体呈上升趋势；林地面积占比由 20% 左右上升到 50% 左右；而草地面积呈下降趋势，占比由 50% 以上下降到 25% 左右。耕地面积在 1984 年的值最小，为 4012km^2，占比 20.9%，在 2013 年面积最大，为 5992km^2，占比 31.3%，较 1984 年增加了 1980km^2；林地面积同样在 1984 年面积最小，其值为 3409km^2，但是在 2008 年达到最大面积，为 10 168km^2，占比 52.8%，较 1984 年增加约 2 倍；草地面积在 1984 年达到最大值，为 11 822km^2，占比 61.4%，在 2008 年值最小，为 4459km^2，占比仅 23.2%，说明土地利用类型在草地和林地之间发生了较大的转化。

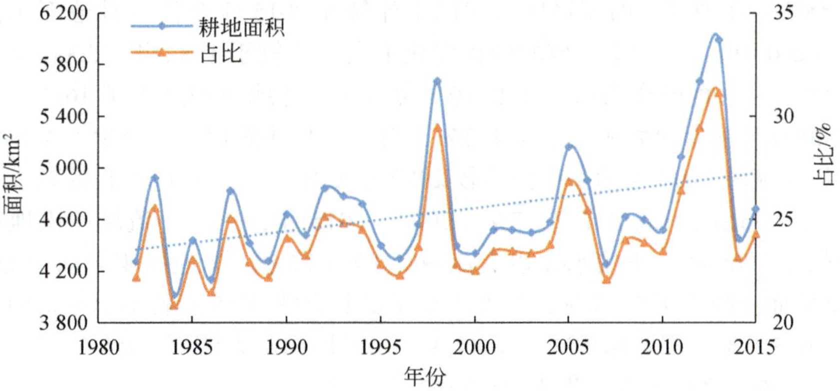

(a)耕地

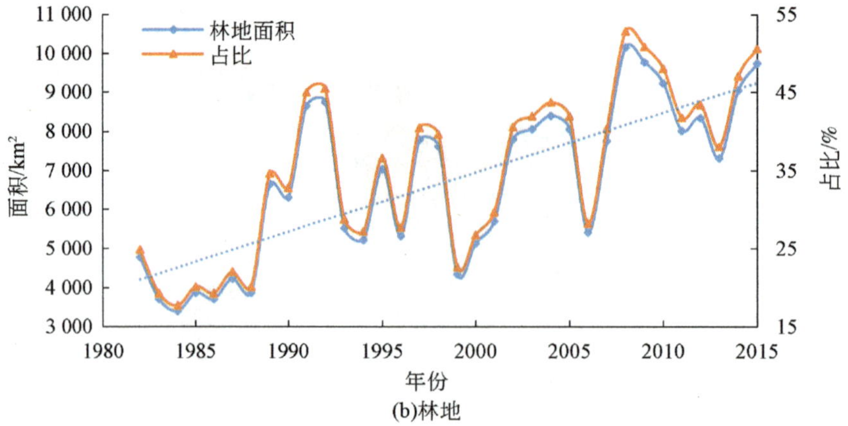

(b)林地

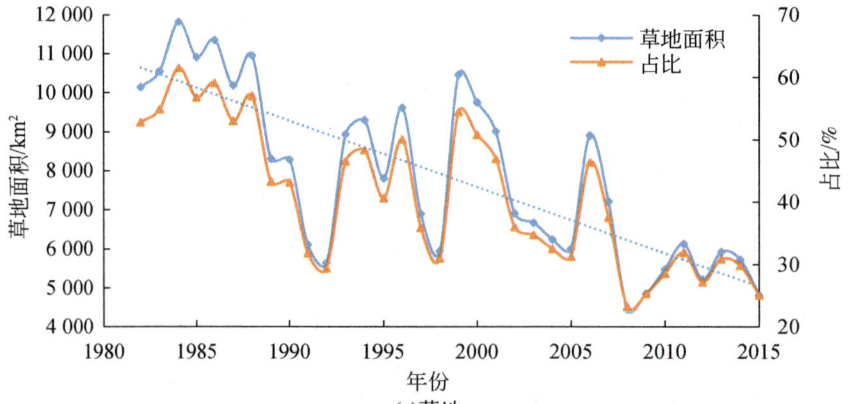

(c)草地

图 3.16　大清河山区不同土地利用类型的面积及其占比变化

对王快水库、西大洋水库和安格庄水库上游控制流域范围内 1982 年、2000 年、2015 年三期土地利用类型的变化作了进一步分析，结果见图 3.17 和表 3.11，其中图 3.17 中格网颜色代表的土地利用类型与前面相同。如图 3.17 和表 3.11 所示，三个小流域的林地面积均呈现增加趋势，其中王快水库以上流域从西至东均增加，西大洋水库以上流域林地面积的增加主要集中在中部，而安格庄水库以上流域在 2015 年全流域林地面积占比超过了 70%。1982 ~ 2000 年，三个小流域的面积变化不大，相较于 1982 年，2000 年王快水库以上流域的耕地、草地面积分别增加了 8.1%、4.1%，林地面积减少了 16.7%；西大洋水库以上流域2000 年的草地面积增加了4.2%，耕地、林地面积分别减少了4.2%、55.6%；安格庄水库以上流域 2000 年的耕地面积较 1982 年变化不大，草地面积的减少值则全部转化为林地面积，草地面积减少了 22.7%。2000 ~ 2015 年，三个小流域的土地利用类型变化显著，相较于 2000 年，王快水库以上流域 2015 年耕地、林地面积分别增加了 17.5%、157.5%，草地面积减少了 55.1%；西大洋水库以上流域 2015 年耕地、林地面积分别增加了 10.9%、1675.0%，草地面积减少了 41.9%；安格庄水库流域 2015 年耕地、林地面积分别增加了 25.0%、233.5%，草地面积减少了 88.3%。

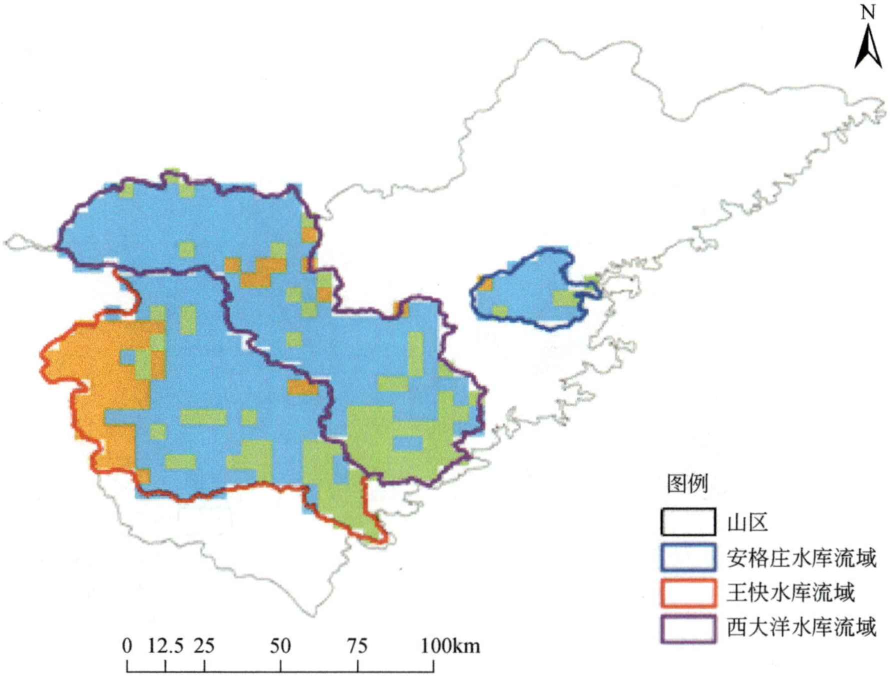

(a)1982年

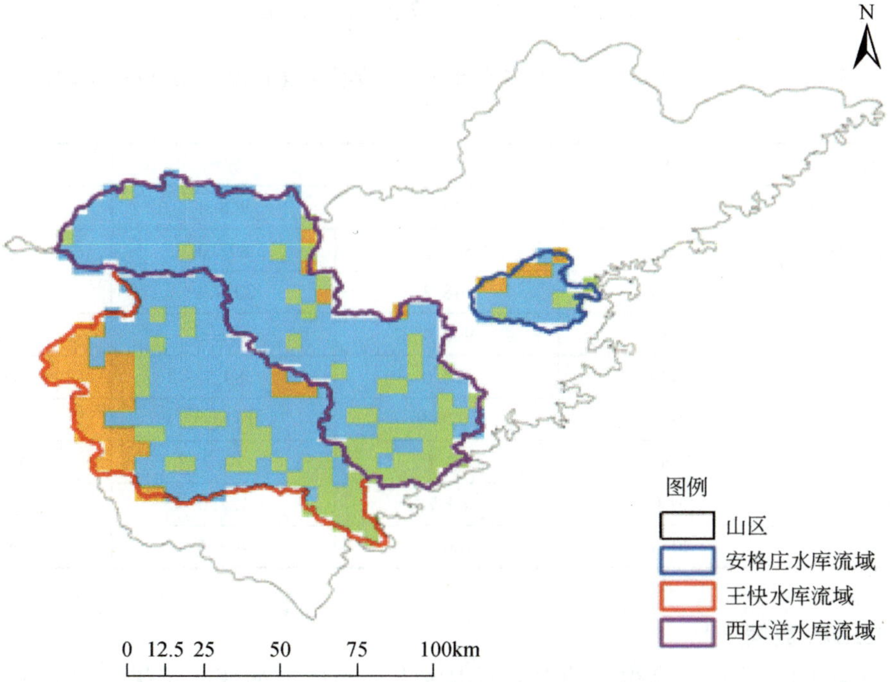

(b)2000年

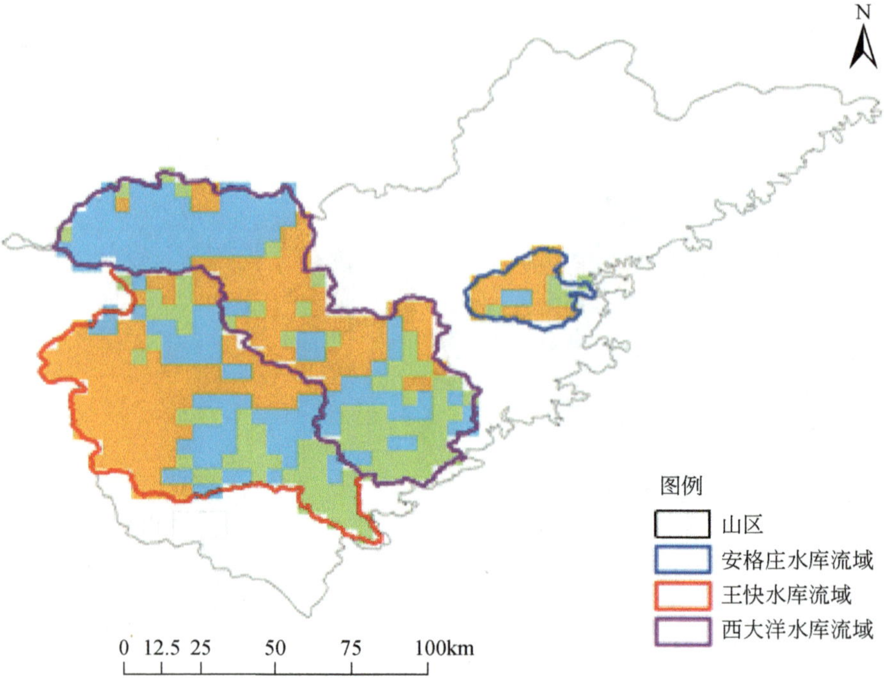

(c)2015年

图 3.17　三个子流域土地利用变化

表 3.11　三个子流域 1982 ~ 2015 年土地利用类型变化情况（GLASS-GLC）

单位：km^2

子流域	年份	耕地	林地	草地
王快水库上游	1982	746.4	968.4	2461.3
	2000	807.0	807.0	2562.1
	2015	948.2	2077.9	1149.9
西大洋水库上游	1982	968.4	181.6	3328.8
	2000	928.0	80.7	3470.0
	2015	1028.9	1432.4	2017.4
安格庄水库上游	1982	80.7	20.2	443.8
	2000	80.7	121.0	343.0
	2015	100.9	403.5	40.3

2）MODIS 数据产品

由 GLASS-GLC 数据产品得到的大清河山区土地利用类型变化结果可以看出，2000 年之后流域内植被发生了较大变化，因此利用 MODIS 数据对 2001 ~ 2018 年的植被变化情况进行了进一步详细分析。MODIS 产品数据的空间分辨率较高，为美国国家航空航天局发布的 MCD12Q1（https：//ladsweb. modaps. eosdis. nasa. gov/search/order/1/MCD12Q1 – – 6），其根据国际地圈-生物圈计划（International Geosphere-Biosphere Programme，IGBP）全球植被分类计划将土地类型划分为 17 类，具体属性说明见表 3.12，其空间分辨率为 500m。

表 3.12　MODIS 数据产品土地利用类型属性说明表

序号	类型名称	定义
1	常绿针叶林	以常绿针叶林为主，树冠面积占比超过 60%，植株高度大于 2m
2	常绿阔叶林	以常绿阔叶林为主，树冠面积占比超过 60%，植株高度大于 2m
3	落叶针叶林	以季节性针叶林为主，树冠面积占比超过 60%，植株高度大于 2m
4	落叶阔叶林	以季节性阔叶林为主，树冠面积占比超过 60%，植株高度大于 2m
5	混合林	树冠面积占比超过 60%，植株高度大于 2m，树木类型为上述四种的混合
6	郁闭灌丛	木本植物高度低于 2m，灌丛冠层盖度超过 60%，包含常绿型、落叶型
7	稀疏灌丛	木本植物高度低于 2m，灌丛冠层盖度为 10%~60%，包含常绿型、落叶型
8	多木稀树草原	以草本植物和其他下层植被为主，林地冠层盖度为 30%~60%
9	稀树草原	以草本植物和其他下层植被为主，林地冠层盖度为 10%~30%
10	草地	以草本植物为主，林地和灌丛覆盖度小于 10%
11	永久湿地	水体与草本/木本植物混合区为主的地带，水体环境包括咸水、淡水
12	耕地	生长期内有作物覆盖，收获之后为裸土地
13	城市-建筑用地	主要为建筑物和其他人造结构
14	混合用地	耕地、林地等混合用地，占比均不超过 60%
15	积雪	终年积雪覆盖
16	荒地	主要为裸露砂土、岩石，常年植被盖度低于 10%
17	水体	海洋、湖泊、水库、河流
18	裸土地	表层为土质，基本无植被覆盖的土地

选取大清河山区五期（2001 年、2005 年、2010 年、2015 年、2018 年）MODIS 数据产品，各时期的土地利用类型分布如图 3.18 所示。2001 年之后，区域土地利用类型中前三种主要是草地、耕地和稀树草原，除这三种之外的主要土地利用类型为郁闭灌丛、落叶阔叶林、城市-建筑用地和多木稀树草原，上述土地利用类型的面积占比变化见图 3.19。其中，草地面积占比 45% 以上，且整体呈下降趋势，较 2001 年相比，2018 年占比减少了 11.1%；耕地面积占比的范围在 26%~31%，年际变化不显著；稀树草原呈现逐年上升趋势，且在 2011 年之后上升趋势更加显著，在所有植被类型中面积变化最大，2018 年的总面积约为 2001 年的四倍，占比达 20.0%，较 2001 年占比增加了 15.0%；郁闭灌丛从 2011 年之后呈明显减少趋势，面积占比由 2011 年的 4.4% 下降到 2018 年的 1.4%；落叶阔叶林的面积在 2006 年之后逐年上升，2006 ~ 2018 年整体上升了约 2.0%；城市-建筑用地的面积占比变化不显著，范围主要在 1.5%~1.7%；多木稀树草原在 2001 ~ 2010 年的变化范围为 1.5%~1.9%，2010 年之后面积占比逐年下降，2018 年的面积占比较 2010 年下降了约 50%。

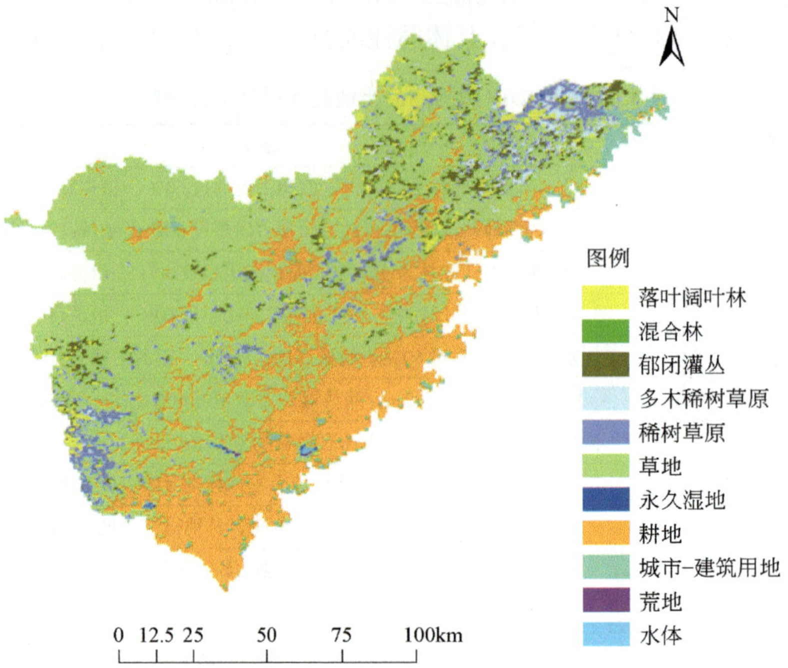

(a)2001年

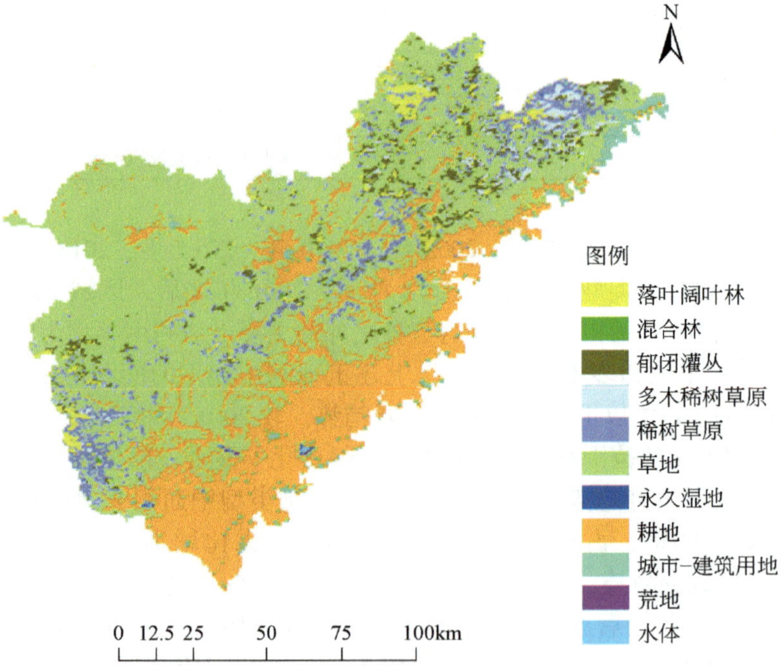

(b)2005年

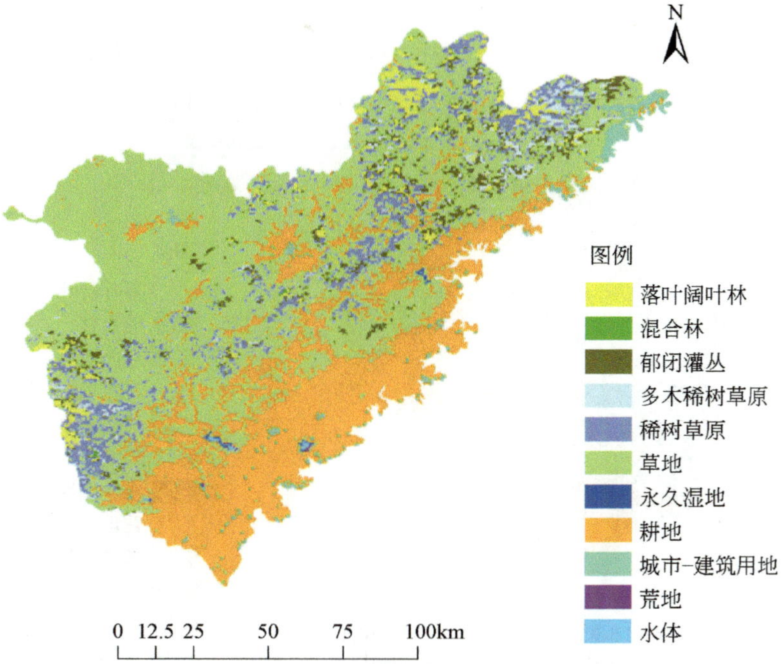

(c)2010年

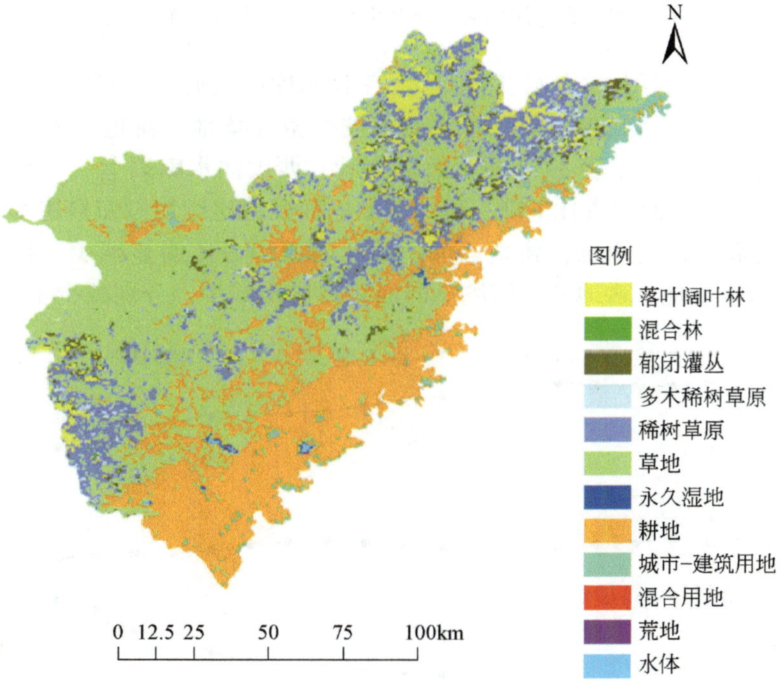

(d)2015年

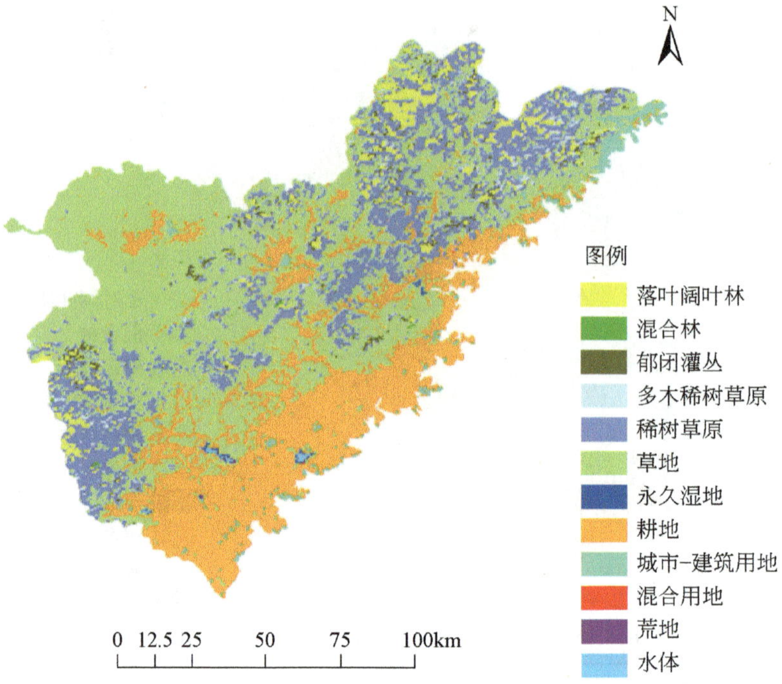

(e)2018年

图 3.18　大清河山区土地利用类型分布情况（MODIS）

选取大清河山区及西大洋水库以上流域、王快水库以上流域、安格庄水库以上流域三个子流域，计算 2001 年和 2018 年四种主要植被类型（草地、耕地、稀树草原及郁闭灌丛）的面积占比，结果列于表 3.13 中。总体来看，西大洋水库以上流域和王快水库以上流域草地、郁闭灌丛的面积占比下降，稀树草原的面积占比增加，安格庄水库以上流域草地、稀树草原的面积占比增加，耕地、郁闭灌丛的面积占比明显减少。相较于 2001 年，2018 年大清河山区草地、耕地和郁闭灌丛的面积占比均减少，分别减少了 11.1%、2.5%

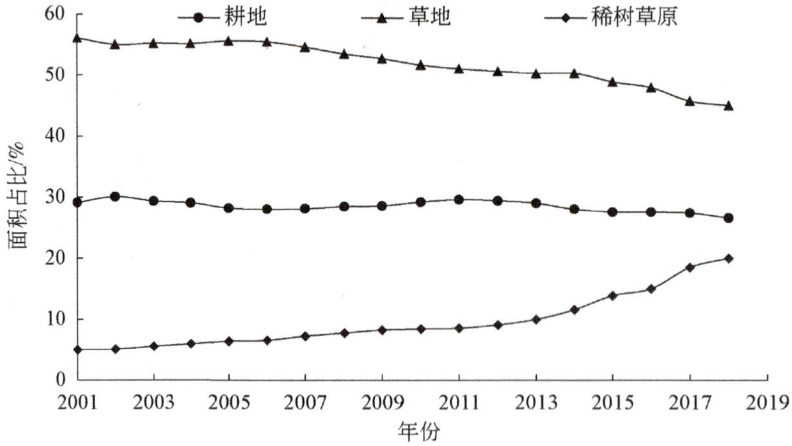

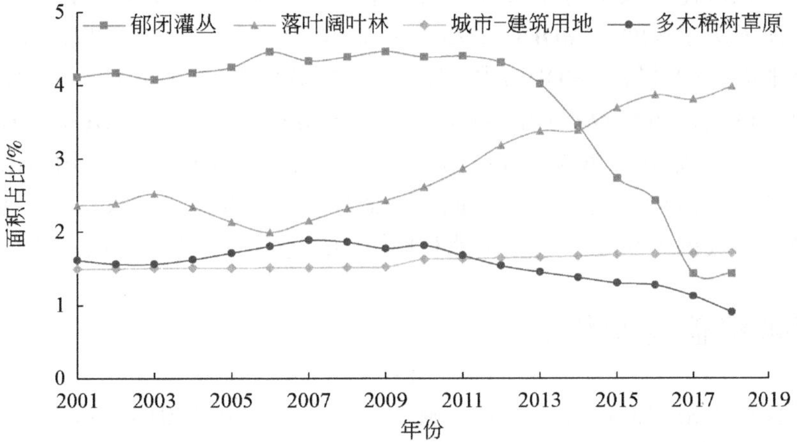

图 3.19 大清河山区主要土地利用类型面积变化（MODIS）

和 2.7%，稀树草原的面积占比增加，较 2001 年增加了 3.0 倍。其中，西大洋水库以上子流域的草地面积减少，2018 年的面积占比较 2001 年下降了 3.6%，耕地面积占比基本不变，稀树草原面积占比增加至 5.8%，较 2001 年占比增加了 2.2 倍，郁闭灌丛面积占比减少了约 0.5%；王快水库以上流域草地面积占比减少了 16.5%，耕地面积占比增加了 2%，稀树草原占比增加了 14.9%，较 2001 年增加了近 3 倍，郁闭灌丛占比减少了 1.9%；安格庄水库以上流域草地面积占比增加了 7.3%，耕地面积占比减少了 24.7%，较 2001 年下降了约 47%，稀树草原面积占比增加了 18.0%，较 2001 年增加了约 5 倍，郁闭灌丛面积占比减少了 1.6%，较 2001 年减少了 66.7%。

表 3.13 主要植被类型的面积占比变化情况（MODIS） 单位:%

分析区域	年份	草地	耕地	稀树草原	郁闭灌丛
大清河山区	2001	56.1	29.1	5.0	4.1
	2018	45.0	26.6	20.0	1.4
西大洋水库以上流域	2001	67.5	28.3	1.8	1.1
	2018	63.9	28.0	5.8	0.6
王快水库以上流域	2001	73.2	15.5	5.3	3.0
	2018	56.7	17.5	20.2	1.1
安格庄水库以上流域	2001	39.7	52.5	3.7	2.4
	2018	47.0	27.8	21.7	0.8

3）两种数据产品结果的对比与综合分析

结合两种数据产品得到的土地利用类型变化情况可以发现，2000 年后大清河山区的林地面积占比呈现增加趋势，草地和耕地的面积占比均呈下降趋势。GALSS-GLC、MODIS 数据产品 2001 年后耕地面积占比均值分别为 25.0%、28.5%，二者基本一致。MODIS 数据对不同土地利用类型进行了更精细的划分，结合两种数据产品的结果可以看出，2000 年后落叶阔叶林的面积占比较其他林地类型增速更快。GLASS-GLC 数据产品显示 1982 ~ 2015 年草地面积占比下降了 50%，MODIS 数据产品显示 2015 年后草地面积占比维持在 45%~50%，对于草地面积的计算，MODIS 数据产品的结果高于 GLASS-GLC 数据产品的结果，造成差异的原因可能是两种数据产品对于草地的划分标准不一致。GLASS-GLC 的划分标准为林地和灌丛覆盖度小于 20%（Liu et al.，2020），而 MODIS 则采用 IGBP 划分标准，将草地定义为以草本植物为主，林地和灌丛覆盖度小于 10%（表 3.12）。虽然划分标准有所差异，但是两种数据产品显示主要土地利用类型的总体变化趋势基本一致。

3.3.3 植被覆盖度变化

一些文献探讨了植被覆盖对径流的影响。例如，刘晓燕（2016）认为林草植被变化与河川径流的关系同当地土壤和干旱条件密切相关，机理复杂，不同类型区域径流的响应存在显著差异，而且气候越干旱，改善植被引起的河川径流减少量越大；Bosch 和 Hewlett（1982）研究了 94 个小流域植被盖度对流域径流的影响，发现松树林、阔叶林的面积增加 10%，对应的径流量将分别减少 40mm 和 25mm。由此可以看出，植被覆盖是影响区域径流的重要驱动因素。因此，本节使用遥感数据分析了大清河山区植被覆盖度的变化情况。

在已有的 20 多种植被指数中，归一化植被指数（normalized difference vegetation index，NDVI）应用最为广泛，它是植被生长状态及植被覆盖度的指示因子。NDVI 与植被生产力、冠层覆盖面积以及生物量具有较好的相关性，可以稳定反映地表植被的生长状况。孙瑞等（2023）发现 2001 ~ 2021 年中国及九大流域 NDVI 整体呈现显著上升趋势（$P<0.05$）。近年来，在多元因素共同作用下，海河流域山区植被生长状况明显改善，NDVI 由 2000 年的 0.36 增加到 2020 年的 0.43（鲁帆等，2023）。本节使用的 MODIS-NDVI 数据来自美国国家航空航天局的 MODIS 产品数据 MOD13A3v006（https://lpdaac.usgs.gov/products/mod13a3v006/），空间分辨率为 1km，对 2001 ~ 2018 年的 NDVI 数据通过 MRT（MODIS reprojection tool，MRT）对影像进行预处理，并利用栅格计算器计算和统计大清河山区 NDVI 的月均值，结果如图 3.20 所示。在年内过程中，NDVI 的月均值在 1 ~ 8 月呈现上升趋势，8 ~ 12 月呈下降趋势，在 8 月达到最高值 0.70。5 ~ 10 月的 NDVI 月均值高于其他月份，植被较为茂盛，覆盖度范围达到 47%~70%；1 ~ 3 月和 12 月植被凋零，覆盖度较低，仅在 20% 左右。本书对 2001 ~ 2018 年 5 ~ 10 月逐月的 NDVI 值序列进行了分析，并增加了线性趋势线，结果见图 3.21。如图 3.21 所示，5 ~ 10 月的 NDVI 值整体均呈现增加趋势，说明近年来区域植被覆盖变好。NDVI 值增加会增加降水时的冠层截留量，而该部分水量基本会蒸发到大气中，减少可形成地表径流的降水量，从而可能造成地表径流量的减少。图 3.22 展示了大清河山区 2018 年月均 NDVI 值的空间分布。从图 3.22 可以看出，NDVI 值的空间差异较大，区域西北部及南部都存在 NDVI 低值区。

3.3.4 人类活动取用水变化

大清河流域内人工取用地表水在不断增加。在山区，河川基流量和地下水开采量是地

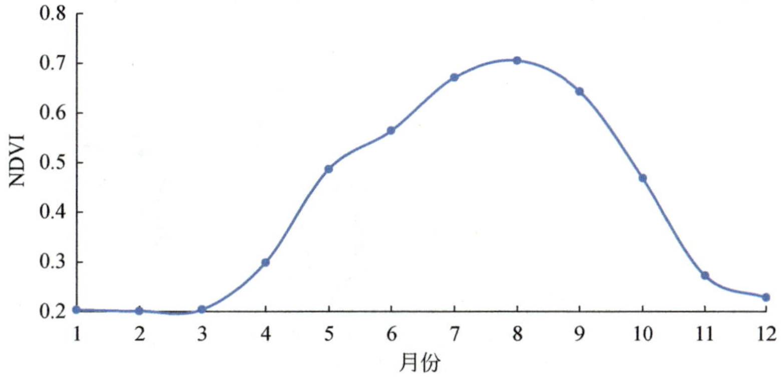

图 3.20　大清河山区 NDVI 年内变化

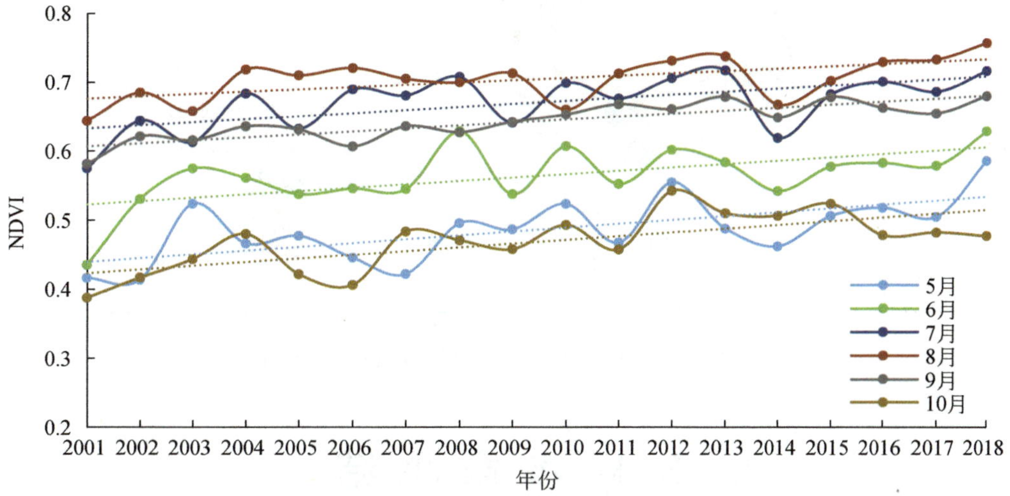

图 3.21　大清河山区 2001 ~ 2018 年 NDVI 月均值变化趋势（5 ~ 10 月）

下水的两个重要排泄量，开采量的增加势必造成基流量减小，这导致了河川径流量衰减。大清河流域社会经济发展迅速，人类活动用水在过去半个世纪迅速增加，其中农业用水占西大洋水库和王快水库以上流域人类活动总耗水量的 70% 以上。流域内人类活动取水方式主要为水利工程引提地表水和地下水开采两类，工程引水直接减少河道内流量，是流域地表径流衰减的重要影响因素之一。统计结果表明，大清河山区社会经济发展，用水需求增加是地表径流衰减的重要因素之一。上游山西省灵丘县等地用水量从 2000 年的 1854 万 m^3 增加到了 2021 年的 3700 万 m^3，其中农田灌溉用水量从 1245 万 m^3 增加到了 2500 万 m^3。北京市为缓解西南部房山区部分生活和工业用水紧张状况，2004 年开始建设了张坊水源应急供水工程，直接从拒马河取地表水，最大引水能力为 $4m^3/s$。张坊地下水源取水设施，最大日供水能力为 25 万 m^3。河北省保定市王快水库上游阜平县有效灌溉面积从 1995 年的 $5006hm^2$ 增加到了 2018 年的 $9750hm^2$，河北省保定市紫荆关站上游涞源县有效灌溉面积从 1995 年的 $1025hm^2$ 增加到了 2018 年的 $5880hm^2$，农田灌溉用水需求增加。

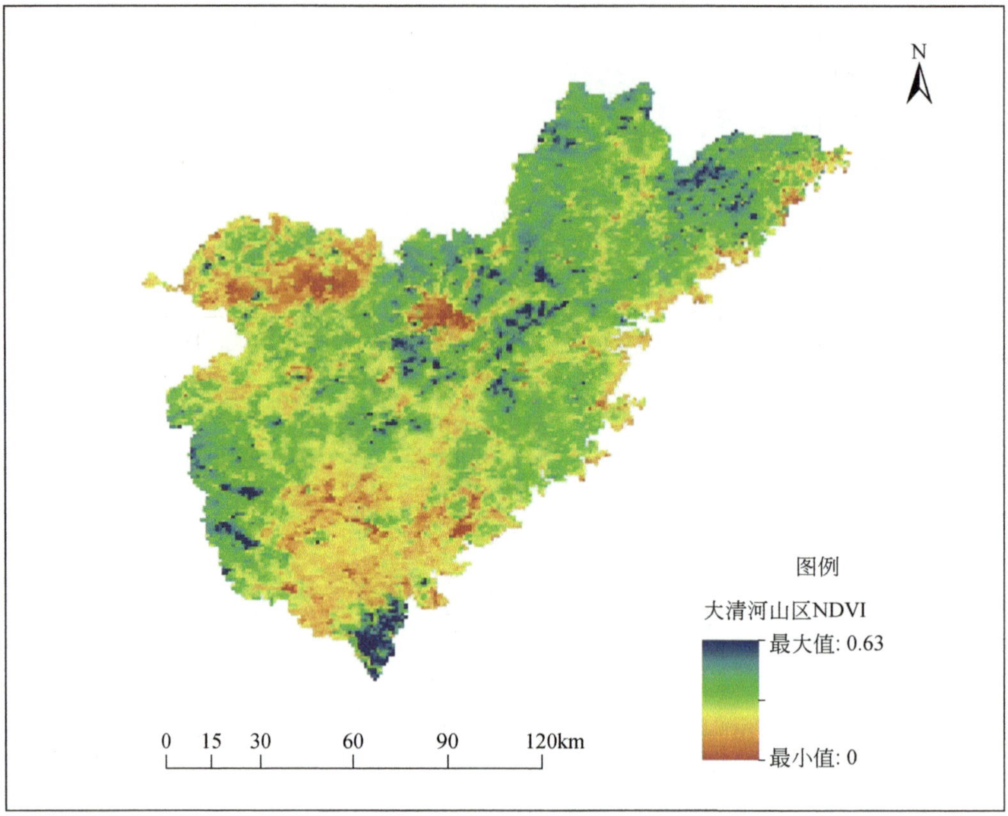

图 3.22　大清河山区 2018 年月均 NDVI 值空间分布

3.4　本章小结

本章主要分析结论如下：

（1）紫荆关站、阜平站两水文站的年最大洪峰流量序列呈显著下降趋势。同 1960～1979 年系列均值比较，1980～1999 年紫荆关站的洪峰流量和洪量均值分别下降了 71.1%、68.7%，阜平站的洪峰流量和洪量均值分别下降了 45.2%、48.7%；同 1980～1999 年系列均值相比，2000～2018 年紫荆关站的洪峰流量均值上升了 9.6%，而洪量均值下降了 23.8%，阜平站的洪峰流量均值下降了 35.1%，洪量均值下降了 58.7%。同 1960～1979 年系列相比，紫荆关站、阜平站两站 1980～1999 年年最大洪峰系列对应次洪的产流阈值分别增加了 4.3mm、2.2mm，增加幅度达 51.2%、21.4%；2000～2018 年系列与 1980～1999 年系列相比，两个站点的产流阈值分别增加了约 1.0mm、3.5mm，增幅分别为 7.9%、28.0%。

（2）紫荆关站、阜平站、倒马关站、中唐梅站、王快水库、西大洋水库的年径流量、汛期及非汛期径流量均显著下降。相较于 2000 年前，2000～2018 年系列的汛期径流量均值分别减少了 64.5%、48.9%、69.2%、62.9%、60.8%、64.4%，非汛期径流量分别减少了 48.6%、28.5%、56.4%、27.5%、29.6%、43.0%，汛期径流量减少的比例高于非汛期。根据双累积曲线，从 1980 ~ 1999 年到 2000 ~ 2018 年，非降水因素使各站点（水库）径流量的减少幅度均在 34% 以上，其中西大洋水库比值最大，为 49.0%。

（3）山区径流衰减的驱动因素较为复杂。山区流域的水土流失面积由 2011 年的 5911.3km^2 减少到 2020 年的 5413.2km^2，这一变化不仅使流域的生态环境得到了改善，还增强了流域的拦洪蓄水作用，进而影响了地表径流的汇集，增加了有效蒸发，减小了河川径流量。2000 年后，大清河山区的耕地、林地面积占比均呈现增加趋势，草地面积的占比呈下降趋势。耕地土壤疏松，空隙大，水流入渗速率大，使得径流量减少；而林地不仅有涵养水源的作用，且其冠层能够截留一定的降水量，从而进一步减少了流域径流量。流域 5 ~ 10 月的 NDVI 月值序列均呈现增加趋势，说明区域植被覆盖情况有所改善。这一变化将增加降水时冠层的截留量，而该部分水量基本会蒸发到大气中，从而减少可形成地表径流的降水量。

第4章　基于时变参数的水热耦合模拟

基于 Budyko 假设的水热耦合平衡方程在流域水循环模拟中得到了较多研究。考虑到雄安新区上游强人类活动影响显著改变流域水文特征，本章以大清河山区王快水库和西大洋水库以上控制流域为例，根据流域历史期的气象、植物覆被和社会经济数据，利用 Budyko 方法构建了基于时变参数的水热耦合模拟模型，并根据实测径流序列确定了流域特征参数的最优解，定量识别了径流与不同驱动因素间的响应关系。主要包括水热耦合模拟原理、模拟流域及输入数据、水热耦合模拟效果、基于 Budyko 方法的径流演变贡献分解等内容。

4.1　水热耦合模拟原理

自然条件下的陆气循环中，大气与陆地间的水分和能量交换过程决定着地表、土壤及地下水的水分循环过程，传统的数值模拟通常是根据区域的地形、地貌、土壤介质等特征，通过力学方法来模拟水分运移过程。此外，陆气水分双向循环还受到太阳辐射、地表温度等的显著影响。因此，在水文循环过程模拟中还需开展水热耦合模拟，研究太阳辐射、地表气温等因子影响下水分从地表向大气的传递过程。蒸散发是联系水文循环和能量循环的关键环节，在特定的气候与下垫面条件下具有一定的时空变化规律。在全球气候变暖的趋势下，如果其他影响因素保持不变，可以推测潜在蒸散发将会增加。然而，有学者却发现全球蒸发皿蒸发量有所减少，这引发了不同蒸散发理论之间的争论，称为“蒸发悖论”。

近年来，随着全球变暖的不断加剧，高纬度和高海拔地区的大范围冻土正在不断衰减和退化，而冻融条件下的土壤内部，土壤中水分的相变会吸收或释放热量，可能造成土壤中热流的改变，进而影响土壤温度的分布。当土壤中温度发生变化时，又会对土壤中水分溶液的物理及化学性质产生一定的影响，进而影响土壤中水分的运动，即冻融土壤中水热的变化是互相影响、耦合的。因此，近年来微观尺度的水热耦合模拟主要集中于高寒冻土区，以模拟不同冻融条件下的土壤水分运移过程，从而准确刻画升温背景下的冻土区水文情势演变过程（胡国杰等，2013；王晓磊，2018；吴杨，2018；刘扬李等，2021；周祖昊等，2021）。

此外，苏联气候学家 Budyko 在全球水量和能量平衡研究中发现，陆面长期蒸散发可由水分供给和能量输入之间的平衡确定，即在长时间序列分析中，可由大气对陆面的降水量确定流域水分输入，用潜在蒸散发量作为能量输入，结合闭合流域水量平衡原理，可在大尺度流域范围内模拟水量和能量的平衡过程（Budyko，1974；Xing et al.，2018；张树磊等，2015；郭生练等，2015）。与土壤尺度和分布式模拟相比，Budyko 模型虽然无法在更详细的时空尺度上模拟水循环过程，但在大尺度水文过程模拟、水文演变归因分析等方面具有显著的效率优势。本章将采用该方法识别大清河流域水文过程的演变成因。

4.1.1 Budyko 理论基础

在不同的气候条件下，降水量 P 和陆面实际蒸散发量 E 间的水量、能量转化过程存在差异，可考虑以下两种边界条件：①在极端干旱地区，降水全部转化为陆面蒸散发；②在极端湿润地区，用于潜在蒸散发的能量全部转化为潜热（Budyko，1974；郭生练等，2015）。降水量 P、潜在蒸散发量 E_0、实际蒸散发量 E 三者之间的关系见式（4-1）。

$$\begin{cases} \frac{E_0}{P} \to \infty, \frac{E}{P} \to 1 & （极端干旱） \\ \frac{E_0}{P} \to 0, \frac{E}{E_0} \to 1 & （极端湿润） \end{cases} \tag{4-1}$$

满足上述边界条件，考虑水量平衡和能量平衡的水热耦合平衡方程的一般表达式为

$$\frac{E}{P} = f(E_0/P) \tag{4-2}$$

式（4-2）将陆面实际蒸散发量 E 表示为与降水量 P 和潜在蒸散发量 E_0 相关的函数，即 $E=P \cdot f(E_0/P)$。记 $\varepsilon=E_0/P$，一般称 ε 为气候干旱指数。

Budyko 根据长期观测研究，提出陆面实际蒸散发量的表达式为

$$E = \{P \cdot E_0 \cdot [1-\exp(-\varepsilon)] \cdot \tanh(\varepsilon^{-1})\}^{0.5} \tag{4-3}$$

Budyko 假设式（4-3）适用于所有不同类型的流域，即 $f(\varepsilon)$ 为满足所有流域的普适函数。

对于闭合流域，其水量平衡关系可表示为

$$P = Q+E+\Delta S \tag{4-4}$$

式中，Q 为流域径流量；ΔS 为流域水分蓄变量，在长时间尺度（年或多年尺度）的分析模拟中，一般可以忽略流域水储量的变化，即假设 $\Delta S=0$。联立上述表达式，即可建立流域径流量 Q、降水量 P、气候干旱指数 ε 三者之间的函数关系［式（4-5）］。

$$Q = P-E = P-P \cdot f(\varepsilon) \tag{4-5}$$

总之，Budyko 方法提供了一种便捷的方式来模拟流域尺度上陆面-大气间的水量交互过程，该方法可在较长的时间尺度上，利用少量数据模拟流域蒸发和径流量的变化情况。

4.1.2 参数 Budyko 方法

原始的 Budyko 方法只考虑了气候干旱指数对实际蒸散发率的影响，通常可称之为 0 参数 Budyko 模型。然而，由于不同流域在气候、下垫面等条件上的差异，大量研究表明原始 Budyko 方法假定的普适函数 $f(\varepsilon)$ 在全球范围内不具备通用性，其模拟结果在不同类型流域将产生不同程度的误差。针对这一问题，国内外学者在原始 Budyko 方法的基础上开展了一系列改进研究。

1）常用参数 Budyko 方法

为描述不同地区流域特征的差异，许多学者通过在普适函数 $f(\varepsilon)$ 中引入一个或多个

参数来描述流域特征，以进一步优化模拟过程。用 n 表示流域特征参数，普适函数相应记为 $f(\varepsilon \mid n)$。常用的参数 Budyko 方法如表 4.1 所示（Wang and Tang，2014；Yang et al.，2008；Zhang et al.，2001；傅抱璞，1981）。一般来说，参数 n 反映流域的基本情况，包括土地利用/覆被改变（land use and land cover change，LUCC）、土壤属性、地形特征、气候变异等因素（Choudhury，1999；Yang et al.，2008；Zhang et al.，2001；Zhang et al.，2004），不同参数 Budyko 方法中流域参数的物理意义存在一定区别，但均可根据实测的降水和径流数据，基于流域水量平衡原理，计算参数 n 的取值。此外，不同方法中的流域特征参数可能还存在一定的相关关系。例如，根据一阶泰勒公式展开的近似结果，Choudhury-Yang 模型中的参数（记为 n_1）与傅抱璞（Fu）模型中的参数（记为 n_2）存在如下关系（Yang et al.，2008）：

$$2^{1/n_2}=2-2^{-1/n_1} \tag{4-6}$$

表 4.1　基于 Budyko 假设的水热耦合平衡方程

方法	普适函数表达式
Choudhury-Yang	$f(\varepsilon \mid n)=E_0/(P^n+E_0^n)^{1/n}$
Fu	$f(\varepsilon \mid n)=1+\varepsilon-(1+\varepsilon^n)^{1/n}$
Zhang	$f(\varepsilon \mid n)=(1+n\varepsilon)/(1+n\varepsilon+1/\varepsilon)$
Wang-Tang	$f(\varepsilon \mid n)=\{1+\varepsilon-[(1+\varepsilon)^2-4n(2-n)\varepsilon]^{0.5}\}/[2n(2-n)]$

研究表明，表 4.1 中所列方法在很多流域均能得到较好的应用（Biswal，2016；Choudhury，1999；Yang et al.，2008；Zhang et al.，2001；Zhang et al.，2004；傅抱璞，1981）；Xing 等（2018）在我国 35 个不同规模流域对比评估了各种方法的拟合差异，发现各方法均能很好地模拟流域年径流过程，模拟精度较为接近。因此，引入参数的 Budyko 模型在不同区域具有更好的适用性。

2）变参数 Budyko 方法

表 4.1 中的 Budyko 方法中均采用单参数描述流域的基本情况，该参数的物理意义并不明确，在新的流域开展模拟工作时需基于流域的降水、蒸发和径流资料重新获取参数值。为获取普适性更强的 Budyko 模型，提高该方法在资料缺乏地区的适用性，国内外研究者们致力于探讨流域特征参数与物理因子间的相互作用关系，参数的影响因素主要包括时间项（Zhang et al.，2019）、叶面积指数（Zhang et al.，2018）、入渗系数（Yang et al.，2009；Yang et al.，2007）、土壤特征（Donohue et al.，2012；Yang et al.，2007）、流域地形（Carmona et al.，2014；Koppa et al.，2021；Shao et al.，2012；Xu et al.，2013；Yang et al.，2009；Yang et al.，2007）、植被属性（Donohue et al.，2012；Donohue et al.，2010；Donohue et al.，2007；Gbohoui et al.，2021；Koppa et al.，2021；Li et al.，2013；Li et al.，2021；Ning et al.，2020；Shao et al.，2012；Xu et al.，2013；Yang et al.，2009；Yang et al.，2016；Zhang et al.，2016）、气候因子（Carmona et al.，2014；Donohue et al.，2012；Li et al.，2021；Shao et al.，2012；Zhang et al.，2004）、水土保持措施（Li et al.，2021）、经济社会因子（Jiang et al.，2015）等。上述研究通常是基于大量流域的气象水文序列，采用线性拟合、多元回归、概率分布等方式分析流域特征参数与不同影响因子间的相关关系，构建两者间的函数表

达式。例如，Yang 等（2009）在中国北方的黄河和海河流域构建了参数 n 与植被盖度、下渗能力、流域坡度间的经验关系，见式（4-7）；Donohue 等（2012）在澳大利亚的研究中提出了参数 n 与平均暴雨深、植被土壤持水能力、有效根系深度间的经验关系，见式（4-8）。

$$\begin{cases} n=5.755\left(\dfrac{K_s}{i_r}\right)^{-0.368} M^{0.292}\exp(-5.428\tan\beta)\text{（黄河）} \\ n=2.721\left(\dfrac{K_s}{i_r}\right)^{-0.393} M^{-0.301}\exp(4.351\tan\beta)\text{（海河）} \end{cases} \tag{4-7}$$

$$n=\frac{0.21\kappa Z_e}{\alpha}+0.60 \tag{4-8}$$

式中，$\dfrac{K_s}{i_r}$为流域的相对渗透能力；M 为植被覆盖度；β 为流域平均坡度；α 为平均暴雨深度；κ 为植被土壤持水能力；Z_e 为有效根系深度。

在全球气候变暖、人类社会经济发展的多重影响下，许多流域内部的下垫面条件和水循环特征均呈现出持续的变化特征。因此，Jiang 等（2015）提出了一种新的变参数 Budyko 模型，模型中流域特征参数 n 表示与气象、人类活动等因子相关的函数，即 n 为因变量，气象、人类活动等因子为自变量，该方法的计算原理如下。

假设共有 m 个自变量，研究期共 N 年，反映气候变化和人类活动的自变量分别记为 x^c 和 x^h，设原始自变量序列为 x_1，x_2，…，x_N，对其求 a 年滑动平均，得到新的长度为 t 的自变量序列 y_i（$i=1$，2，…，t），示例如下：

$$\begin{gathered} \overbrace{x_1,x_2,\cdots,x_a}^{y_1},x_{a+1},\cdots,x_N \\ x_1,\overbrace{x_2,x_3,\cdots,x_{a+1}}^{y_2},\cdots,x_N \\ \vdots \\ x_1,x_2,\cdots,\overbrace{x_{N-a+1},x_{N-a+2},\cdots,x_N}^{y_t} \\ \downarrow \\ y_1,y_2,\cdots,y_t \end{gathered} \tag{4-9}$$

第 i 年的 m 个自变量为 $y_{1,i}^c$，…，$y_{k,i}^c$，$y_{k+1,i}^h$，…，$y_{m,i}^h$，其中 1，2，…，k 为反映气候变化影响的 k 个自变量（如降水、气温等）；$k+1$，$k+2$，…，m 为反映人类活动影响的 $m-k$ 个自变量（如下垫面条件）。通常，将第 i 年的 m 个自变量记为 Y_i，第 i 年的流域特征参数可表示为

$$n_i=\beta_0+\beta_1 y_{1,i}^c+,\cdots,+\beta_k y_{k,i}^c+\beta_{k+1} y_{k+1,i}^h+,\cdots,+\beta_m y_{m,i}^h \tag{4-10}$$

上式将流域特征参数表示为因变量的线性函数，其中 β_0，β_1，…，β_m 为回归系数，上式仅为示例，还可以选用二次函数、指数函数等公式进行描述。将其代入式（4-5），第 i 年的径流可表示为

$$Q_i=P_i-P_i f(\varepsilon_i|n_i)=P_i-P_i f(\varepsilon_i,Y_i|\beta_i)+e_i \tag{4-11}$$

当自变量个数 $m=0$ 时，每一年的因变量 n_i 为固定的常数 β_0，此时式（4-11）等价于式（4-5）。上式中 e_i 为残差，假定其服从均值为 0、标准差为 σ 的正态分布，即

$$\begin{cases} e_i \sim N(0,\sigma^2) \\ Q_i \sim N(P_i - P_i f(\varepsilon_i, Y_i \mid \beta_i), \sigma^2) \end{cases} \tag{4-12}$$

式中，β_i、σ 为待估计参数，该分布的似然函数为

$$\ell(\beta_i, \sigma) = \prod_{i=1}^{t} h(Q_i \mid P_i - P_i f(\varepsilon_i, Y_i \mid \beta_i), \sigma) \tag{4-13}$$

式中，$h(\cdot)$ 为正态分布的密度函数，根据极大似然原理，令上式取极大值时的 $\hat{\beta}$、$\hat{\sigma}$ 为相应的极大似然估计量，对应可以计算得到不同年份的流域特征参数，即 $n_i = \hat{\beta}Y_i$，代入式（4-11）求得不同年份的模拟径流量 Q_i。

4.2 模拟流域及输入数据

基于 Budyko 理论的水热耦合平衡方程以气象因子、下垫面条件、人类活动等因素作为输入，在流域尺度上模拟水循环要素的演变过程，需根据模拟流域的基础资料建立模型所需数据库。本章以大清河山区王快水库和西大洋水库以上控制流域为例开展模拟，所需输入数据包括历史期流域逐年面平均降水量、潜在蒸散发量、径流深（计算单位均为 mm）。本章基于流域内气象站的实测逐日降水数据，采用泰森多边形方法计算得到流域面平均结果，并通过逐日累加求得逐年面平均降水量；基于流域内实测站点的逐日气温、风速、相对湿度等气象数据，采用 FAO Penman-Monteith 公式计算得到潜在蒸散发量，并采用泰森多边形方法获取流域面均结果；根据计算断面逐年总径流量（即王快水库、西大洋水库年入库径流量）和流域面积计算流域平均径流深。两个小流域 1960～2013 年年降水量、年潜在蒸散发量及年平均径流深的变化过程见图 4.1。各流域降水量及潜在蒸散发量在过去半个世纪呈现出相似的变化特征，受太阳辐射入射量变化的影响，流域水热交互速率减缓，降水量及潜在蒸散发量均有一定程度的下降；从 20 世纪末起，太阳辐射量逐渐增加，降水量及潜在蒸散发量在 21 世纪也随之回升。各计算断面年径流量的年际变化特征与降水量基本保持一致，但是其在 20 世纪的下降速率要快于降水量减少幅度，且其在

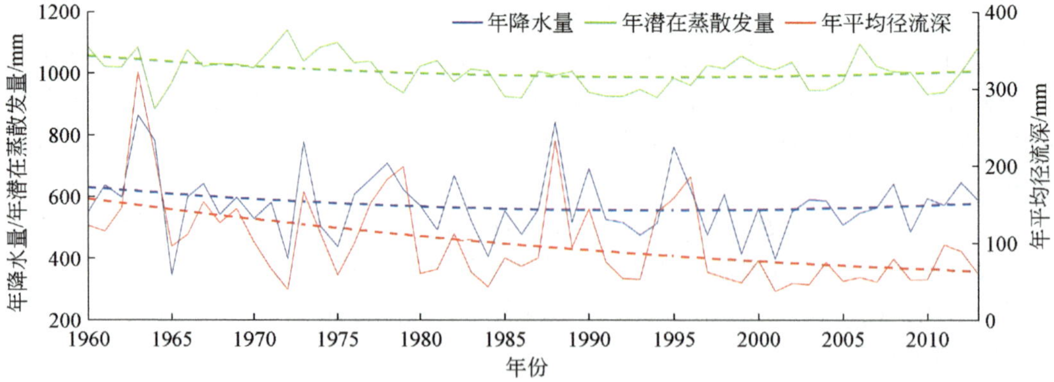

(a)西大洋水库以上控制流域

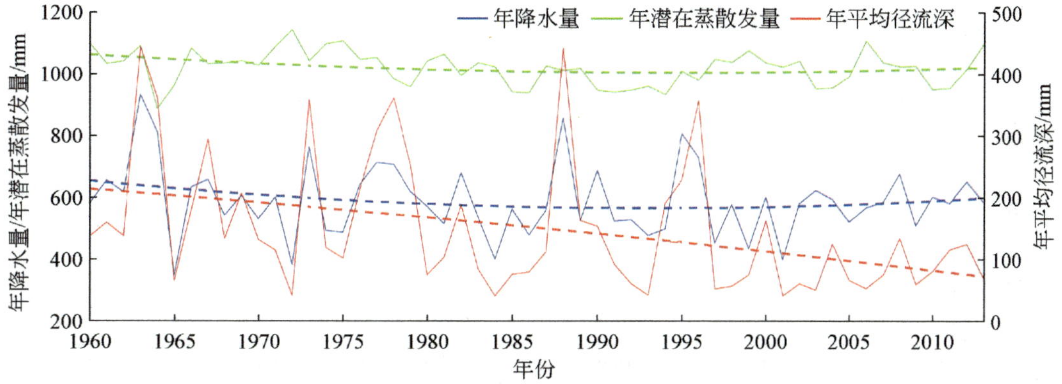

(b)王快水库以上控制流域

图 4.1 1960～2013 年气象-水文因子年际变化趋势

图中实线为各变量年值序列变化过程，虚线为各序列的二次函数拟合曲线，反映变量的总体变化趋势

21 世纪的量级也未随着降水量的增加恢复至早期水平。

综合上述分析，流域特征（下垫面、人类活动等因素）的变化可能是径流衰减的重要因素。本书采用自变量来描述流域特征参数的变化规律，根据大清河山区历史期资料的统计分析结果，研究区径流衰减受到全球气候变暖、下垫面变化、人类取用水等多类因素的共同影响，本章选用的自变量包括降水、气温、潜在蒸散发、林地面积、草地面积、人口、人均 GDP 共七项指标。其中，降水、气温、潜在蒸散发等变量均由实测气象资料直接获取或计算；林地面积和草地面积根据 MODIS 和 GLASS-GLC 产品数据获取。由于 1982 年前无卫星影像资料数据，结合当地林业部门早期统计资料，各流域下垫面类型从 1990 年左右开始发生较大变化，因此本书假定 1960～1981 年各流域下垫面类型保持不变（图 4.2）；遥感解译结果表明，两个流域草地、林地的面积占比均有一定程度的年际波动，但是总体上（九年滑动平均结果）呈现出由草地向林地逐渐转化的趋势，主要原因在于当地的水土保持建设情况。人口、人均 GDP 数据从研究区域所涉的山西省大同市、河北省保定市两市的统计年鉴中获取（https://data.cnki.net/）。由于流域边界与行政边界并不统一，本书选用流域内主要行政区的统计数据作为协变量，大清河山区王快水库、西大洋水

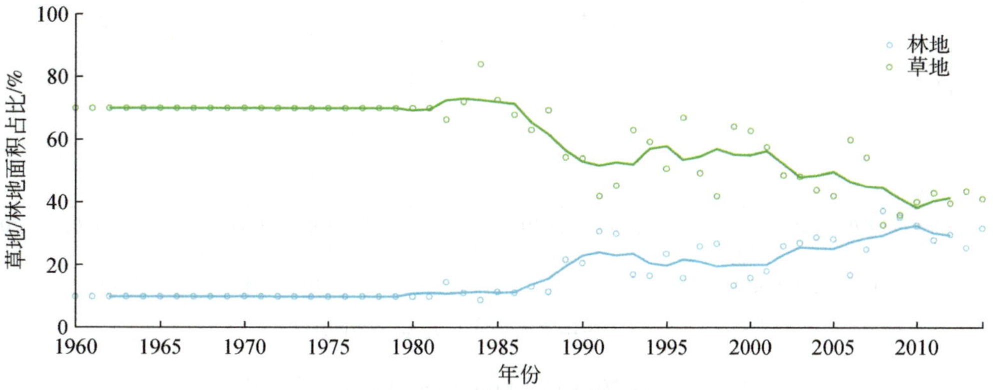

(a)西大洋水库以上控制流域

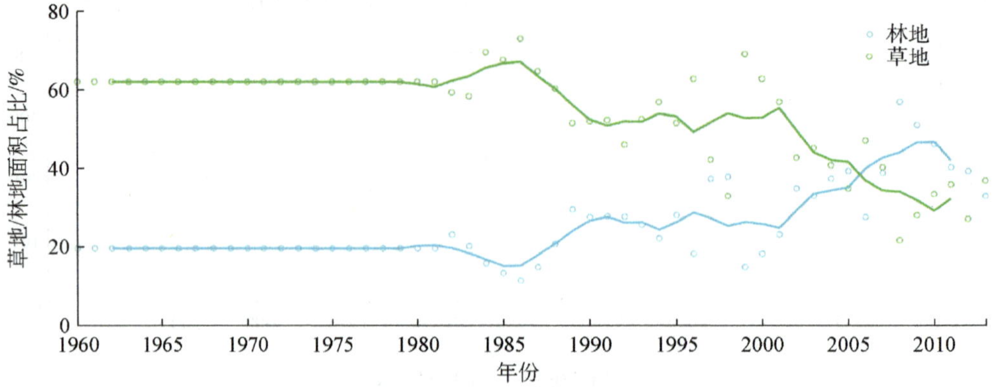

(b)王快水库以上控制流域

图 4.2　1960～2013 年主要植被类型年际变化趋势

图中空心点为逐年统计值，实线为九年滑动平均值

库以上控制流域采用灵丘县、阜平县、唐县等地的统计数据。两个流域 1960～2013 年人口、人均 GDP 的变化情况见图 4.3。

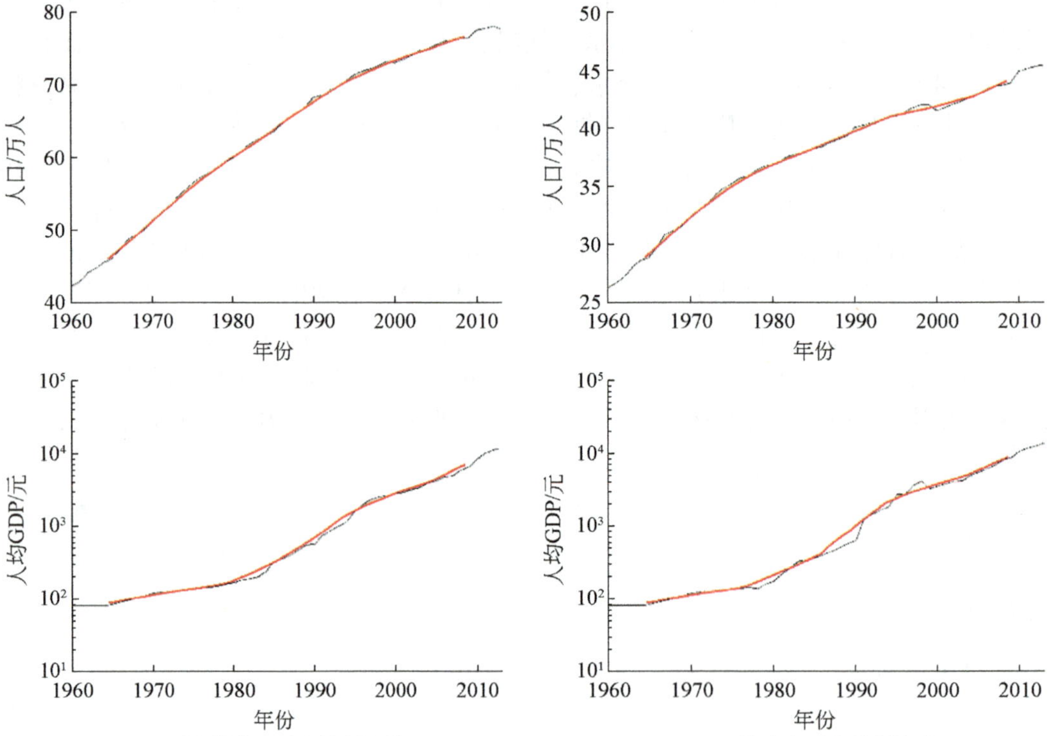

图 4.3　1960～2013 年人口和人均 GDP 年际变化趋势

4.3 水热耦合模拟效果

4.3.1 基于常数参数的水热耦合模拟

本书采用表 4.1 中 Choudhury-Yang、Fu、Zhang、Wang-Tang 等四种包含流域特征参数的 Budyko 模型，建立水热耦合模型，并与基于原始 Budyko 方法的模拟结果进行对比。以两个子流域 1960 ~ 2013 年的逐年面平均降水量、潜在蒸散发量和径流深作为输入，采用纳什效率（Nash-Sutcliffe efficiency，NSE）系数、相关系数平方（square of correlation coefficient，R^2）、均方根误差（root mean square error，RMSE）、平均绝对误差（mean absolute error，MAE）、平均绝对偏差（mean absolute bias，MAB）、平均比率（average ratio，AR）、Spearman 相关系数（ρ）等指标来综合评估上述方法的模拟精度，各评价指标的计算公式见式（4-14）。其中，NSE 越接近于 1，说明模拟误差越小，且 NSE 根据模拟值与实测值间差值的平方来判断误差大小，对丰水年序列的模拟效果更为敏感；R^2 和 ρ 越接近于 1，说明模拟序列与实测序列的相关程度越高；AR 越接近于 1，说明时段内模拟序列与实测序列越接近；RMSE 和 MAE 越小，说明模拟序列与实测序列的整体误差越小。

$$
\begin{cases}
\mathrm{NSE} = 1 - \sum_{i=1}^{n} (Q_{o,i} - Q_{m,i})^2 / \sum_{i=1}^{n} (Q_{o,i} - \bar{Q}_o)^2 \\
R^2 = \dfrac{\sum_{i=1}^{n} (Q_{o,i} - \bar{Q}_o)(Q_{m,i} - \bar{Q}_m)}{\sum_{i=1}^{n} (Q_{o,i} - \bar{Q}_o)^2 \sum_{i=1}^{n} (Q_{m,i} - \bar{Q}_m)^2} \\
\mathrm{RMSE} = \sqrt{\sum_{i=1}^{n} \dfrac{(Q_{m,i} - Q_{o,i})^2}{n}} \\
\mathrm{MAE} = \dfrac{1}{n} \sum_{i=1}^{n} | Q_{m,i} - Q_{o,i} | \\
\mathrm{AR} = \dfrac{1}{n} \sum_{i=1}^{n} Q_{m,i} / Q_{o,i} \\
\rho = 1 - \dfrac{6 \sum_{i=1}^{n} d_i^2}{n(n^2 - 1)}
\end{cases}
\tag{4-14}
$$

式中，n 为模拟与实测径流序列的长度，即资料的总年数；i 为径流序列的年份，代表第 i 年，$Q_{o,i}$、$Q_{m,i}$ 分别为第 i 年的实测与模拟径流；$\bar{Q}_o$、$\bar{Q}_m$ 分别为实测径流序列、模拟径流序列的多年平均值；d_i 为第 i 个样本在两个变量排名中的差值，即 $d_i = rQ_{o,i} - rQ_{m,i}$，其中 $rQ_{o,i}$ 和 $rQ_{m,i}$ 是第 i 年径流样本在变量序列 Q_o 和 Q_m 中的排名。

王快水库以上流域、西大洋水库以上流域两个流域模拟径流与实测径流的检验结果见

表4.2。结果表明，考虑流域特征参数的Budyko模型模拟结果非常接近，以西大洋水库以上流域为例，各模型模拟与实测径流间的误差指标几乎完全一致，NSE、RMSE、MAE等检验指标普遍相差不超过0.2%；而在王快水库以上流域，Zhang模型的拟合结果虽然略优于其他方法，但也不存在显著差异，NSE值提升了0.01~0.02，径流深模拟误差下降了约1mm。综合两个流域的各项评价指标，在流域特征参数 n 为常数时，Zhang模型在两个流域的适用性更强。基于原始Budyko模型的模拟结果在不同流域呈现出较大的差异，说明不考虑流域特征参数的普适函数具有其局限性。

表4.2　不同模型在各流域模拟结果检验

流域	模型	NSE	R^2	RMSE	MAE	AR	ρ
西大洋水库以上流域	原始Budyko	0.581	0.586	38.33	30.08	1.129	0.622
	Choudhury-Yang	0.578	0.586	38.47	31.57	0.967	0.620
	Fu	0.578	0.587	38.48	31.58	0.961	0.617
	Zhang	0.577	0.585	38.52	31.56	0.967	0.616
	Wang-Tang	0.576	0.589	38.56	31.60	0.947	0.617
王快水库以上流域	原始Budyko	0.362	0.705	85.60	59.45	1.504	0.724
	Choudhury-Yang	0.608	0.699	67.11	55.09	0.890	0.729
	Fu	0.603	0.700	67.53	55.34	0.888	0.730
	Zhang	0.621	0.698	65.96	54.45	0.893	0.728
	Wang-Tang	0.600	0.700	67.80	55.50	0.887	0.730

此外，大清河山区人类活动较为剧烈，对天然径流过程的干扰程度较大，实测径流呈现出非常显著的下降趋势。因此，在水热耦合模型中采用常数参数时，可能不适用于变化环境下的流域水文过程模拟，模拟值在初期和末期与实测值存在较大的偏差。图4.4展示了基于Zhang模型不同流域模拟径流深与实测径流深的对比，西大洋水库以上流域和王快水库以上流域的年径流深呈现出显著的下降趋势，模拟值在早期偏低、近期偏高。这一结

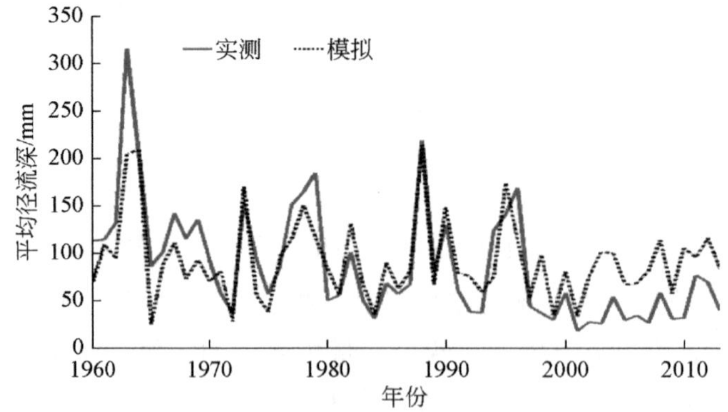

(a)西大洋水库以上控制流域

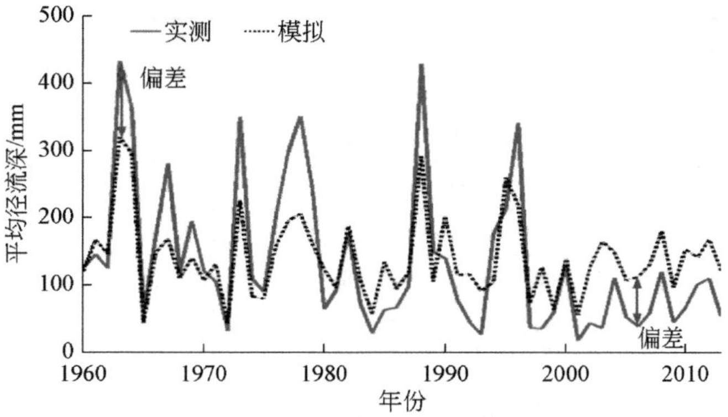

(b)王快水库以上控制流域

图 4.4　模拟与实测径流深序列对比

果表明，人类活动中植树造林、水土保持等措施，改变了流域降水产流过程，这与模型中流域特征参数 n 为常数这一假设相矛盾。

4.3.2　基于时变参数的水热耦合模拟

基于上一节的计算分析，采用常数参数的水热耦合模拟模型模拟的径流深与实测值在多年平均结果上非常接近（AR 值接近于 1）。然而，受流域特征变化的影响，各流域实测径流过程呈现出持续的下降趋势，而基于固定参数的模型在模拟逐年变化时无法反映样本序列的趋势变化特征，本节根据式（4-9）～式（4-13）构建了时变的流域特征参数。时变流域特征参数由协变量表示，备选协变量包括各流域内逐年的降水量、地表年均气温、潜在蒸散发量、林地面积、草地面积、人口、人均 GDP 共七项指标，从中任选 m 个（$m \geqslant 2$）自变量构成时变流域特征参数。

式（4-4）中的闭合流域水量平衡假设，通常在年及更长的时间尺度上假定土壤水分蓄变量为 0，一般不宜直接使用协变量年值序列构建时变参数，而是取多年滑动平均值进行拟合。根据资料序列的长度、历史期气候变化特征等综合确定滑动步长，一般取 10 年左右（同一步长周期内如能包含丰、平、枯水年更佳）。基于上述原则，本书构建时变参数时滑动平均步长取 9 年。根据极大似然原理，令式（4-13）取极大值的一组参数为最优参数估计结果，将估计结果代入式（4-10）即可得到时变参数。各研究流域含有 7 个备选协变量，共有 $C_7^2+C_7^3+\cdots+C_7^7=120$ 种协变量组合方式，对应 120 组时变参数，最终根据表 4.2 中的 6 项评价指标，确定每一种模型的最优协变量组合方式。各子流域历史期模拟径流与实测径流的检验结果见表 4.3，不同模型的拟合结果非常接近，不存在明显差异。采用时变参数后，所有模型的模拟精度都有了明显的改善，图 4.5 展示了模拟与实测径流深的逐年对比，结果表明基于时变参数的 Budyko 模型能较准确地模拟出历史期径流的变化特征。

表 4.3　基于时变参数的模型模拟结果检验

流域	方法	NSE	R^2	RMSE	MAE	AR	ρ	协变量
西大洋水库以上流域	Choudhury-Yang	0.77	0.78	28.13	21.61	0.95	0.83	P, G, F, POP
	Fu	0.78	0.78	28.08	21.48	0.95	0.83	P, G, F, POP
	Zhang	0.77	0.78	28.51	22.13	0.94	0.83	P, G, F, POP
	Wang-Tang	0.74	0.76	30.22	23.01	0.99	0.79	P, T, G, F, POP
王快水库以上流域	Choudhury-Yang	0.80	0.83	47.78	36.09	0.90	0.86	P, F, POP, GDP
	Fu	0.80	0.83	48.13	36.35	0.90	0.85	P, POP, GDP
	Zhang	0.80	0.82	47.73	36.34	0.92	0.86	P, E, POP, GDP
	Wang-Tang	0.80	0.82	47.64	36.08	0.93	0.86	P, E, F, GDP

注：P 为降水量；E 为潜在蒸散发量；T 为气温；G 为草地面积占比；F 为林地面积占比；POP 为人口；GDP 为人均 GDP。

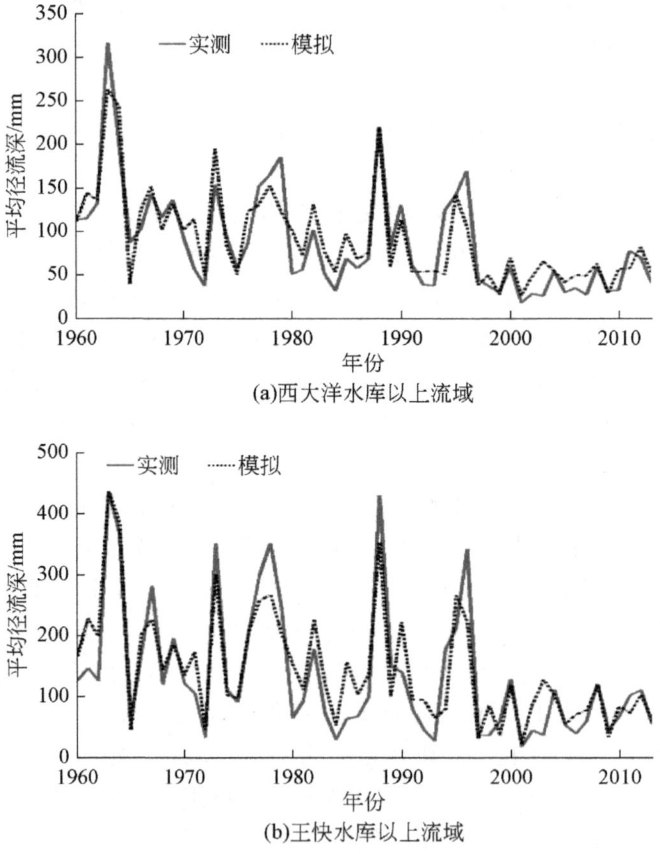

图 4.5　基于时变参数的模型模拟与实测径流序列对比

由表 4.3 中结果发现，不同模型在两个流域的实际模拟结果十分接近，各模型均考虑气候、下垫面特征、人类活动等因子的影响。其中，基于 Wang-Tang 公式的模型在王快水库以上流域略优，基于 Fu 公式的模型在西大洋水库以上流域略优，流域特征参数的最优表达式为式（4-15）。其中，第一个公式为西大洋水库以上流域，第二个公式为王快水库以上流域。

$$
\begin{aligned}
n_{\mathrm{xdy}} &= 0.293\ln P - 0.566\ln G - 1.052\ln F + 1.313\ln \mathrm{POP} + 0.108 \\
n_{\mathrm{wk}} &= 0.464\ln P - 0.063\ln E - 0.082\ln F - 0.080\ln \mathrm{GDP} - 0.116
\end{aligned}
\tag{4-15}
$$

根据图 4.1 ~ 图 4.3 中两个流域气象-水文、下垫面、社会经济等因子的变化，不同协变量在数量级上差距较大。例如，年降水量及潜在蒸散发量的数量级可接近或达到 10^3，但年均气温的数量级仅为 10^1；年人均 GDP 总量的数量级从早期的 10^2 增加至 10^4。为消除不同协变量在数量级上的差距对拟合的影响，计算 n 值时对各协变量取对数处理。

需要说明的是，本书选取的滑动步长为九年，由于建立了流域特征参数 n 与相关协变量的函数关系，时变 Budyko 方程在拟合滑动九年平均径流序列（1964 ~ 2009 年）时具有很高的精度。根据 1960 ~ 2013 年实测和模拟径流，分别求其九年滑动平均时间序列，采用式（4-14）中的检验指标对九年滑动平均时间序列的模拟精度进行评估，结果表明 NSE 和 R^2 值均在 0.90 以上，其他各项误差也有明显下降（表 4.4）。

表 4.4　九年滑动平均 Budyko 拟合结果检验（1964 ~ 2009 年）

流域	方法	NSE	R^2	RMSE	MAE	AR	ρ
西大洋水库以上流域	Choudhury-Yang	0.94	0.95	6.29	4.93	1.00	0.97
	Fu	0.95	0.95	6.18	4.85	1.00	0.96
	Zhang	0.93	0.93	6.94	5.89	1.00	0.95
	Wang-Tang	0.95	0.95	6.06	4.74	1.00	0.96
王快水库以上流域	Choudhury-Yang	0.92	0.92	12.65	10.03	1.00	0.96
	Fu	0.91	0.91	12.90	10.49	1.00	0.94
	Zhang	0.92	0.92	11.92	9.73	1.00	0.96
	Wang-Tang	0.93	0.93	11.83	9.94	1.00	0.96

4.4　基于 Budyko 方法的径流演变贡献分解

基于 Budyko 理论的相关方法在经过数十年的发展后，已广泛应用于流域水文过程的模拟、评价和预估等工作。例如，Beck 等（2020）基于 Budyko 理论对全球多个降水数据集的精度进行了验证，开展了相关误差校正工作；Greve 等（2020）基于 Budyko 方法提出了一种全球水文模型的校正方法；Liu 等（2021）结合 Budyko 方法和极值统计，预估了非一致性条件下中国年径流频率的变化；Xing 等（2018）比较了不同 Budyko 模型在中国主要流域的模拟精度，并基于全球气候模式数据集的预测结果预估了中国 21 世纪径流的可能变化趋势。此外，基于 Budyko 理论的水热耦合模型也经常用于定量识别流域径流过程发生变化的原因（Jiang et al., 2015；Xu et al., 2014；杨大文等，2015；张树磊等，2015），前人研究中主要采用直接分解法或弹性系数法识别径流演变成因，其基本原理和本章主要计算结果详述如下。

4.4.1 直接分解法

1）基础理论

根据闭合流域水量平衡假定［式（4-4）和式（4-5）］，流域径流量 Q 与降水量 P、潜在蒸散发量 E_0具有一定的函数关系，将该式记为 $Q=g$（P，E_0）。流域实际径流变化可记为 dQ，由气候变化和流域特征改变导致的径流变化分别记为 dQ_c、dQ_n，并有 $dQ=dQ_c+dQ_n$。结合表 4.1 中的普适函数表达式，模型采用 P 和 E_0描述气候变化的影响，而 E_0估计方式的差异影响着 Q 对气象因子的响应程度。例如，干旱地区普遍采用辐射与气温估计 E_0，而应用更广泛的 Penman-Monteith 公式可以考虑风速、湿度、辐射、气温等多项气象因子的影响。因此，不同的 E_0估算方法会在一定程度上影响 dQ_c的估计结果。流域特征参数 n 作为概化参数，其数值决定了降水向实际蒸散发转化的比例，即影响着降水的产流能力。图 4.6 展示了流域特征参数 n 对 Budyko 模型的影响。

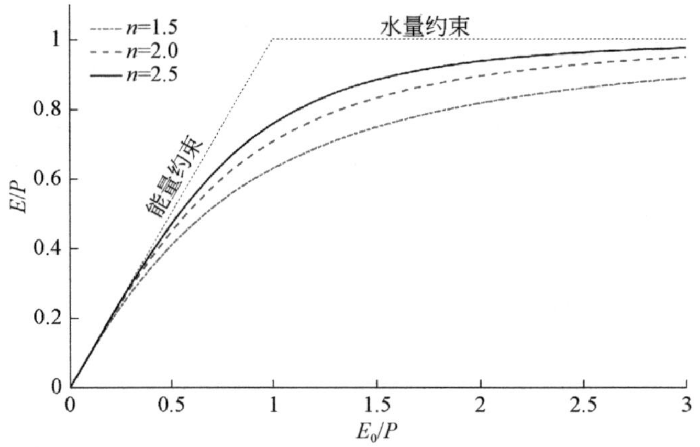

图 4.6　流域特征参数 n 对 Budyko 模型的影响（Choudhury-Yang 模型）

在实际情况中，降水产流过程的影响因子复杂多样，包括地形特征、土壤条件、植被覆盖度等，而且人类活动的加剧增大了这一过程的复杂程度。受模型结构限制，dQ_n只能从总体上反映上述诸多因子对径流过程的综合影响。以表达式 $Q=g$（P，E_0）为基础，两个不同时段流域实际径流变化 dQ 和气候变化导致的径流演变 dQ_c可采用下式推求：

$$\begin{cases} dQ_c=g(P+dP,E_0+dE_0)-g(P,E_0) \\ dQ=g(P+dP,E_0+dE_0,n+dn)-g(P,E_0,n) \end{cases} \tag{4-16}$$

式中，P、E_0、n 分别为前一时段的流域降水量、潜在蒸散发量及流域特征参数；dP、dE_0、dn 分别为后续时段较前一时段的三参数变化量，dP、dE_0为气候变化情况，dn 为流域特征变化。通常将研究期划分为若干个时段（一般取 2～3 个），g（P，E_0）或 g（P，E_0，n）为前一时段的模拟径流；g（$P+dP$，E_0+dE_0）为只考虑气候变化时（流域特征参数保持前一时段取值不变）后续时段的径流模拟结果；g（$P+dP$，E_0+dE_0，$n+dn$）为考虑所有参数变化下后续时段的模拟径流。

在分析历史期径流对其他因子的响应时，可代入不同时段的气象、径流数据，直接推求气候变化造成的径流变化量 dQ_c，并根据 $dQ_n = dQ - dQ_c$ 求得流域特征改变的影响。Budyko 方法通常在年及更大的时间尺度上模拟径流过程，该方法所需数据量少，能够非常方便地分离出流域内气候变化和流域特征改变对径流演变的贡献率，而且还可从气候变化中进一步分离降水量变化和潜在蒸散发量变化的贡献率，即可以分解水量和能量变化带来的影响。

2）变化环境下的优化应用

基于式（4-16）可定量识别径流演变成因并预估未来变化趋势。然而，考虑到大清河山区流域受气候变化和人类活动影响显著，流域下垫面特征在近些年呈现出持续的变化特征，应进一步考虑流域特征参数 n 的变化特征。因此，本节选用式（4-10）来构建动态流域特征参数，假设 y_1，y_2，…，y_m 为描述流域特征参数的自变量，记：

$$n = h(y_1, y_2, \cdots, y_m) \tag{4-17}$$

联立式（4-16）和式（4-17），可以推导出径流演变的表达式如下：

$$dQ = g(P + dP, E_0 + dE_0, h(y_1 + dy_1, y_2 + dy_2, \cdots, y_m + dy_m)) - g(P, E_0, h(y_1, y_2, \cdots, y_m)) \tag{4-18}$$

式中，P、E_0 为前一时段流域降水量和潜在蒸散发量，相关变量及其含义与式（4-16）中相同。式（4-18）是在式（4-16）的基础上，联立流域特征参数 n 的时变表达式演变而来。y_1，y_2，…，y_m 对应于 m 个描述流域特征参数的自变量在前一时段取值。例如，当选取林地覆盖率作为自变量 y_1 时，y_1 表示前一时段内流域平均林地覆盖率。根据不同时段的历史资料，可推求自变量的变化情况，dy_1，dy_2，…，dy_m 为后续时段各自变量相较于前一时段的变化量。

通过构建 n 与影响因子间的经验公式，可使基于 Budyko 理论的水热耦合模型具有更强的适用性。一方面，上述经验关系［式（4-17）］的建立有利于 Budyko 方法在资料缺乏的地区开展实际应用（Xu et al.，2013），也能更好地应用于小尺度流域的模拟（Donohue et al.，2007），且基于式（4-18）能进一步细化植被、社会经济等因子对流域水文过程的影响（Jiang et al.，2015；Zhang et al.，2018）。另一方面，采用固定的流域特征参数无法描述变化环境下流域基本特征的改变，上述经验公式的构建还为 Budyko 方法在新形势下的应用提供了可靠的参考。本节将以上述理论为基础，根据气候模式及流域发展规划，定量识别径流演变的具体成因，并预估未来可能的变化趋势。

3）径流演变归因分析步骤

由表 4.3 可知，本节分别选用基于 Wang-Tang 和 Fu 公式的模型对王快水库以上流域、西大洋水库以上流域的历史期径流变化作归因分析。根据水文序列一致性分析结果，大清河山区的产流能力在有实测资料的时期发生过两次较为显著的变化，径流系数有明显的下降。以 1980 年和 1997 年作为分隔点，可将径流序列划分为三个时段，下面分析时以 1960～1979 年作为基准期，识别后续两个时段径流衰减对外部因子的敏感程度。

实际情况中，大清河山区的水文过程受气候变化、下垫面改变、人类活动耗水等多因素综合影响，而 Budyko 理论无法解释人类活动耗水这一因素。因此，本节先根据流域实测径流过程，结合水文年鉴、水库控运整编资料、水资源公报等资料中人类活动耗水量，对大清河山区西大洋水库以上子流域和王快水库以上子流域历年人类活动取用水量进行还原，进而推求不同时段间的径流变化量 dQ，假设气候变化和流域特征改变导致的径流变化分别为 dQ_c、dQ_n，则有 $dQ=dQ_c+dQ_n$。由式（4-16）可直接计算气候变化对径流的影响，并推求流域特征改变的影响。假设某流域分为两个时段，其计算过程概述如下：

（1）首先，根据第一个时段（基准期）的实测资料，由降水量 P_1、潜在蒸散发量 E_1、径流量 Q_1 反推出流域特征参数 n_1 的取值（或表达式）。

（2）其次，假定流域特征参数 n_1 维持第一时段不变，根据第二时段的 P_2、E_2 可以得到两个时段降水量和潜在蒸散发量的差值 dP、dE，代入式（4-16）可求得气候变化对径流演变的影响 dQ_c。

（3）最后，结合第二时段的实测径流量 Q_2，可以得到实际径流变化量 $dQ=Q_2-Q_1$，进一步可以推导出流域特征改变对径流的影响 $dQ_n=dQ-dQ_c$，从而识别第一时段（基准期）径流向第二时段转变的成因。

以此类推，假设历史期共划分为 m 个时段，将第 i 个时段的降水量、潜在蒸散发量、径流量分别记为 P_i、E_i、Q_i；与第一时段（基准期）相比，可以按同样步骤推求第 $i(i=2, 3, \cdots, m)$ 个时段径流演变对不同影响因子的敏感程度，其中气候变化的影响为 $dQ_c=g(P_i, E_i)-g(P_1, E_1)$，实际径流变化量为 $dQ=Q_i-Q_1$，流域特征变化的影响为 $dQ_n=dQ-dQ_c$，从而可以得到不同时段气候及流域特征变化对径流的影响。

此外，气候变化对径流的影响 dQ_c 还可进一步拆分为降水量变化和潜在蒸散发量变化对径流的影响，分别记为 dQ_P、dQ_E。例如，流域第一时段 E_1、n 维持不变，根据后续时段的降水量变化 dP，代入公式即可求得降水量变化对径流的影响 dQ_P，如第 i 时段降水变化的影响为 $dQ_P=g(P_i, E_1)-g(P_1, E_1)$。类似的，流域特征导致的径流变化 dQ_n 也可拆分为不同协变量的影响，如协变量 y_1 变化导致的径流变化量可表示为 $dQ=g(P, E_0, h(y_1+dy_1, y_2, \cdots, y_m))-g(P, E_0, h(y_1, y_2, \cdots, y_m))$。

4）分析结果

本节引入气候、下垫面、社会经济等因子，构建了能反映流域特征参数变化的表达式，在上述理论基础上采用直接分解法［式（4-16）］分解了气候变化与流域下垫面特征改变对径流的影响。

根据前文的突变分析结果，本节将大清河山区划分为三个时段（即 $m=3$），采用直接分解法求得不同影响因子对径流演变的贡献率（表 4.5）。其中，dQ 列为不同时段径流深相较于第一时段（1960～1979 年）的实际变化量（根据还原后的径流计算），降水量减少和流域特征改变是导致径流衰减的主要因素，而潜在蒸散发量随太阳辐射的衰减则有利于地表径流的产生。此外，对比不同时段的贡献分解结果，气候变化对地表径流的影响力正在衰退，这是因为降水量和潜在蒸散发量自 21 世纪初开始有所回升，说明人类活动的持续加剧才是径流持续大幅衰减的决定性因素。

表 4.5　流域径流深变化贡献分解　　单位：mm

时段	流域	dQ	dQ_c	dQ_P	dQ_E	dQ_n
1980～1996 年	西大洋水库以上流域	-48.0	-10.9	-20.0	9.1	-37.1
	王快水库以上流域	-73.1	-16.5	-24.3	7.9	-56.6
1997～2013 年	西大洋水库以上流域	-94.3	-26.7	-30.0	3.4	-67.6
	王快水库以上流域	-140.7	-34.4	-37.2	2.8	-106.3

4.4.2　弹性系数法

1）基础理论

前人在实际应用中也常采用简化的弹性系数法识别径流演变的主要影响因素，该方法在式（4-16）的基础上推导而来，对函数 g（$P+dP$，E_0+dE_0）应用二元泰勒公式展开，得到的 n 阶表达式为

$$\begin{aligned}g(P+dP,E_0+dE_0)&=g(P,E_0)+\left(\frac{\partial}{\partial P}dP+\frac{\partial}{\partial E_0}dE_0\right)g(P,E_0)\\&+\frac{1}{2!}\left(\frac{\partial}{\partial P}dP+\frac{\partial}{\partial E_0}dE_0\right)^2g(P,E_0)+\cdots+\frac{1}{n!}\left(\frac{\partial}{\partial P}dP+\frac{\partial}{\partial E_0}dE_0\right)^ng(P,E_0)+G_n\end{aligned}\tag{4-19}$$

式中，G_n为泰勒公式余项，联立式（4-16）与式（4-19），得到气候变化对径流的影响为

$$\begin{aligned}dQ_c=&\left(\frac{\partial}{\partial P}dP+\frac{\partial}{\partial E_0}dE_0\right)g(P,E_0)+\frac{1}{2!}\left(\frac{\partial}{\partial P}dP+\frac{\partial}{\partial E_0}dE_0\right)^2g(P,E_0)+\\&\cdots+\frac{1}{n!}\left(\frac{\partial}{\partial P}dP+\frac{\partial}{\partial E_0}dE_0\right)^ng(P,E_0)+G_n\end{aligned}\tag{4-20}$$

式中，G_n 为泰勒公式余项。与上式中的一阶项相比，二阶及高阶项对结果的影响较小，为计算简便，通常采用泰勒展开式的一阶近似结果（误差为泰勒展开式的 2～n 阶展开式及余项之和，该误差随降水量、潜在蒸散发量和流域特征参数变化，一般在 15% 以内（Yang et al.，2014），式（4-20）可简写为

$$dQ_c=\left(\frac{\partial}{\partial P}dP+\frac{\partial}{\partial E_0}dE_0\right)g(P,E_0)\tag{4-21}$$

将式（4-21）展开为全微分形式，即可得

$$dQ_c=\frac{\partial g}{\partial P}dP+\frac{\partial g}{\partial E_0}dE_0\tag{4-22}$$

同理，若引入流域特征参数 n，可将式（4-22）转化为径流演变的全微分方程

$$dQ=\frac{\partial g}{\partial P}dP+\frac{\partial g}{\partial E_0}dE_0+\frac{\partial g}{\partial n}dn\tag{4-23}$$

进一步可引入弹性系数的概念，弹性系数反映了径流对不同因子变化的敏感程度，降水量、潜在蒸散发量、流域特征参数的弹性系数可以表示为

$$\varphi_P=\frac{\partial g}{\partial P}\cdot\frac{P}{Q};\varphi_{E_0}=\frac{\partial g}{\partial E_0}\cdot\frac{E_0}{Q};\varphi_n=\frac{\partial g}{\partial n}\cdot\frac{n}{Q}\tag{4-24}$$

联立式（4-23）和式（4-24）可以得到基于弹性系数法的径流演变表达式如下：

$$dQ=\varphi_P \frac{Q}{P}dP+\varphi_{E_0}\frac{Q}{E_0}dE_0+\varphi_n \frac{Q}{n}dn \tag{4-25}$$

式中，右边三个分量分别为降水量、潜在蒸散发量和流域特征变化导致的径流变化量。基于式（4-25），可以根据流域历史期不同年代气候条件、流域特征的变化（dP、dE_0、dn）来定量识别径流演变的成因，也可根据未来时期的气候变化及流域下垫面特征演变情景来预估流域径流过程。

2）变化环境下的优化应用

与直接分解法类似，弹性系数法也可考虑流域特征参数 n 的变化特征以适应变化环境下的模拟需求。通过联立式（4-17）和式（4-25），径流演变的表达式可以写为

$$dQ=\varphi_P \frac{Q}{P}dP+\varphi_{E_0}\frac{Q}{E_0}dE_0+\varphi_{y_1}\frac{Q}{y_1}dy_1+\varphi_{y_2}\frac{Q}{y_2}dy_2+\cdots+\varphi_{y_m}\frac{Q}{y_m}dy_m \tag{4-26}$$

式中，各变量含义与式（4-18）中相同，y_1，y_2，…，y_m为对应于 m 个描述流域特征参数的自变量在第一时段的取值，dy_1，dy_2，…，dy_m为后续时段各自变量相较于第一时段的变化量，各自变量的弹性系数表示为 φ_{y_1}，φ_{y_2}，…，φ_{y_m}。

3）径流演变归因分析步骤

与直接分解法的计算过程类似，已知不同时段间的径流变化量 dQ，并有 $dQ=dQ_c+dQ_n$。可由式（4-26）计算不同因素对径流变化的影响，计算过程概述如下：

（1）首先，根据第一时段（基准期）的实测资料，估计流域特征参数 n 的取值或表达式。

（2）其次，根据后续第 i 时段的 P_i、E_i 可推求其与基准期的变化（dP 及 dE），采用下式计算不同因素对径流的影响。

$$dQ_P=\varphi_P \frac{Q}{P}dP;dQ_{E_0}=\varphi_{E_0}\frac{Q}{E_0}dE_0;dQ_c=dQ_P+dQ_{E_0} \tag{4-27}$$

类似地，也可推求不同协变量变化对径流的影响 dQ_{y_i}（i=1，2，…，m），从而确定流域特征变化对径流演变的贡献 dQ_n。

4）分析结果

基于弹性系数法，估算了不同因素对径流变化的贡献，计算结果见表 4.6。根据前文所述理论推导过程，可知弹性系数法是直接分解法的近似解，因此两种方法的计算结果比较接近，都能反映出流域特征变化是径流衰减的主要影响因素，且随年代推移影响更为显著。

表 4.6　流域径流深变化贡献分解　　单位：mm

时段	流域	dQ	dQ_c	dQ_P	dQ_E	dQ_n
1980～1996 年	西大洋水库以上流域	-48.0	-4.0	-13.4	9.3	-44.0
	王快水库以上流域	-73.1	-10.8	-18.9	8.2	-62.3
1997～2013 年	西大洋水库以上流域	-94.3	-20.2	-24.1	3.8	-74.1
	王快水库以上流域	-140.7	-29.2	-32.3	3.1	-111.5

对比表 4.5 中结果，两种方法存在一定差异。例如，弹性系数法所得结果中，流域特征的改变对径流衰减的影响更为显著，而降水量减少的影响力则有所下降。造成上述差异的原因可概述为：弹性系数法根据泰勒级数的一阶近似得到，与直接分解法的计算结果存在一定误差，这一误差随气候变化幅度增大而增大。

4.4.3 讨论及展望

1）讨论

综合上述结果，本章选取直接分解法的估计结果分析大清河山区径流衰减的成因。在 1980 ~ 1996 年，流域特征变化在西大洋水库以上流域和王快水库以上流域导致径流衰减的贡献率分别为 69.4% 和 72.5%，其在 1997 ~ 2013 年的贡献率分别为 64.6% 和 72.2%。基于弹性系数法得到的径流归因分析结果与直接分解法的计算结果较为接近，其误差为泰勒展开式 2 ~ n 阶余项之和 [式 (4-17)]，该误差大小与降水量、潜在蒸散发量的变化幅度相关。

本章构建了时变的流域特征参数，基于径流演变贡献分解的理论方法 [式 (4-25)]，可进一步分解气候、植物类型和社会经济发展对流域特征参数的影响。考虑到弹性系数法的误差，下面分析仅采用直接分解法进行估计。基于式 (4-15) 中西大洋水库以上流域及王快水库以上流域的参数最优拟合结果，以 1960 ~ 1979 年作为基准期，分析不同时段外部因子对流域特征参数的贡献率，其计算过程与 4.4.1 节中径流演变的分解方法类似，通过假定植物类型与社会经济因子第一时段不变，模拟后续时段气候变化对 n 的影响，记为 dn_c。类似地，也仅考虑植物类型或社会经济因子的变化，模拟出两者对 n 的影响，分别记为 dn_l、dn_s。流域特征参数的实际变化满足 $dn=dn_c+dn_l+dn_s$。为更加直观地展示估计结果，将各时段 dn_c、dn_l、dn_s 分别除以 dn，即得到三者对流域特征参数的贡献率（表 4.7）。根据表 4-7 中结果可进一步分解径流变化对流域特征参数的响应（dQ_n）。结果表明，人类活动导致的植物类型改变、社会经济发展是流域特征变化的最主要影响因素，其贡献率在西大洋水库以上流域可以达到 84% ~ 90%，在王快水库以上流域约为 67%。

表 4.7 不同时段外部影响因子对流域特征参数的贡献率 单位：%

时段	流域	气候	植被类型	社会经济
1980 ~ 1996 年	西大洋水库以上流域	9.81	24.42	65.77
	王快水库以上流域	33.49	17.47	49.04
1997 ~ 2013 年	西大洋水库以上流域	15.65	34.26	50.09
	王快水库以上流域	32.83	19.53	47.64

结合表 4.5 中直接分解法的计算结果和表 4.7 中的计算结果，可以将各流域径流衰减的成因划分为气候变化、植被类型改变、社会经济发展三方面的因素。以西大洋水库以上流域 1980 ~ 1996 年为例，归因过程概述如下：与基准期相比，1980 ~ 1996 年流域内平均径流深减少了 48.00mm，其中 10.90mm 衰减量是由气候变化导致、37.10mm 衰减量是由

流域特征变化导致（表 4.5）；流域特征变化是多因素共同作用的结果，包括：①气候变化对植被生育状况的影响；②植树造林、退耕还林等活动改变了流域植被类型；③社会经济发展增加了取用水量，改变了流域微地形等。因此，本书结合表 4.7 中各因子对流域特征参数的影响，可将 37.10mm 分解为三方面因素的影响，即气候变化对径流演变的间接影响、植被类型改变和社会经济的贡献分别为 3.64mm、9.06mm、24.40mm；综合表 4.5 与表 4.7 中结果，可以得到西大洋水库以上流域 1980～1996 年径流衰减对三因素的响应分别为气候变化（14.54mm，30.3%）、植被类型改变（9.06mm，18.9%）、社会经济发展（24.40mm，50.8%）。同理，可以得到各流域在不同时段的径流演变贡献分解结果，主要结果如下：①西大洋水库以上流域径流衰减的主要原因为人类活动影响，贡献率超过 60%，其中植被类型改变占 18%～24%（近期影响进一步增加）。气候变化对流域内径流衰减的贡献率分别为 30%（1980～1996 年）、39%（1997～2013 年）。②王快水库以上流域气候变化对径流衰减的贡献率为 48%～49%（近期影响略有增加）；人类活动因素中，植被类型改变的影响占 13%～15%，社会经济发展为 36%～38%。

2）展望

综合上述研究，基于时变参数的水热耦合模型可定量识别不同外部因素对变化环境下地表径流过程的影响，在流域特征参数最优拟合结果［式（4-15）］的基础上，还可结合未来气候和社会经济发展情景预估径流演变趋势。然而，流域特征参数最优拟合结果［式（4-15）］是基于统计学方法确定的最优解，在本质上为水热耦合模型与统计方法的结合，虽然引入了具有物理意义的自变量描述流域特征参数的动态变化，但统计拟合过程无法准确描述物理机制，与流域实际情况会存在差异，具体讨论如下。

流域特征参数 n 对外部因子的敏感程度由各因子在拟合结果中所占权重决定，该权重即为拟合公式中各因子的系数［式（4-15）］。该方法只能以模型误差最小、相关性最好等统计学原则确定最优的拟合结果，这一过程缺乏明确的物理机制。此外，本章采用了七个影响因子构建流域特征参数的经验公式，从中任选 m 个（$m \geqslant 2$）自变量构成时变流域特征参数，共有 120 种参数组合，虽然采用统计方法得到了最优的一组参数解，但同时也存在多组模拟结果与最优解接近的次优解，与水文模型中的“异参同效”现象类似。采用不同次优解推求径流演变的贡献率时，其估计结果可能存在显著差异。综上，基于统计学方法获取的最优结果可能与流域的真实情况存在差异。

参数表达式中自变量组合将显著影响贡献分解结果，以表 4.7 中结果为例。由于王快水库以上流域参数的最优估计结果同时考虑了降水量和潜在蒸散发量两个气象因子，该流域气候变化对径流衰减的贡献率要明显高于西大洋水库以上流域；参数最优表达式［式（4-15）］中，西大洋水库以上流域和王快水库以上流域分别采用人口、人均 GDP 作为社会经济因子，近年来区域人口增幅减缓，但人均 GDP 仍维持较稳定的增幅，这使得西大洋水库以上流域近期（1997～2013 年）社会经济发展对径流的影响减弱。其根本原因在于，当根据历史期资料拟合流域特征参数与社会经济发展的关系时，统计学方法难以准确建立两者间的物理联系。基于社会经济发展预估，未来情景下人口增长将进一步放缓，甚至出现负增长，利用式（4-15）预估未来径流过程时，西大洋水库以上流域与王快水库以上流域可能出现更大的差异。此外，引入新的影响因子使得模型参数数量增加，更复杂的模型结构对应着更大的不确定性，且构建径流序列与多个流域基本信息因子之间的拟合关系会导致样本数据维度的增加，引发高维性问题，这均会对未来径流预估工作造成一定影响。

综合上述分析，基于时变参数的水热耦合模拟在实际应用中具有一定的局限性，可结合物理性水文模型做进一步的研究探讨。

4.5 本章小结

本章根据流域历史期气象、植物覆被、社会经济数据，构建了基于时变参数的水热耦合模拟模型，并根据实测径流序列确定了流域特征参数的最优解，定量识别了径流与不同驱动因素间的响应关系。主要结论如下：

（1）与传统 Budyko 方法相比，时变 Budyko 模型中的下垫面参数 n 与气候、植被、社会经济因子相关，这使得模型能够模拟变化环境下流域特征的变化趋势。因此，时变 Budyko 模型能更合理地描述径流序列的变化特征，从而显著提高模拟精度。

（2）流域特征变化是大清河山区径流衰减的最主要因素，可以解释大清河山区流域约 70% 的径流衰减，降水量减少是气候变化中最主要的影响因素，贡献率约 30%，而能量收支变化则会略微增加径流量。

（3）在水热耦合模型中考虑时变参数时，统计学方法难以准确建立流域特征参数与相关影响因子间的物理机制关系，模拟结果可能与流域真实情况存在偏差，应进一步改进时变参数寻优过程，或结合物理性水文模型进一步综合论证估计结果。

第5章　流域水循环演变分布式模拟

大清河山区流域径流的持续衰减是多因素共同作用的结果，定量识别不同因素对径流变化的影响，对于深刻认知水循环过程和实现水资源可持续利用具有重要的现实意义。基于 Budyko 理论的水热耦合模拟在本质上仍是统计方法与模拟方法的结合，该方法采用单一的下垫面参数来描述流域特征，无法区分不同人类活动因子的贡献。其计算的时间尺度为年，不能在更精细的时间尺度上模拟流域水循环过程。与之相比，分布式水文模型由复杂的物理方程构成，其在时空尺度上的模拟能力可以进一步分离植被、地形等因素的影响，但在分析单一气象因子的影响时计算效率远不如 Budyko 方法。本章根据实测水文气象数据、流域下垫面信息、社会经济变化情景，构建了模拟山区水循环过程的分布式水文模型，分析了山区子流域的水量平衡及水资源时空变化，定量识别了气候变化、植被改变、人类活动等因素对地表径流演变的影响和贡献，并与 Budyko 方法的研究结果进行了对比。

5.1　分布式水文模型原理

5.1.1　模型主要结构及原理

大清河山区子流域的面积仅为几千平方千米，且为典型山区流域，研究选取适用于山区流域的分布式水文模型模拟中小尺度山区流域水文过程。该模型最早由 Wigmosta 等（1994）研发，后续由美国西北太平洋国家重点实验室进一步发展，目前已由初始的 1.0 版本升级为 3.0+版本，该模型主要用于模拟中小尺度山区流域内气象、下垫面等因素变化对地表径流的影响。模型以 DEM 为基础，将流域划分为若干个网格，网格密度与 DEM 分辨率保持一致，根据每一个网格与其周边节点的海拔关系，计算出流域汇流方向。然后，以每一个网格为计算单元，每个网格都具有其对应土壤和植被类型。其中，植被分为上、下两层，土壤分为三层。模型根据各类土壤、植被的物理属性，在能量平衡和水量平衡的基础上，遍历模拟每个网格上的降水、截留、入渗、蒸散发、径流量等水循环过程。模型在网格上的水量平衡过程为

$$\sum_{i=1}^{3} \Delta S_{s,i} + \Delta S_{io} + \Delta S_{iu} + \Delta W = P - E_{io} - E_{iu} - E_{s} - E_{to} - E_{tu} - P_{2} \tag{5-1}$$

式中，i 为土壤层序号；$\Delta S_{s,i}$为第 i 层土壤水分变化量；ΔS_{io}、ΔS_{iu}为上、下冠层植被截留量；ΔW 为雪水变化量；P 为降水量；E_{io}、E_{iu}为上、下冠层植被湿润表面蒸发量；E_{s}为表层土壤蒸发；E_{to}、E_{tu}为上、下冠层植被蒸腾量；P_{2}为下层土壤下渗。模型中参与计算的

各变量单位均为 m，模型计算步长为 1 ~24h。

在网格水量平衡的基础上，模型基于各网格点海拔、水系划分，模拟格点间及河道内的水量传递过程。模型包括植被截留、蒸散发、积雪/融雪、土壤水分运移、流域产流、流域汇流六个主要模块（表 5.1）。

表 5.1 DHSVM 模型计算模块简介

计算模块	计算方式
植被截留	最大截留能力由叶面积指数决定
蒸散发	模型考虑三部分蒸散发：①植被截留水量的蒸散发采用潜在蒸散发公式计算；②植物蒸腾采用 Penman-Monteith 公式模拟；③无植被覆盖时考虑土壤蒸发
积雪/融雪	Storck-Lettenmaier 双层能量、质量平衡模型
土壤水分运移	垂向运动根据 Brooks-Corey 方程和达西定律计算；侧向运动根据坡度分别选择扩散波方法（坡度平缓区）、动力波方法（陡峭区）模拟
流域产流	产流分为超渗产流（降水大于土壤下渗速率）、蓄满产流（表层土壤饱和）、回归流（地下水位高于地表）三种形式
流域汇流	基于 DEM 确定流向，采用逐网格的方式精确汇流；在河网上采用线性水库进行汇流演算，流速通过曼宁公式计算，水量根据水量平衡方程计算

5.1.2 计算模块原理概述

本书根据降水发生后至进入河道这一循环中水量的传递过程，分别概述了植被截留、蒸散发、积雪/融雪、土壤水分运移及流域产汇流的基本计算原理。

1）植被截留量计算

时段降水将由植被上、下冠层叶表面截留，直至叶表面存储水量超过其最大负荷，之后发生的降水将直接参与地表水量平衡计算。上、下冠层叶表面储水量最大负荷按照下式进行估算：

$$\begin{cases} I_{co} = \mathrm{Ri} \cdot \mathrm{LAIO} \cdot O_{C} \\ I_{cu} = \mathrm{Ri} \cdot \mathrm{LAIU} \end{cases} \tag{5-2}$$

式中，I_{co}、I_{cu} 分别为上、下冠层最大截留能力（m）；Ri 为降水截留因子（无量纲）；LAIO、LAIU 分别为上、下冠层的叶面积指数（m^2/m^2）；O_C 为上冠层覆盖率（m^2/m^2，即上冠层表面积占整个网格比例，一般取 0.5 ~0.9），下冠层覆盖率的缺省值为 1。以上、下冠层最大截留能力作为约束条件，考虑降水及蒸发作用下不同时刻上下冠层水储量的变化可以表示为

$$\begin{cases} S_{io}^{t+\Delta t} = S_{io}^{t} + P - E_{io} \\ S_{iu}^{t+\Delta t} = S_{iu}^{t} + P - E_{iu} \end{cases} \tag{5-3}$$

式中，S_{io}、S_{iu} 分别为上、下冠层水储量（m）；t 为不同模拟时刻；Δt 为模拟步长，其余变量含义同式（5-1）。上式中降水量 P 可从气象、水文站点实际监测资料中获取，E_{io}、

E_{iu}需采用蒸散发计算模型进行估算。

2）蒸散发计算

根据 Penman-Monteith 公式，任一模拟步长内，干旱植被表面蒸腾量 E_{tj} 可采用下式估算：

$$E_{tj}=\frac{\Delta \cdot R_{nj}+\rho c_p(e_s-e_a)/r_{aj}}{\lambda[\Delta+\gamma(1+r_{cj}/r_{aj})]} \tag{5-4}$$

式中，E_{tj}为上下冠层干旱植被的表面腾发量（m，$j=o$ 为上冠层，$j=u$ 为下冠层）；Δ 为饱和水气压曲线斜率（kPa/℃）；R_{nj}为上、下冠层净辐射［MJ/(m^2·d)］；ρ 为湿空气密度（kg/m^3）；c_p为恒压空气比热［J/(kg·℃)］；e_s和 e_a分别为饱和、实际水气压（kPa）；r_{aj}为上下冠层的空气动力学阻抗（s/m）；λ 为水体蒸发潜热（kJ/mol）；γ 为干湿表常数（kPa/℃）；r_{cj}为上下冠层气孔阻抗（s/m）。其中，Δ、γ、e_s、e_a等参数可根据气温、大气压、海拔等因子计算，r_{aj}、r_{cj}可作为模型待率定参数。

将式（5-4）中冠层气孔阻抗设定为 0，可得到任一模拟步长中湿润植被表面蒸发量 E_{pj}计算公式：

$$E_{pj}=\frac{\Delta \cdot R_{nj}+\rho c_p(e_s-e_a)/r_{aj}}{\lambda(\Delta+\gamma)} \tag{5-5}$$

模型将分别计算植被上下冠层的蒸发量与蒸腾量，冠层截留水量 E_{ij} 的蒸发由下式确定：

$$E_{ij}=\min(E_{pj},S_{ij}) \tag{5-6}$$

以水量平衡为基础，当植被表面截留水量全部蒸发后，模型将根据式（5-4）模拟植被蒸腾量。

另一方面，湿润土壤同样具有蒸发潜力，模型采用下式计算土壤蒸发量：

$$E_s=\min(E_{ps},F_e) \tag{5-7}$$

式中，E_{ps}同样基于式（5-5）计算（将冠层表面处的空气动力学阻抗转换为土壤表面），F_e为土壤吸附量，由土壤类型及含水量决定，详见式（5-20）及后续说明。

3）积雪/融雪模拟

气象站提供的降水资料主要为降雨和降雪两种形式，单位为 m 或 mm，模型内部将根据气温判断降水的具体形式：

$$\begin{cases} P_s=P & T_a \leqslant T_{min} \\ P_s=P(T_{max}-T_a)/(T_{max}-T_{min}) & T_{min}<T_a<T_{max} \\ P_s=0 & T_a \geqslant T_{max} \\ P_r=P-P_s \end{cases} \tag{5-8}$$

式中，P 为站点实测降水量；P_s为降雪量；P_r为降雨量；T_a为站点实测气温；T_{min}、T_{max}分别为降雪、降雨气温阈值。当 $T_a<T_{min}$时，降水将全部转化为降雪；当 $T_a>T_{max}$时，降水均为降雨。两个阈值均可作为模型的可率定参数。

当网格内存在积雪时，模型将基于能量平衡方程模拟积雪温度变化。

$$c_s W \frac{dT_s}{dt}=R_{ns}+Q_s+Q_l+Q_p+Q_m+Q_g \tag{5-9}$$

式中，c_s为冰的比热；W 为雪水当量；T_s为积雪温度；R_{ns}为积雪表面净辐射（积雪上覆植被时将扣除植被冠层的影响）；Q_s为湍流对流传递的显热；Q_l为能量变化（蒸发、升华过程中的能量损失，或为凝结过程中释放潜热导致的能量增加值）；Q_p为降水过程中平流输送热量；Q_m为内潜热变化（融雪过程中的损失，或为液态水凝结过程中获取的热量）。该模型并未考虑积雪与地表间的热量交换，即令 $Q_g=0$。

基于式（5-9），可以得到不同时刻积雪温度的变化：

$$T_s^{t+\Delta t}=T_s^t+\frac{\Delta t}{c_s W}(R_{ns}+Q_s+Q_l+Q_p+Q_m) \tag{5-10}$$

式中，Δt 为计算时间步长，可为 1 ~ 24h；T_s^t和 $T_s^{t+\Delta t}$分别为 t 和 $t+\Delta t$ 时刻的积雪温度。显热 Q_s采用下式计算：

$$Q_s=\frac{\rho c_p(T_a-T_s)}{r_{as}} \tag{5-11}$$

式中，r_{as}为积雪表面空气动力学阻抗，其余符号意义同前。

能量变化 Q_l采用下式计算：

$$Q_l=\frac{0.622\lambda_i\rho[e_a(T_a)-e_s(T_s)]}{P_a\cdot r_{as}} \tag{5-12}$$

式中，λ_i为潜热变化量，当 $i=v$ 时，λ_v表示融雪蒸发时的能量损失，当 $i=f$ 时，λ_f为非融雪期间（升华）的融解潜热；e_s和 e_a分别为对应温度下的饱和及实际水气压；P_a为大气压（与海拔相关的经验函数）。

降水过程中平流输送热量 Q_p采用下式计算：

$$Q_p=\rho_w c_w T_a(P_r+0.5P_s) \tag{5-13}$$

式中，ρ_w为水的密度；c_w为水的显热。

融雪或再凝结过程中所需要的潜热 Q_m为

$$Q_m=\lambda_f\rho_w M \tag{5-14}$$

式中，M 为融雪/液态水再凝结深度，融雪期为负值、凝结期为正值。

在能量平衡的基础上，可基于质量平衡方程模拟融雪/液态水凝结过程，格点积雪 W 将呈现出液态水和积雪两种状态：

$$W=W_{liq}+W_{ice} \tag{5-15}$$

式中，W_{liq}为液态水深度；W_{ice}为雪水当量。在计算时间步长 Δt 内，两种状态均满足以下质量平衡方程：

$$\begin{cases}\Delta W_{liq}=\left(P_r+\dfrac{Q_l}{\rho_w\lambda_v}-\dfrac{Q_m}{\rho_w\lambda_v}\right)\Delta t\\ \Delta W_{ice}=\left(P_r+\dfrac{Q_l}{\rho_w\lambda_f}+\dfrac{Q_m}{\rho_w\lambda_f}\right)\Delta t\end{cases} \tag{5-16}$$

根据式（5-14），融雪期间潜热 Q_m为负值，即积雪向液态水转换。模型根据植被截留、蒸散发、积雪/融雪三个模块，完成网格点内地表以上水量平衡。根据不同时刻地表积蓄总水量，结合土壤下渗能力、土壤持水能力完成不同时段土壤含水量平衡计算，从而完成整个网格内的水量平衡计算过程。

4）非饱和土壤水分垂向运动

模型中分层进行土壤水模拟，相邻土壤层水量满足质量平衡，自地表往下共有 m 层土壤，每层土壤分别命名为第 1，2，…，m 层土壤，以前两层土壤为例进行说明：

$$\begin{cases} d_1(\theta_1^{t+\Delta t}-\theta_1^t)=P_0-P_1(\theta_1)-E_{\mathrm{to}}-E_{\mathrm{tu}}-E_{\mathrm{s}}+V_{\mathrm{sat}}-V_{\mathrm{r}} \\ d_2(\theta_2^{t+\Delta t}-\theta_2^t)=P_1(\theta_1)-P_2(\theta_2)-E_{\mathrm{to}}+V_{\mathrm{sat}} \end{cases} \tag{5-17}$$

式中，d_j（j=1，2）为各层土壤厚度；θ_j（j=1，2）为各层土壤含水量；P_0为地表降水/融雪量至第 1 层土壤的入渗量；P_j（j=1，2）为第 j 层向 j+1 层的土壤水渗漏量；V_{sat}为地下水位抬升时的向上补给量；V_{r}为回归流产流量。其余变量含义同上。根据式（5-17），模型只考虑表层土壤水蒸发，同时假定下冠层植被根系深度不超过表层土壤厚度，因此仅在表层土壤水损失中计算下冠层植被蒸腾量（E_{tu}）；而上冠层植被根系将深入土壤，本次模拟考虑三层土壤，各层土壤均考虑上冠层蒸腾量（E_{to}）。基于式（5-4）可以计算上冠层总蒸腾量，然后根据每层土壤厚度确定上冠层蒸腾量在各层土壤中的比例。最下层土壤向下的土壤水渗漏量将补给地下水，在本书中即为 P_3（θ_3），联立地下水向上补给量 V_{sat}，可得到网格内地下水位蓄变量（模型中用埋深表示其变化）。

上式中，不同土壤层间的渗漏水量 P_j采用达西定律计算。模型中土壤含水量 θ 在土壤残留含水量（土壤含水量能达到的最小值，模型中假定为 0）与饱和含水量之间波动，对于任意 θ，非饱和垂向水力传导系数采用下式（Brooks-Corey 方程）估算：

$$K_{\mathrm{v}}(\theta)=K_{\mathrm{v}}(\theta_{\mathrm{s}})\left(\frac{\theta-\theta_r}{\phi-\theta_r}\right)^{\frac{2}{\mathrm{Pd}}+3} \tag{5-18}$$

式中，K_{v}为非饱和土壤垂向水力传导系数（饱和土壤水垂向水力传导系数等价于渗透系数）；ϕ 为土壤孔隙度；θ_{r}为土壤残留含水量；θ_{s}为饱和含水量（模型中假定为 ϕ）；Pd 为孔径分布指数。在任意计算步长 Δt 内，第 j 层土壤向下的渗漏量估算如下：

$$P_j=\left[\frac{K_{\mathrm{v}}(\theta_j)+K_{\mathrm{v}}(\theta_j^*)}{2}\right]\Delta t \tag{5-19}$$

式中，$\theta_j^*=\theta_j+(P_{j-1}/d_j)$。

此外，土壤表层蒸发计算式（5-7）中考虑了土壤吸附量 F_{e}，可由土壤吸附能力 S_{e} 计算：

$$F_{\mathrm{e}}=S_{\mathrm{e}}\Delta t^{0.5} \tag{5-20}$$

式中，S_{e}为土壤吸附能力，可由下式计算：

$$S_{\mathrm{e}}=\left[\frac{8\phi K_{\mathrm{v}}(\theta_{\mathrm{s}})\psi_b}{3(3m+1)(4m+1)}\right]^{0.5}\left(\frac{\theta}{\phi}\right)^{\frac{1}{2m}+2} \tag{5-21}$$

式中，ψ_b为土壤气泡压力，其余变量含义同上。

5）网格间水量交互

在网格内水量平衡计算的基础上，模型分地表、地下模拟格点间水量传递过程，汇流方向均根据格点高程采用 D8 算法确定，即模型以 DEM 数据为基础划分八个流向 k（k=0，1，2，…，7），任一格点向 k 方向的出流 q_k由下式决定：

$$\begin{cases} q_k=T\beta_k w_k & \beta_k<0 \\ q_k=0 & \beta_k\geqslant 0 \end{cases} \tag{5-22}$$

式中，T 为当前格点导水率（表示水沿土壤表面或在土壤介质中运动时，反映水流受阻碍作用的参数）；β_k 为当前格点沿 k 方向的地表坡度（$\beta_k \geqslant 0$ 表示 k 方向处的格点海拔大于等于当前格点海拔，因此不沿 k 方向产生出流，但会接收来自 k 方向的入流）；w_k 为 k 方向上径流宽度。

当模拟水体在土壤中发生侧向流动时，模型考虑了土壤深度对饱和水力传导系数的影响，采用以下方法计算式（5-22）中的导水率：

$$T=\frac{K_s[\exp(-f\cdot z)-\exp(-f\cdot D)]}{f} \tag{5-23}$$

式中，K_s 为饱和土壤侧向水力传导系数；z 为地表至地下水位距离；D 为土壤总厚度；f 为侧向衰减系数（侧向水力传导系数沿深度衰减）。联立式（5-22）和式（5-23），可得

$$\begin{cases} q_k=\dfrac{K_s\beta_k w_k}{f}[\exp(-f\cdot z)-\exp(-f\cdot D)] & \beta_k<0 \\ q_k=0 & \beta_k\geqslant 0 \end{cases} \tag{5-24}$$

任一格点向周边格点流出的总径流量 Q_{out} 为

$$Q_{\text{out}}=[\exp(-f\cdot z)-\exp(-f\cdot D)]\sum_{k=0}^{7}\frac{K_s\beta_k w_k}{f} \tag{5-25}$$

同理，也可以求出周边格点向当前格点的入流量 Q_{in}，格点内部任意一层土壤内质量平衡条件如下：

$$\Delta S_j=(P_{j-1}\cdot A+Q_{\text{in}}-Q_{\text{out}})\Delta t \tag{5-26}$$

式中，ΔS_j 为当前格点处第 j 层土壤含水量变化；P_{j-1} 为上层非饱和区渗漏量；A 为当前格点面积。

模型考虑混合产流模式，模拟降水—地表径流过程。一方面，根据格点质量平衡方程［式（5-26）］，可以推求格点水位，当格点水位高于地表海拔时将产生地表径流；另一方面，超渗和蓄满两种形式也会产生地表径流。网格间地表水汇流过程模拟与饱和土壤水类似，差异主要体现在质量平衡中考虑的分项有所区别：①式（5-25）中的渗漏量替换为穿透雨量（植被截留后的剩余雨量）与下渗水量之差（即超渗产流量 P_{ex}）；②回归流产流量 V_r。

$$\Delta S_j=V_r+(P_{\text{ex}}\cdot A+Q_{\text{in}}-Q_{\text{out}})\Delta t \tag{5-27}$$

此外，模型本身不考虑地下水在格点间的交互过程，仅考虑土壤水与地下水的垂向交互过程，这一过程通过式（5-17）模拟。

6）河道汇流演算

模型利用 ArcGIS，在 DEM 的基础上生成水系，并计算各自河段的上下级传导关系、水力参数等信息，采用线性槽蓄法完成河道汇流演算，线性槽蓄法假定每段河道宽度为常数（在 ArcGIS 中根据 DEM 计算），河道出流量与该段河道的储水量呈线性关系。这种线性关系决定了河段内的水流流速为常数，可根据水流深度及水力半径通过曼宁公式计算获得。河道内的水量主要来自河网自身网格产流、其他网格的地表径流及壤中流的汇流量，线性槽蓄法假定单一河道内流速恒定，河道断面形状保持不变（根据 DEM 确定，并进一步计算湿周、水力半径参数），可联立曼宁公式求解河道内径流演进过程，河道内水量平

衡方程如下：

$$V_c^{t+\Delta t}=\frac{Q_{in}}{k}+\left(V_c^t-\frac{Q_{in}}{k}\right)\exp(-k\Delta t) \tag{5-28}$$

式中，Q_{in}为任一河段上游、地表、壤中流在 Δt 历时内的入流量；V_c^t、$V_c^{t+\Delta t}$分别为时刻 t、$t+\Delta t$ 的河道内水储量；k 为河段水储量参数，可联立曼宁公式确定：

$$k=\frac{R^{\frac{2}{3}}\sqrt{S_0}}{n_r\cdot L} \tag{5-29}$$

式中，R 为计算河段水力半径；S_0为河段坡度；n_r 为河床糙率；L 为河段长度。结合水量平衡原理可确定当前河段的出流量 Q_{out}：

$$Q_{out}=Q_{in}-(V_c^{t+\Delta t}-V_c^t)/\Delta t \tag{5-30}$$

以上为本书所用模型的基本介绍，计算中涉及的众多流域、土壤、植被参数均具有明确的物理意义，根据流域实验结果和前人研究成果，可基本确定其合理的物理取值范围，并在此基础上利用优化算法完成参数率定工作，关于本模型的全面介绍请参考文献（Wigmosta et al.，1994；Wigmosta and Lettenmaier，1999）。

综合以上描述，与 Budyko 方法相比，水文模型的构建、率定及验证过程更为烦琐，但其内部采用了具有明确物理意义的方程来模拟流域降水径流过程，在开展径流模拟、贡献分解、未来预估等工作时，具有多方面的优势。首先，小时/日尺度的模拟能在更细的时间尺度上描述径流的年内过程；其次，水文模型根据植被、土壤的物理参数模拟降水后的产流过程，植树造林、水土保持等措施改变了区域内的植被类型和土壤物理特征，水文模型可以直接模拟人类活动中上述因素的影响；最后，绿水作为存储于土壤并以蒸发形式消耗的水资源，对于农业生产具有重要意义，水文模型可以在更精细的时空尺度上模拟土壤含水量和蒸散发的变化情况，并进一步识别下垫面条件对其造成的影响。

5.2 模型输入数据

分布式水文模型以气象因子、下垫面条件、人类活动等因素作为输入数据，在不同时空尺度上模拟水循环要素的演变。

5.2.1 气象

气象数据用来描述流域的气候变化情况，本书研究构建了日尺度的 DHSVM 模型，需要的气象数据包括逐日的降水、平均气温、风速、相对湿度、短波和长波辐射。其中，降水、平均气温、风速、相对湿度均为气象站实测结果，流域及周边地区气象、雨量及水文站点分布如图 5.1 所示，一共包括流域周边 5 个气象站点，流域内 24 个雨量站及河道（水库）5 个水文站点的长系列逐日观测资料。

历史期辐射根据气象站点实测日照时间、站点经纬度、日序等参数进行计算：

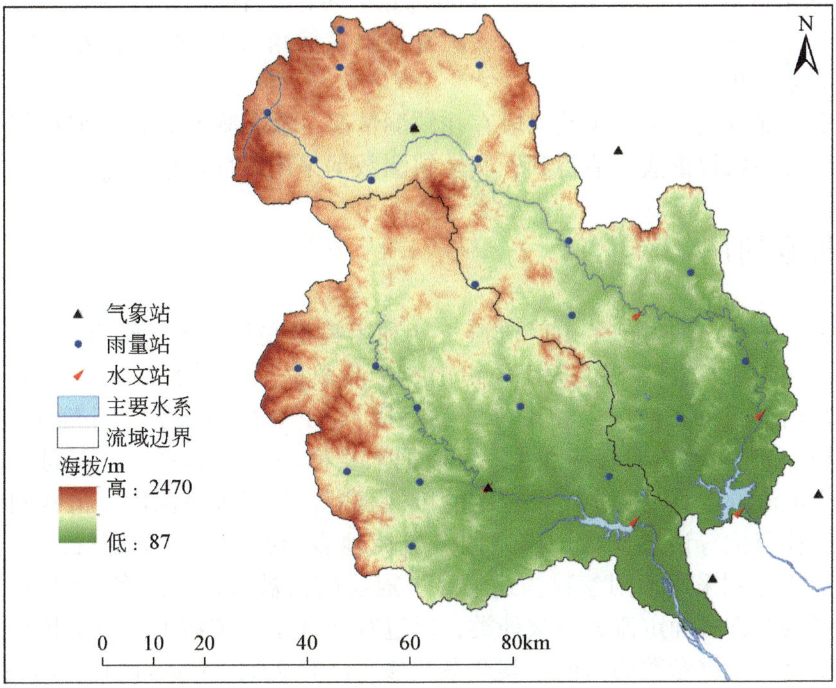

图 5.1　流域基本信息概况

$$\begin{cases} R_s = \left(a_s + b_s \dfrac{n}{N}\right) R_a \\ R_l = \sigma\left[\left(0.9\dfrac{n}{N} + 0.1\right)(0.39 - 0.058\sqrt{e_a}) + 1\right] T_{mean}^4 \end{cases} \tag{5-31}$$

式中，R_s、R_l分别为模型所需的短波、长波辐射输入；a_s、b_s分别为回归常数、回归系数，一般可取 $a_s=0.25$、$b_s=0.50$；n 为日照时间（h）；N 为最大可能日照时数（与日序相关）；R_a为地球外辐射[MJ/(m² · d)]，可根据太阳常数、磁偏角、日序计算；σ 为斯蒂芬-玻尔兹曼常数[4.903×10^{-9} MJ/(K⁴ · m² · d)]；e_a为实际水汽压(kPa)；T_{mean}为日均气温(℃)。主要参数计算过程如下：

$$\begin{cases} R_a = \dfrac{1440}{\pi} G_{sc} d_r [\omega_s \sin(\varphi)\sin(\delta) + \cos(\varphi)\cos(\delta)\sin(\omega_s)] \\ d_r = 1 + 0.033\cos\left(\dfrac{2\pi}{365}J\right) \\ \delta = 0.408\sin\left(\dfrac{2\pi}{365}J - 1.39\right) \\ \omega_s = \arccos[-\tan(\varphi)\tan(\delta)] \\ N = \dfrac{24}{\pi}\omega_s \\ e_a = 0.6108 \cdot \exp\left(\dfrac{17.27T_{dew}}{T_{dew} + 237.3}\right) \end{cases} \tag{5-32}$$

式中，G_{sc}为太阳常数［0.0820MJ/(m^2 · min)］；d_r为日地平均距离；J为日序（$J=1$，2，…，365/366）；ω_s为日出时角（弧度）；δ为太阳磁偏角（弧度）；φ为气象站纬度（弧度）；T_{dew}为露点温度（℃）。

在实际中，部分气象站点少数时段存在缺测情况，缺测降水数据根据相邻最近四个站点的数据采用反距离权重法插值得到，其余缺测数据采用线性插值进行补全。

5.2.2 土地利用

本书第3章中已详细讨论了山区流域土地利用类型变化情况。综合数据空间分辨率、精度等因素，在构建水文模型时选用了MODIS产品数据，图5.2（a）为大清河山区最近一期的土地利用空间分布情况。MODIS产品采用IGBP全球植被分类计划中的分类标准，将土地利用划分为18种类型（表3.12）。根据水文模型的基本原理，不同土地利用类型在参与降水产汇流的计算过程中涉及分层的植株高度、分层根系深度、植株间距、逐月叶面积指数、气孔阻抗等诸多参数。模型假定流域地表植被分上、下冠层，当上冠层（林地）存在时，需分别采用不同参数描述上、下冠层的植被特征，至多对应29个参数。本书采用实地考察的方式确定流域植被种类，通过查询《中国植物志》设定植株高度、叶面积指数年内变化等关键参数的初值，其余参数参照已有文献（Cuo et al.，2011；Pan et al.，2017）中各参数的推荐取值范围来设定合理初值。

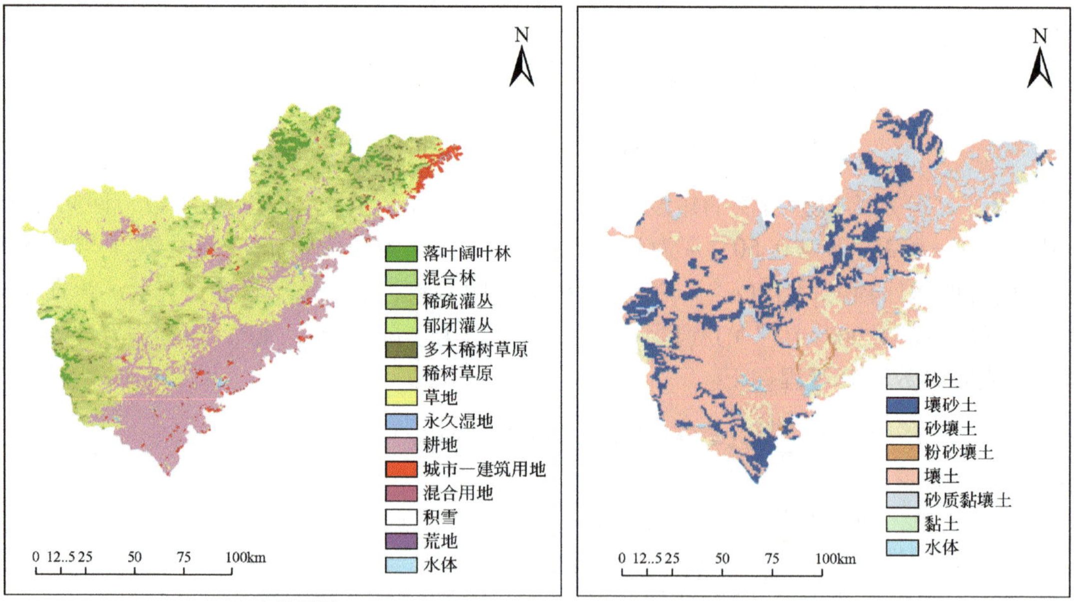

(a)土地利用　　(b)土壤

图5.2　流域山区下垫面空间信息

需要说明的是，最近二十多年来大清河山区的土地利用类型呈现出了较大变化，而原水文模型只能采用固定年份的土地利用数据作为输入，因此模拟的理论情况与实际过程存在较大差异。本书对水文模型的内部输入模块进行了调整，通过不同年份的判断实现了逐年土地利用类型数据的动态输入，能更准确地模拟流域水文过程。例如，本书采用 2006 ~ 2013 年的气象水文资料完成了水文模型参数的率定和验证工作，在模型的输入中也分别采用每年一期的 MODIS 土地利用数据来模拟相应年份的水文过程。

5.2.3 土壤

本章水文模型构建中首先根据世界土壤数据库（Harmonized World Soil Database，HWSD）土壤数据建立土壤数据库，采用土壤-植物-空气-水（soil plant air water，SPAW）模型中的分类方法，根据 HWSD 土壤数据中砂土和黏土的比重将土壤划分为壤土、砂土、黏土等 12 种类型［空间分布见图 5.2（b），具体定义见表 5.2］。同时，区域内持续的坡耕地改造措施改变了土壤孔隙度、导水率等物理性质，从而影响了流域降水的产汇流过程。已有研究表明，梯田对降水产流的影响较大，我国梯田的平均减流比例为 48.9%，其中坡度适宜且上覆林地（退耕还林后在原梯田处植树造林）、耕地的梯田减流比例可以超过 90%（Chen et al.，2017）。因此，本章将耕地划分为普通耕地和梯田耕地两类，梯田的空间分布由 0.15m 分辨率的 Google Earth 影像和 15m 分辨率的 Landsat 数据综合确定。除梯田以外，水体、硬化下垫面等特殊地区也需设定相应的土壤参数。例如，降水发生在水面和硬化下垫面上时将直接产生径流，其入渗能力设置为 0；而梯田区域则可通过提高土壤孔隙度和持水能力，来减少其降水产流量。

表 5.2 土壤属性参数表

编号	类型名称（中）	类型名称（英）	定义
1	砂土	sand	砂粒比重 85% 以上
2	壤砂土	loamy sand	砂粒>85%，粉砂、黏粒均<15%
3	砂壤土	sandy loam	砂粒 55% ~ 85%，粉砂<45%，黏粒<15%
4	粉砂壤土	silt loam	砂粒<55%，粉砂>45%，黏粒<15%
5	壤土	loam	砂粒 40% ~ 55%，粉砂 30% ~ 45%，黏粒<15%
6	砂质黏壤土	sandy clay loam	砂粒 55% ~ 85%，粉砂<30%，黏粒 15% ~ 25%
7	粉质黏壤土	silty clay loam	砂粒<40%，粉砂 45% ~ 85%，黏粒 15% ~ 25%
8	黏壤土	clay loam	砂粒 30% ~ 55%，粉砂 20% ~ 45%，黏粒 15% ~ 25%
9	砂质黏土	sandy clay	砂粒 55% ~ 75%，粉砂<20%，黏粒 25% ~ 45%
10	粉质黏土	silty clay	砂粒<30%，粉砂 45% ~ 75%，黏粒 25% ~ 45%
11	壤质黏土	loamy clay	砂粒 10% ~ 55%，粉砂<45%，黏粒 25% ~ 45%
12	黏土	clay	砂粒<55%，粉砂<55%，黏粒 45% ~ 65%

最终，本次构建的 DHSVM 模型土壤数据库中将土壤划分为三层，为每一类土壤数据设定侧向水力传导系数、最大下渗率、反射率、田间持水量、孔隙度、凋萎含水量、土壤容重、土壤热传导率等共 17 个参数。其中，厚度、孔隙度等部分参数的初值通过查询中国土壤数据库进行设定，其余参数的初值设定与土地利用参数初值的设定方法相同，根据

已有文献（Cuo et al.，2011；Pan et al.，2017）中各参数的推荐取值范围进行设定（表5.3）。

表 5.3 DHSVM 模型参数缩写及其取值范围

参数	取值范围	单位	参数	取值范围	单位
流域参数			落叶阔叶林		
地表糙率（Gr）	0.001～0.030	m	上冠层根系占比（Or）	0.1～0.4	—
降雪气温（Tmin）	-3～0	℃	上冠层叶面积指数（LAIO）	5～10	m^2/m^2
参考高度（Rh）	30～70	m	上冠层反照率（Oα）	0.1～0.3	—
降水截留因子（Ri）	0.0001～0.0050	—	下冠层根系占比（Ur）	0.3～0.6	—
降水递减率（Pl）	-0.008～0	m/m	下冠层叶面积指数（LAIU）	0.2～2.0	m^2/m^2
气温递减率（Tl）	-0.01～0.01	℃/m	下冠层反照率（Uα）	0.1～0.3	—
壤土/砂壤土等			上冠层高度（Oh）	10～25	M
侧向水力传导系数（K_s）	10^{-5}～10^{-3}	m/s	下冠层高度（Uh）	0.3～3.0	M
侧向衰减系数（f）	1～5	—	最大气孔阻抗（Rmax）	2000～8000	s/m
深度阈值（Dt）	0.01～100.00	m	上层最小气孔阻抗（RmaxO）	200～1000	s/m
最大下渗率（MaxI）	10^{-5}～1	m/s	下层最小气孔阻抗（RmaxU）	50～400	s/m
反照率（α）	0.05～0.40	—	湿度阈值（Mt）	0.05～0.50	m^3/m^3
曼宁系数（n）	0.0025～0.1500	—	饱和蒸汽压亏缺（Vp）	500～8000	Pa
孔隙度（ϕ）	0.35～0.70	m^3/m^3	光合作用短波辐射（Rpc）	5～60	W/m^2
孔径分布（Pd）	0.1～0.6	—	根系深度（Rd）	0.010～0.049	m
气泡压力（ψ_b）	0.01～1.00	m	草地/耕地等		
田间持水量（Fc）	0.15～0.45	m^3/m^3	下冠层根系占比（Ur）	0.3～0.6	—
凋萎含水量（Wp）	0.01～0.25	m^3/m^3	下冠层叶面积指数（LAIU）	0.2～2.0	m^2/m^2
土壤容重（Bd）	1000～3000	kg/m^3	下冠层反照率（Uα）	0.1～0.3	—
垂向水力传导系数（K_v）	10^{-5}～1	m/s	下冠层高度（Uh）	0.3～3.0	M
土壤热传导率（K）	1～10	W/(m·K)	最大气孔阻抗（Rmax）	110～1000	s/m
土壤热容量（C）	5×10^5～2×10^7	$J/(m^3\cdot K)$	最小气孔阻抗（Rmin）	10～200	s/m
落叶阔叶林			湿度阈值（Mt）	0.05～0.50	m^3/m^3
上冠层覆盖率（Oc）	0.5～1.0	m^2/m^2	饱和蒸汽压亏缺（Vp）	500～8000	Pa
辐射衰减系数（Ra）	0.05～0.40	—	光合作用短波辐射（Rpc）	5～60	W/m^2
树干高度系数（Ts）	0.4～0.6	m/m	根系深度（Rd）	0.01～0.17	m
空气动力学衰减系数（Aa）	1～5	—			

注：括号内为各参数名称缩写。

5.3 模型参数敏感性分析及结果验证

5.3.1 方法概述

1）参数敏感性分析

分布式水文模型中参数众多，同时选取所有参数开展模型的率定工作会极大地增加工作量，导致计算效率低下。对模型参数进行敏感性分析可以定量识别河道、土壤、植被等各参数对模拟结果的影响程度，为率定参数提供参考，提高模型参数率定的效率。同时，模型参数的不确定性也是影响模拟结果可靠度的重要因素，早已被国际水文科学协会列为水科学领域亟需解决的重点问题之一，而参数的敏感性分析可实现水文模型参数降维，有助于减少复杂水文模型过参数化现象。

国内外学者采用不同的数学方法识别模型参数的敏感性，总体上可分为局部敏感性和全局敏感性两类分析方法，其中局部敏感性分析方法只考虑单参数对模拟结果的影响，而全局敏感性分析方法可考虑参数间的交互作用，在近年的研究中有着广泛的应用。常用全局敏感性分析方法主要包括莫里斯（Morris）方法、方差分析法（analysis of variance，ANOVA）、索博尔（Sobol）方法、区域敏感性分析（RSA）等（刘松等，2019；蔡开奎等，2022；苟娇娇等，2022；Tang et al.，2007）。基于前人比较结果，ANOVA 方法及 Sobol 方法相对更优，其中 Sobol 方法对参数的敏感性排序结果更为可靠，而 ANOVA 方法在计算效率上更有优势。

研究区涉及多种土壤和植被类型，参与模型计算的参数有数百种之多，因此本章采用 ANOVA 方法分析 DHSVM 模型中单参数的敏感性和双参数的协同效应，选取敏感的参数开展模型率定工作。在应用中，为待分析的 M 个参数根据其物理意义给出参数变化范围 $[a_i,\ b_i]$（$i=1,\ 2,\ \cdots,\ M$），将各参数按照划分好的区间等间隔分组（表 5.3）。进一步采用分析不同参数变化对模拟值与实测值间差异的贡献大小，确定模型中物理参数对模拟结果的影响力。根据流域内主要土壤类型及植被类型，选取其主要物理参数进行敏感性分析，表 5.3 内各参数均综合分析了前人实验和模拟结果选取物理意义合理的取值范围（Cuo et al.，2011；Pan et al.，2017），亦可参考模型网站详细介绍（https://www.pnnl.gov/projects/distributed-hydrology-soil-vegetation-model）。

ANOVA 方法的原理概述如下：假设模型误差（如纳什效率系数、平均绝对偏差等）服从正态分布，ANOVA 方法可以定量评估每个参数样本产生的平均模拟误差间的差异。根据表 5.3 中各参数取值范围，ANOVA 方法在参数取值范围内进一步分组（等间距）。根据统计学概念，水文模型中的参数统称为“因子（factor）”，任一参数分组则被称为该“因子”的水平（level）。一般将模型误差作为模型的输出结果，ANOVA 方法将结果分为整体均值、主要因子效应、因子相互作用和误差项。理论上，ANOVA 方法可以捕获从第一阶（单个参数的主要影响）到全部阶影响（即包括所有参数相互作用在内的影响）的范围。然而，分布式水文模型结构复杂，计算能力的限制导致其无法求解复杂模型的全部阶影响，不过先前的研究也表明第二阶影响（双参数间的相互作用）通常足以描述模型输出的方差（Tang et al.，2007）。因此，本书重点关注 ANOVA 模型中的第一阶和第二阶影响，将模型输出结果 Y 分解为第一阶和第二阶。

$$Y_{ijk}=\mu+\alpha_i+\beta_j+(\alpha\times\beta)_{ij}+\varepsilon_{ijk} \tag{5-33}$$

式中，μ 为 Y 的总体平均值；i 和 j 分别为因子（参数）A 与 B 的水平；α_i 与 β_j 分别为 i 水平的 A 因子和 j 水平的 B 因子对模拟结果的影响；$(\alpha\times\beta)_{ij}$ 为 A、B 因子间的相互作用；误差项 ε_{ijk} 为无法由第一阶、第二阶影响所解释的结果部分；k 为模型结果的第 k 个输出项。

本模型中待分析参数较多，即便在遍历分析中只考虑第一阶、第二阶因子影响，仍然会导致计算效率非常低下。因此，本书在进行两参数方差分析时，采用了迭代部分因子设计（iterated fractional factorial design，IFFD）方法来提高计算效率。IFFD 方法主要用于从大量参数中寻找敏感参数，敏感参数不仅包括对结果存在显著线性或非线性影响的参数，也包括与其他参数存在明显关联的参数。与一般的随机抽样方法相比，IFFD 方法主要有以下两方面的不同：①参数不再从连续的值域中抽取，而是划分为低（L）、中（M）、高（H）三个等级；②随机抽样过程满足正交化部分因子设计要求。IFFD 方法通过对基本的正交部分因子设计（orthogonal fractional factorial design，OFFD）进行多次迭代实现，其具体计算步骤如下：

（1）构建 n 阶哈达玛矩阵，其为只包含 1 和 -1 两类元素的正交方阵，且有 $\boldsymbol{H}'_n\boldsymbol{H}_n=n\boldsymbol{I}_n$，其中 $\boldsymbol{I}_n$ 为 n 阶单位方阵。当 $n=2$ 时，二阶哈达玛矩阵如下：

$$\boldsymbol{H}_2=\begin{pmatrix}1 & -1\\ 1 & 1\end{pmatrix} \tag{5-34}$$

根据哈达玛矩阵的上述性质，n 阶的哈达玛矩阵 $\boldsymbol{H}_n$ 可以将 n 个变量分别划分为两个等级，其中 1 和 -1 分别表示高（H）、低（L）等级。矩阵中列向量表示某一个参数的取值，而行向量代表一次模拟，$\boldsymbol{H}_n$（i，j）表示第 j 个参数在第 i 次模拟中的取值。

（2）基于哈达玛矩阵构建维度为 $2n\times n$ 的新矩阵 $\boldsymbol{J}_n=(\boldsymbol{H}'_n,\ \boldsymbol{H}'_n)'$，新矩阵满足以下关系：

$$\boldsymbol{J}_n(i+n,j)=-\boldsymbol{J}_n(i,j)\quad i\leqslant n \tag{5-35}$$

（3）随机分配模型参数至矩阵 $\boldsymbol{J}_n$ 中的某一列，当参数数量 N 超过矩阵列数 n 时，部分参数将会分配至同一列。若某一次迭代中，多个参数被分配至同一列，则无法从本次迭代中识别各参数的具体影响，因此随机抽样中进一步引入方向的概念。

（4）每一个参数均随机定向，对于正向参数，1 和 -1 分别表示高（H）、低（L）等级；对于逆向参数，则恰好与之相反。假设 m 表示迭代次数，第 i 次模拟中的参数 A 可表示为

$$X_A^m(i)=S_A^m\cdot\boldsymbol{J}_n(i,C_A^m) \tag{5-36}$$

式中，S_A^m 为第 m 次迭代中参数 A 的方向（为 1 或 -1）；C_A^m 为参数 A 随机分配的列数，有 $C_A^m\in[1,\ n]$。

（5）迭代过程中，随机将方向变量 S_A^m 设置为 0，即参数 A 取值为 0，表示其在第 m 次迭代中对应中（M）等级，从而将参数由原本的两层等级转化为三层等级。

（6）确定参数的影响。令 Z_j 为从矩阵 $\boldsymbol{J}_n$ 中选取的第 j 列（参数），令 Y^m（i）为第 m

次迭代时第 i 次模拟的最终模型输出结果，在第 m 次迭代中，参数 Z_j 对结果的主要影响由下式计算：

$$ME_m(Z_j, Y^m) = \frac{1}{n}\sum_{i=1}^{2n} \boldsymbol{J}_n(i,j) \cdot Y^m(i) \tag{5-37}$$

在整个抽样过程中，可进一步推求任一参数 A 对结果的主要影响：

$$ME(A, Y) = \frac{\sum_{m=1}^{M} S_A^m \cdot ME_m(Z_{C_A^m}, Y^m)}{\sum_{m=1}^{M} |S_A^m|} \tag{5-38}$$

式中，M 为总迭代次数，上式反映了参数对结果的线性影响，而非线性影响采用下式计算：

$$QE(A, Y) = \frac{\sum_{m=1}^{M}(1 - |S_A^m|) \cdot \sum_{i=1}^{2n} Y^m(i)}{2n\sum_{m=1}^{M}(1 - |S_A^m|)} - \frac{\sum_{m=1}^{M}|S_A^m| \cdot \sum_{i=1}^{2n} Y^m(i)}{2n\sum_{m=1}^{M}|S_A^m|} \tag{5-39}$$

本书基于上述方法筛选敏感参数，然后用 ANOVA 方法分析单个输入参数和双参数相互作用对模型输出（以径流为目标）的影响，本书选用模拟序列与实测序列间的纳什效率系数（Nash- Sutcliffe efficiency coefficient，NSE）、均方根误差（root mean square error，RMSE）、平均绝对偏差（MAE）进行定量评估。采用上述方法对水文模型进行参数敏感性分析的详细介绍也可参考文献（Pan et al.，2017）。

2）参数率定

本书基于敏感性分析的结果确定待率定的主要参数，以纳什效率系数（NSE）和平均绝对偏差（MAB）为优化目标，采用多目标遗传算法（nondominated sorting genetic algorithm Ⅱ，NSGA- Ⅱ）求得模型最优参数。该算法在传统遗传算法的基础上发展而来，以适应多目标寻优的需要。分布式水文模型以气象条件为输入，结合流域下垫面条件模拟不同情景下的水文过程，其模拟的状态变量包含土壤水、蒸发、径流等多个水循环要素。受数据资料条件限制，研究中通常以模拟径流的准确与否作为评判模型精度的依据，因此本节以径流模拟误差最小作为目标函数。

对于任一水文模型，可将模型概化为径流与气象条件相关的函数：

$$Q = f(C, \theta) \tag{5-40}$$

式中，Q 为径流；C 为气象因子（不同模型所需要的气象输入存在一定差异，DHSVM 模型所需的气象输入详见章节 5. 2. 1）；θ 为水文模型中包含的相关参数（DHSVM 模型中参与率定的参数及其取值范围见表 5. 3）。

以 NSE 作为模型优劣的评价指标时，传统遗传算法的实现步骤如下：

（1）初始化种群。假设种群数量为 M（如 $M=200$），即假定每一个参数均服从其取值范围内的均匀分布，生成 M 组满足上述假定的参数组。

（2）交叉。本次模型采用单点交叉的方式，从父系中交叉产生后代。对于父系 p_1 和 p_2，假设其上冠层高度的参数值分别为 15（二进制表达为 01111）和 20（二进制表达为 10100），二进制编码交叉流程概述如图 5. 3 所示，生成的子代转化为十进制分别为 12 和

23，且满足 $p_1+p_2=c_1+c_2$。依次类推，可以随机交叉得到其他参数的子代取值，即由父系 p_1 和 p_2 交叉生成了两组新的参数。重复这一过程 $M/2$ 次，即可生成 M 个新的个体。需要说明的是，虽然父系与子代之和相等（$p_1+p_2=c_1+c_2$），但其生成的子代存在三种不同情况：①$p_1-p_2>c_1-c_2$。此时，子代间的差异性相比父系有所减小；②$p_1-p_2=c_1-c_2$。此时，子代与父系完全相同；③$p_1-p_2<c_1-c_2$。此时，子代间的差异性相比父系有所增加。对于情况③，子代数值可能超出表 5.3 中的参数取值范围，本模型在寻优计算中约束了其取值范围（当生成的子代取值大于范围上限时取上限，小于范围下限时取下限）。

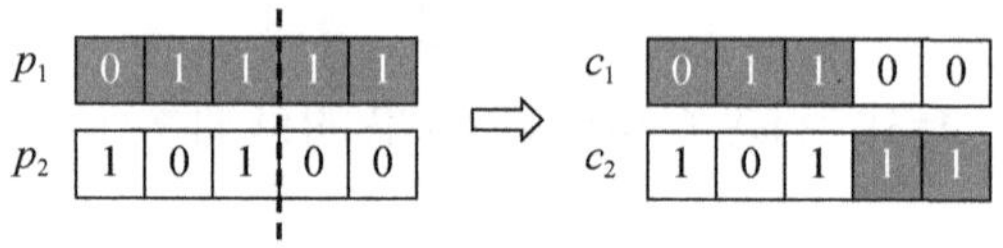

图 5.3　二进制单点交叉示意图

交叉点随机选取，选取后将交换父系交叉点后的数值，并生成新的子代

（3）变异。交叉过后生成的子代有一定几率发生变异（即 1 变为 0 或 0 变为 1），本次模型中取 0.05，每一个二进制数字的变异概率相同。

（4）选择。合并父系与子代，构建个体数量为 $2M$ 新种群，然后根据适应度选择新的父系（种群大小仍为 M）。对于水文模型而言，将每一组参数代入水文模型中，通过模拟率定期径流过程，并结合率定期内实测径流过程计算 NSE，评估所有个体（即每一组参数）的适应性。

（5）迭代进化。在交叉和变异后，合并父系与子代构建为新的种群，重复步骤（2）~步骤(4)，直至进化次数达到模型中设置的迭代上限 N，从而获取模型的最优参数估计结果。

传统的遗传算法在水文领域已得到广泛运用。例如，水文模型参数率定、水库优化调度等方向，但其无法同时对多目标进行优化。根据式（4-14），NSE 和 MAB 分别侧重不同径流过程的模拟。其中，NSE 计算了模拟与实测径流序列间误差的平方，洪水过程模拟误差对结果影响显著；与之相比，MAB 只考虑模拟与实测径流序列间的相对偏差，并不侧重某类径流过程的模拟精度，即平水期和枯水期的径流模拟误差对结果的影响程度与丰水期相同。前人已经在研究中指出水文模型应同时考虑不同时期的径流模拟精度（Fowler et al.，2018），因此本书同时以 NSE 和 MAB 作为率定目标。NSGA-Ⅱ算法引入了个体拥挤距离和精英策略选择算子，不仅明显提升了优化算法的计算效率，同时具备了多目标优化的能力，且其结果具有较好的收敛性和鲁棒性，是目前求解多目标优化问题的实用方法（Deb，2001；Deb et al.，2002）。在传统遗传算法的基础上，NSGA-Ⅱ算法的原理概述如下：

（1）初始化种群。与传统遗传算法一致，种群数量为 M。

（2）交叉及变异。与传统遗传算法一致，父系交叉变异后与子代合并为新种群（种群大小为 $2M$）。此后，NSGA-Ⅱ算法基于非支配排序和精英选择方法，实现多目标优化。

（3）非支配排序。传统的遗传算法基于适应度（即目标函数值）可直接实现选择操作，但面对多目标问题需综合考虑各个目标的优化程度，NSGA-Ⅱ算法通过引入非支配排序概念，将不同种群划分等级。假设存在目标 F1 和目标 F2，种群 A 与种群 B 的支配关系可分为三类：①种群 A 的模拟结果在 F1 和 F2 上均优于（等效于，至少有一个目标优于）种群 B，称种群 A 支配种群 B；②种群 B 的模拟结果在 F1 和 F2 上均优于（等效于，至少有一个目标优于）种群 A，称种群 B 支配种群 A；③种群 A 与种群 B 不能互相支配对方（如种群 A 的模拟结果在 F1 上优于种群 B，但在 F2 上劣于 B），称种群 A、B 为同一等级的帕累托解集。

（4）拥挤度计算。根据非支配排序原理，可将所有种群划分为若干个帕累托等级。假设需从中挑选 M 个个体作为父系进行交叉和变异，应按照帕累托等级从低到高的顺序（等级越低，则模型误差越小），将当前帕累托等级的全部种群纳入父系种群，直到某一等级的个体无法全部纳入父系种群（此时种群数量超过 M），此时需对比当前等级内各种群的拥挤度，优先放入拥挤度较大的个体，直至父系种群数量达到 M。对于目标数量为 n 的多目标问题，假设某一帕累托等级包含的个体数量为 m，记为 x_1，x_2，…，x_m，第 i（$1 \leqslant i \leqslant m$）个个体对应的适应度（即目标函数值）记为 $f_1(x_i)$，$f_2(x_i)$，…，$f_n(x_i)$，采用如下公式计算第 i 个个体的拥挤度：

$$d_i = \sum_{j=1}^{n} \frac{f_j(x_{i+1}) - f_j(x_{i-1})}{\max(f_j) - \min(f_j)} \tag{5-41}$$

式中，d_i为第 i 个个体的拥挤度，对每一个目标函数，将所有个体对应的适应度按大小进行排序；$f_j(x_{i+1})$ 和$f_j(x_{i-1})$ 分别为j 目标下与 i 种群邻近的两个种群对应的适应度（排序第一和最末的个体拥挤度为无穷大）；max（f_j）和 min（f_j）分别为j 目标下的最大和最小适应度值。拥挤度越大的种群表示该种群附近的种群数量越少，经交叉、变异后更容易产生多样化的后代，因此在同一帕累托等级下选择种群时优先考虑拥挤度较大的种群。

（5）重复步骤（2）～步骤（4）直至进化到迭代次数上限，从而获取模型的最优参数估计结果。

3）模型拟合效果评估

为评估模拟结果与实测结果的差异，采用的评估指标包括纳什效率系数（NSE）、平均绝对偏差（MAB）、相关系数平方（R^2）、均方根误差（RMSE）；其中，NSE 越接近于 1，说明模拟效果越好；R^2 越接近于 1，说明模拟序列与实测序列相关程度越高；RMSE、MAB 越小，则说明模拟序列与实测序列的误差越小。各项评估指标计算方法详见第 4 章中式（4-14）。

5.3.2 模型参数敏感性分析

本书选用 RMSE、MAE、NSE 三个指标描述模拟误差，以 F 检验评估表 5.2 中所有参数的敏感性，F 检验值越大说明参数对模拟结果的影响更为显著。表 5.4 中展示了大清河山区子流域最敏感的 20 个模型参数及其 F 检验值。表 5.4 内各参数名称缩写的中文含义见表 5.3，括号内字母表示该参数对应的植被和土壤类型，分别为落叶阔叶林（deciduous broadleaf forests，DBF）、郁闭灌丛（closed shrubland，CS）、耕地（croplands，C）、草地（grassland，G）、壤土（loam，L）、砂壤土（sandy loam，SL）、黏壤土（clay loam，CL）。

本模型在逐网格水量平衡的基础上，完成降水产汇流计算。模型将根据气象、水文站点的实测资料，通过插值（包括邻近站点移植、反距离权重法等）得到各个网格上的降水、气温等气象信息。本书选用反距离权重法插值得到各网格点上的气象数据，模型在反距离权重法中进一步引入了降水递减率参数来约束降水的空间变化特征，即参数值越小，降水沿程递减速率越快。前人研究表明，传统的率定过程不考虑降水输入的不确定性，会导致更大的模型参数误差，并影响模型预估结果（McMillan et al.，2011）。根据表 5.4 中单参数敏感性分析成果，不同误差指标的结果均表明降水递减率对水文模型的影响最为显著。该参数影响显著表明，在模型参数的率定和验证过程中必须考虑降水输入的不确定性。此外，流域参数中的降水截留因子（Ri）、地表糙率（Gr），植被参数中的叶面积指数（LAIO/LAIU）、根系深度（Rd）、气孔阻抗（Rmax/Rmin）、饱和蒸气压亏缺（Vp），土壤参数中的孔隙度（ϕ）、水力传导系数（K_s/K_v）、孔径分布（Pd）、曼宁系数（n）均是影响流域产流的主要因素。与之相比，降雪气温（Tmin），植被的上、下冠层高度（Oh/Uh）、湿度阈值（Mt）、光合作用短波辐射（Rpc）、空气动力学衰减系数（Aa），土壤热容量（C）、土壤热传导率（K）、土壤容重（Bd）等参数影响较小，F 检验值均小于 1。

表 5.4　大清河山区流域单参数敏感性分析结果

MAE		RMSE		NSE	
参数	F 值	参数	F 值	参数	F 值
Pl	1935.3	Pl	2445.1	Pl	1352.7
LAIO(DBF)	25.31	LAIO(DBF)	21.87	LAIO(DBF)	15.53
Pd(CL)	21.78	Pd(CL)	17.99	Vp(C)	11.25
Vp(C)	17.83	Vp(C)	15.56	Pd(CL)	10.00
Ri	15.91	ϕ(L)	13.44	Ri	8.26
ϕ(L)	15.54	Ri	12.23	ϕ(L)	7.29
Gr	12.67	Gr	10.75	Gr	5.93
Or(DBF)	11.68	K_v(L)	9.51	Rmax(DBF)	5.75
K_v(L)	11.50	Rd(CS)	9.06	K_v(L)	5.72
n(L)	10.62	n(L)	8.72	Rmax(C)	5.58
Rd(CS)	9.88	Or(DBF)	8.41	n(L)	5.24
Vp(G)	9.51	Vp(G)	7.99	Or(DBF)	4.99
Rmax(DBF)	8.15	Rmax(DBF)	7.09	ϕ(SL)	4.98
n(SL)	7.86	Rmax(C)	7.08	Rd(CS)	4.86
Rmax(C)	7.53	n(SL)	6.47	n(SL)	4.73
Ra(DBF)	7.18	Ra(DBF)	6.31	Ra(DBF)	4.69
α(L)	6.97	ϕ(CL)	6.21	ψ_b(L)	4.43
ϕ(CL)	6.86	ϕ(SL)	5.61	Vp(G)	4.37
K_s(SL)	6.06	K_s(SL)	5.48	Uα(C)	3.85
Rmin(C)	5.74	Vp(CS)	5.08	Vp(CS)	3.73

注：参数名称缩写详见表 5.3。

在单参数敏感性分析的基础上，进一步分析了双参数协同效应，在分析时只考虑相同土壤、相同植被、土壤-植被、流域-土壤和植被参数的协同作用，大清河山区流域较为敏感的双参数结果见表 5.5。结果表明，降水递减率和土壤孔隙度、林地叶面积指数间的联系最为紧密。此外，需要说明的是，参数敏感性分析结果表明径流对梯田土壤孔隙度、田间持水量等参数并不敏感（单参数 F 值均小于 2，未列入表中），这是因为模型采用的现状土地利用输入中梯田面积占比小（<5%），其参数变化对流域径流影响小。但未来流域梯田面积将随着水土保持措施的继续推行而增加，必须合理考虑梯田对降水产流的限制作用。根据前人在太行山区实验观测结果，梯田坡面区的土壤持水能力较草地坡面要高 10% ~25%（刘海翔等，2015）。因此，本章将梯田的土壤孔隙度和田间持水量提高 10% ~ 25%，拟定降水产流衰减率为 75%，通过数值模拟方法确定梯田下垫面的土壤参数。

表 5.5　大清河山区流域双参数协同效应

MAE		RMSE		NSE	
参数	F 值	参数	F 值	参数	F 值
Pl-ϕ(L)	26.93	Pl-LAIO(DBF)	31.73	Pl-LAIO(DBF)	15.12
Pl-Gr	24.87	Pl-ϕ(L)	26.45	Pl-ϕ(L)	14.77
Wp(L)-Rmax(C)	22.94	Pl-Gr	25.11	Wp(L)-Rmax(C)	13.00
RmaxU-LAIO(DBF)	22.71	Wp(L)-Rmax(C)	20.07	Pl-Gr	11.54
Pl-K_s(L)	22.45	Ri-Pl	19.18	Or-LAIO(DBF)	10.94
Or-LAIO(DBF)	19.15	Or-LAIO(DBF)	17.50	Fc(L)-LAI(CS)	10.42
Fc(L)-ϕ(L)	19.15	Fc(L)-ϕ(L)	16.03	K_v(L)-Rmin(C)	9.45
Ri-Pl	18.50	Fc(L)-LAI(CS)	12.85	Ri-Pl	9.19
Fc(L)-LAI(CS)	15.29	ϕ-Wp(L)	11.90	f-ϕ(SL)	8.78
K_s-n(L)	14.16	K_s-n(L)	11.17	ϕ-Wp(L)	8.25

5.3.3　模型结果验证

根据水文序列一致性分析结果，在对历史期人类活动取用水量进行还原之后，本书基于 2006 ~2013 年数据对模型进行逐日的率定和验证工作，其中以第一年作为模型预热期，2007 ~2010 年作为模型率定期，2011 ~2013 年作为模型验证期。为提升模型参数率定的效率，本书基于参数敏感性分析结果，选用较为敏感的参数完成参数率定，敏感参数及其率定时的取值范围见表 5.6；剩余非敏感参数仍采用设定的初值参与模型运算。在模型率定及验证时，西大洋水库以上流域、王快水库以上流域使用的水文数据分别为中唐梅站、阜平站的逐日径流序列（已还原人类活动取用水量）。

表 5.6　DHSVM 模型率定参数及其取值范围

参数	取值范围	最优值	参数	取值范围	最优值
Ri	0.000 030 ~ 0.003 000	0.002 041	Or(DBF)	0.1 ~ 0.4	0.4，0.4，0.2
Pl	-0.008 00 ~ 0.008 00	-0.000 34	LAIO(DBF)	5.00 ~ 10.00	7.66
Gr	0.001 ~ 0.030	0.026 564	Rmax(DBF)	2 000 ~ 8 000	2 000
Pd(CL)	0.10 ~ 0.60	0.33	LAI(C)	0.30 ~ 3.00	0.91
K_s(L)	0.000 010 ~ 0.001 000	0.000 998	Rmax(C)	110 ~ 1 000	242
K_v(L)	0.000 01 ~ 1.000 00	0.25 000	Rmin(C)	10.0 ~ 300.0	230.1
n(L)	0.002 5 ~ 0.150 0	0.005 0	Vp(C)	500 ~ 8 000	4770
ϕ(L)	0.500 ~ 0.650	0.530，0.530，0.513	Rd(C)	0.01 ~ 0.17	0.17
Fc(L)	0.250 ~ 0.500	0.400，0.406，0.406	Rd(CS)	0.01 ~ 0.17	0.17
Wp(L)	0.0500 ~ 0.2400	0.0900，0.0837，0.0810			

注：模型土壤分三层模拟，涉及土壤的参数值为多个，则分别对应上、中、下三层土壤参数，为单个值则表示三层土壤取同一参数值；植被 LAI 逐月变化，最优值表示最小月份的 LAI 取值（假定 1 月 LAI 最小，各月 LAI 与最小月份 LAI 的比值见表 5.7）。

表 5.7　不同植被类型逐月 LAI 比值假定

植被类型	月份											
	1	2	3	4	5	6	7	8	9	10	11	12
落叶阔叶林（DBF）	1.039	1.087	1.095	1.104	1.117	1.148	1.114	1.056	1.048	1.039	1.000	1.039
耕地（C）	1.275	1.560	1.560	1.560	2.923	2.780	2.659	1.989	1.549	1.330	1.000	1.275

图 5.4 展示了西大洋水库以上流域和王快水库以上流域模拟与实测径流的对比(2006 ~ 2013 年逐日径流过程)。结果表明。模拟与实测序列较为一致。西大洋水库以上流域在率定期 NSE = 0.68、R^2 = 0.73，验证期 NSE = 0.61、R^2 = 0.66，王快水库以上流域在率定期 NSE = 0.63、R^2 = 0.70，验证期 NSE = 0.60、R^2 = 0.68。模型日尺度模拟效果良好，大清河山区流域模拟结果主要受多方面因素影响：①与年、月尺度的模拟相比，连续逐日径流模拟更难确定模型参数，且受径流丰、平、枯的变化影响更大，精度相对偏低（黄清华和张万昌，2010；金君良等，2016)；②大清河流域人类取用水对径流的扰动较大，实地考察中发现河道沿岸存在小型沟渠引水灌溉，在进行水量还原计算时难以全部考虑，导致模拟时采用的实测径流与天然过程下的径流在年内分配和总量上存在一些差异；③大清河流域近年来水量较小，水文站在非汛期观测中采取月中测一次的方式，用该次测量值表示整月逐日径流，降低了模拟精度。

尽管模拟的日径流精度受到了一定的限制，但未来的预估中通常关注水资源在季节、年等大尺度上的变化情况。本次模拟的月径流过程与实测过程较为接近，各流域 R^2 值均在 0.80 以上，西大洋水库以上流域和王快水库以上流域的 NSE 值分别为 0.82、0.73。因此，可认为本次构建的模型能较好地模拟大清河山区水资源变化情况。

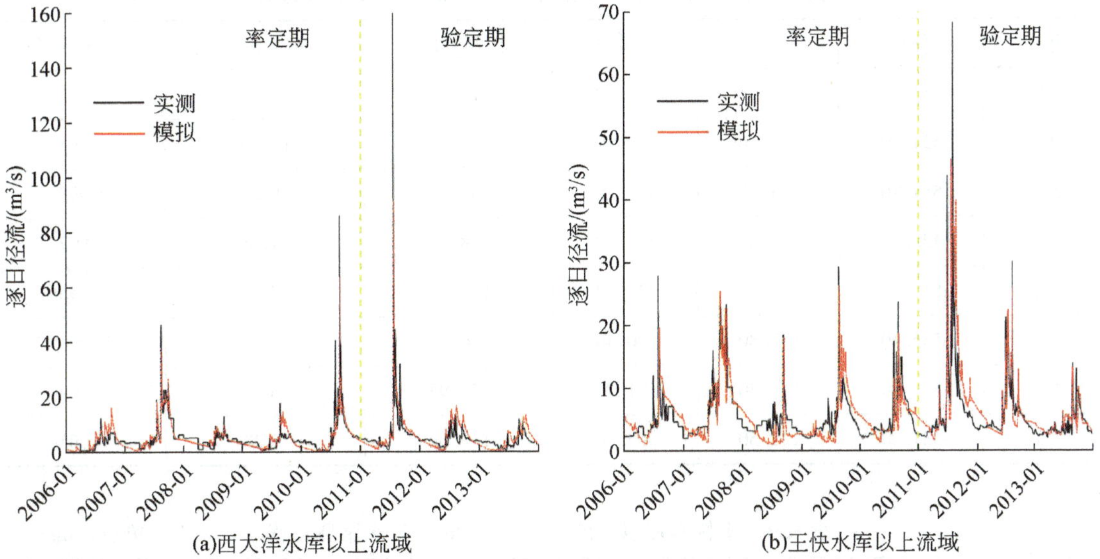

图 5.4 大清河山区逐日模拟和实测径流对比

5.4 流域水循环要素时空变化分析

5.4.1 水量平衡分析

基于分布式水文模型的模拟结果分析了山区子流域模拟期间的水量平衡过程，验证模型结果的合理性。由于大清河山区近年人类活动取用水量占天然径流量比重超过了 20%，本书进一步结合人类活动用水数据，分析了自然–社会二元驱动力作用下西大洋水库以上流域、王快水库以上流域的水量平衡过程。

基于模型模拟得到的各网格点在不同时刻的降水量、地表及土壤侧向出流、总蒸散发量、土壤含水量，确定流域面均水量平衡过程，根据网格点水量平衡公式（式 5-1），模型中以厚度表示网格中各水循环要素的大小（默认单位：m），将其单位转化为 mm 后，表 5.8 和表 5.9 展示了西大洋水库以上流域、王快水库以上流域 2006 ~ 2013 年水循环过程中主要分量的变化。各流域逐年降水量与产流、蒸散发、土壤水分蓄变量三者之和非常接近，水量平衡系数多年均值约等于 1，可认为本次构建的水文模型能较好地描述流域水循环过程。在天然过程中，流域降水主要转化为了蒸散发，西大洋水库以上流域及王快水库以上流域年均蒸散发占降水的比重分别为 79.2%、73.1%；降水转化为产流的部分主要以下渗形式补充地下水，通过地表、壤中流等形式补充地表径流的比例在西大洋水库以上流域和王快水库以上流域分别为 34%、42%。

表 5.8　西大洋水库以上流域 2006～2013 年水循环过程　　单位：mm

年份	降水	产流	蒸散发	土壤含水量	土壤水蓄变量	水量平衡系数
2006	481.10	90.20	437.40	129.48	—	—
2007	521.90	106.20	392.80	149.07	19.59	0.9980
2008	587.70	125.30	466.20	149.33	0.26	0.9983
2009	428.05	54.22	373.12	148.13	-1.20	1.0072
2010	512.33	85.82	427.12	147.73	-0.40	0.9956
2011	536.40	137.80	390.40	156.33	8.60	0.9997
2012	550.70	160.30	391.70	152.93	-3.39	0.9949
2013	531.00	132.50	405.70	147.04	-5.89	1.0054

表 5.9　王快水库以上流域 2006～2013 年水循环过程　　单位：mm

年份	降水	产流	蒸散发	土壤含水量	土壤水蓄变量	水量平衡系数
2006	692.20	187.30	511.10	107.30	—	—
2007	637.60	144.80	465.30	136.40	29.15	1.0027
2008	764.70	211.10	555.40	134.90	-1.52	1.0003
2009	565.93	95.15	467.19	139.36	4.46	1.0015
2010	723.24	193.78	532.86	135.94	-3.42	1.0000
2011	641.10	175.20	445.30	158.10	22.14	1.0024
2012	759.50	267.80	502.90	141.90	-16.18	0.9934
2013	654.90	174.70	497.80	127.70	-14.17	1.0051

基于流域用水数据，进一步分析了自然-社会二元作用下王快水库以上流域、西大洋水库以上流域的水循环过程（图 5.5 和图 5.6）。农业用水是流域内人类取用水的主要成分，分别占王快水库以上流域、西大洋水库以上流域总耗水量的 73.8% 和 80.9%。

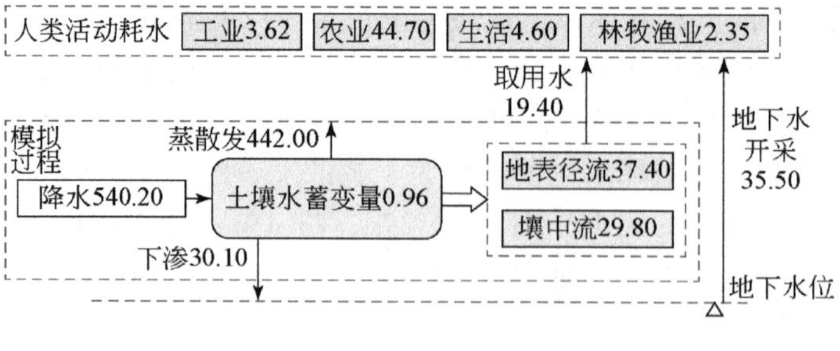

图 5.5　2006～2013 年西大洋水库以上流域年均水循环通量（单位：mm）

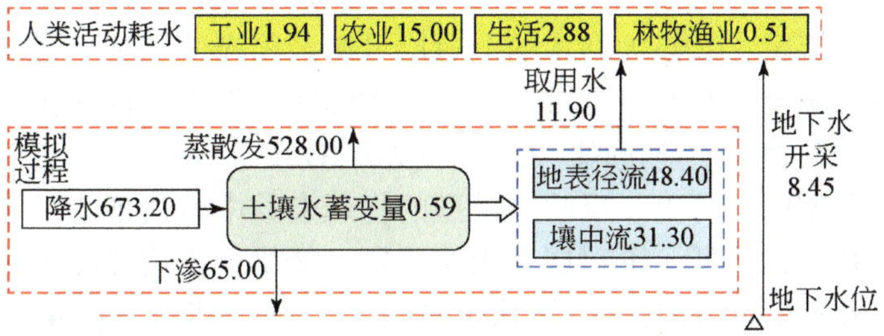

图 5.6　2006 ~ 2013 年王快水库以上流域年均水循环通量（单位：mm）

5.4.2　流域实际蒸散发量与土壤含水量的时空分布特征

1）多年平均情况

西大洋水库以上流域及王快水库以上流域内土壤含水量及实际蒸散发的空间分布情况如图 5.7 所示。西大洋水库以上流域和王快水库以上流域近年（2006 ~ 2013 年）平均土壤含水量分别为 148mm 和 135mm，年均蒸散发量分别为 411mm 和 497mm，水系分布及植被类型是影响流域土壤含水量和实际蒸散发的主要因素，导致了不同水循环要素在空间上的差异性。一方面，水系附近格点土壤含水量及蒸散发相对更高；另一方面，不同植被类型下对应的土壤含水量和蒸散发差异明显。对于土壤含水量，有林地>耕地>草地，其中林地与耕地的土壤含水量差异不大，草地则要偏低 60mm 左右；对于实际蒸散发，有耕地>林地>草地，其中耕地实际年蒸散发量较林地偏高 25 ~ 30mm，较草地偏高 80mm 左右。

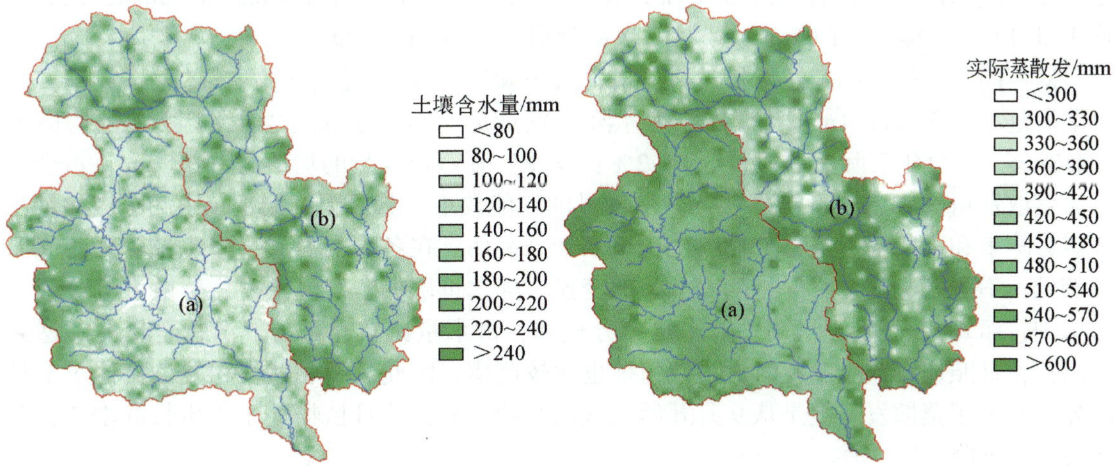

图 5.7　大清河流域 2006 ~ 2013 年均土壤含水量及蒸散发空间分布

（a）为王快水库以上流域，（b）为西大洋水库以上流域

造成上述变化的主要原因概述如下：①森林植被的存在有利于降水转入地下进行存储，减少地表直接产流量；②高大乔木的上冠层可遮蔽阳光，减少下冠层蒸腾及土壤蒸散发；③耕地为透气性壤土，有利于土壤蒸散发；④山区林地以刺槐为主，其叶片表面积较小，蒸腾量相较于阔叶林有明显下降。此外，按照 IGBP 植被分类方法，流域内林地类型主要为稀树草原。根据以上特点，反映在模型的物理参数中就表现为：①林地上冠层的存在导致穿透辐射量减少，降低了下冠层和土壤蒸发；②耕地土壤孔隙度更大，有利于大气与土壤进行水分交互；③林地上冠层气孔阻抗大，不利于蒸散发；④林地中树木密度较小，虽然林地蒸腾作用会消耗更深层次的土壤水，但影响并不显著。综上，植树造林可以起到涵养水源的作用，林地的增加在增强区域持水能力的同时，也会增加区域蒸散发量，但其对蒸散发的具体影响受树木类型和密度等多因素影响。

2）流域实际蒸散发量时空变化特征

根据西大洋水库以上流域和王快水库以上流域的实际蒸散发和土壤含水量多年平均统计结果，两个流域的水资源在量级上无明显差异，且各流域气候条件类似。因此，后续分析以西大洋水库以上流域为例，进一步探讨各水循环要素的年内、年际变化特征及其影响因素。

西大洋水库以上流域 2006 ~ 2013 年逐年的实际蒸散发量见图 5.8。其中：实际蒸散发量的年最大值出现在 2008 年，为 466.20mm，最小值出现在 2009 年，为 373.12mm，极值比为 1.25。根据实际蒸散发量的空间分布特征，在实际蒸散发量较高的年份中，流域蒸散发主要集中在耕地较为密集的流域下游区域。

图 5.9 和图 5.10 展示了西大洋水库以上流域 2006 ~ 2013 年实际蒸散发的月均值变化及年内变化情况，可以看出实际蒸散发量在 6 ~ 8 月相对较高，但是不同年份的月实际蒸散发量有所差别。2008 年和 2010 年 7 月的实际蒸散发量相较于 6 月和 8 月有明显的下降，主要是受降水因素的影响，2008 年和 2010 年 7 月的降水量分别为 76mm 和 52mm，而 6 月降水量分别为 124mm 和 97mm，8 月降水量分别为 137mm 和 168mm。

对不同季节的实际蒸散发量进行分析，大小顺序为夏季>春季>秋季>冬季。春季实际蒸散发量均值为 112.1mm，占全年实际蒸散发量的 23.4%；夏季实际蒸散发量均值为 264.3mm，占全年实际蒸散发量的 55.2%；秋季实际蒸散发量的均值为 100.8mm，占全年实际蒸散发量的 21.1%；冬季实际蒸散发量的均值较小。其原因可能是年内的蒸散发量与气温、降水和太阳辐射等季节性的变化关系十分密切。在冬季的时候，降水量较少，气温比较低，不利于蒸散发，但是随着季节的变换，降水量增加，气温上升，蒸散发量也会有所增加；而 6 ~ 8 月处于汛期，降水量十分充沛，供水量比较充足，气温在全年能够达到最高值，日照比较充足，此时大多数植被也比较茂盛，因此蒸腾和蒸发相较于其他季节较旺盛，有利于蒸散发。但是从 9 月开始，气温开始下降，而且植物处于非生长的季节，蒸散发能力下降。

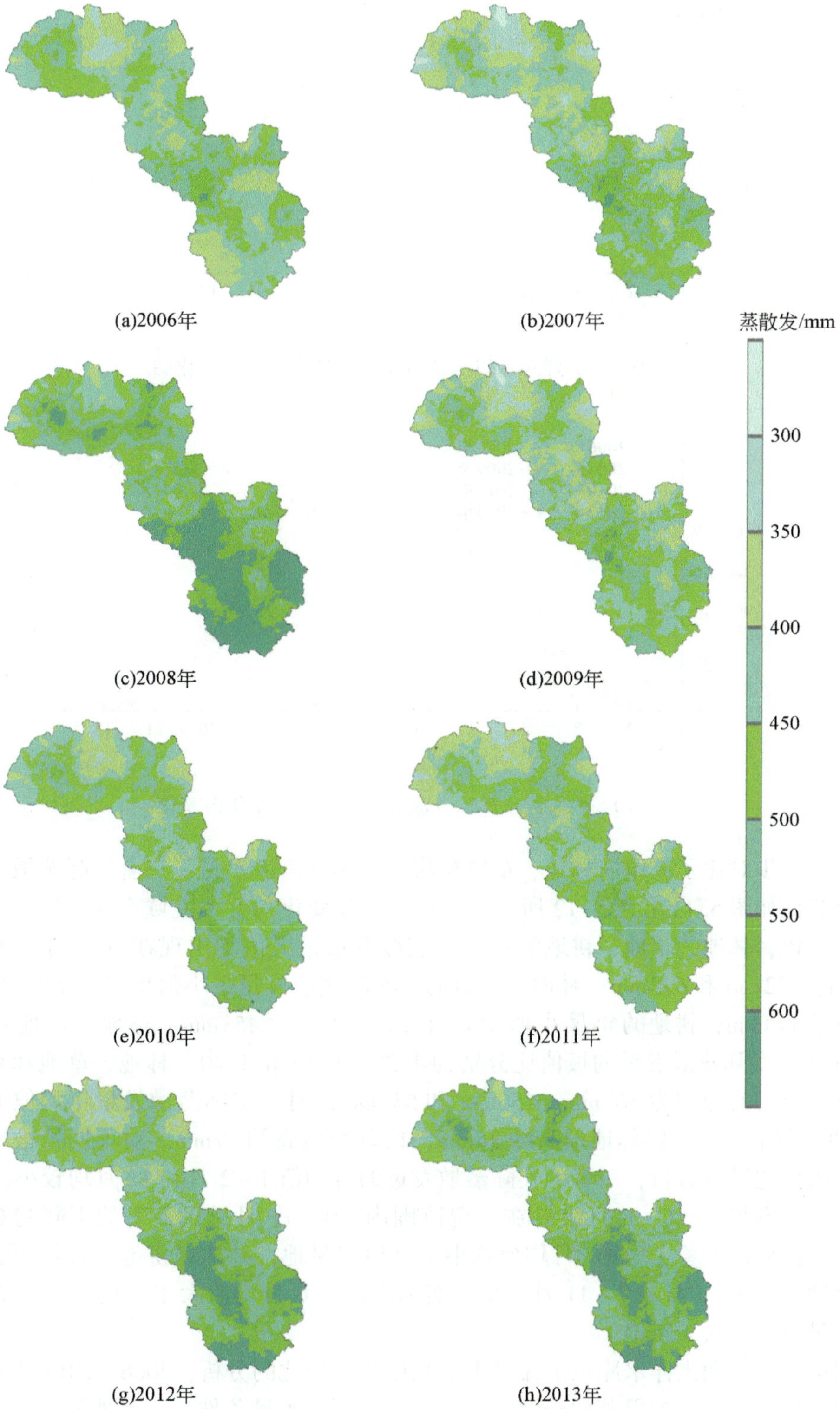

图 5.8　西大洋水库以上流域实际蒸散发变化（2006 ~ 2013 年）

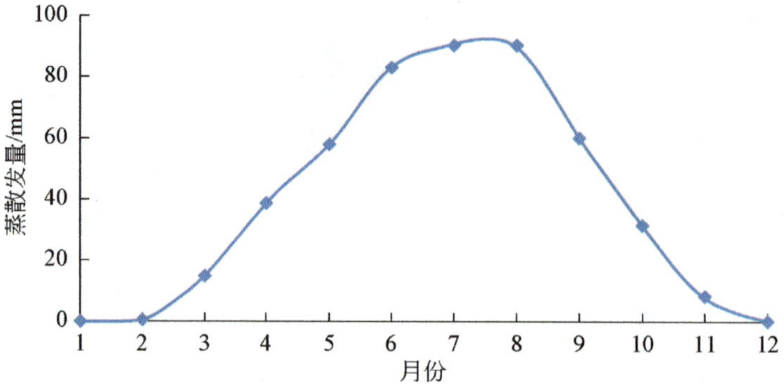

图 5.9　西大洋水库以上流域实际蒸散发量月际变化图

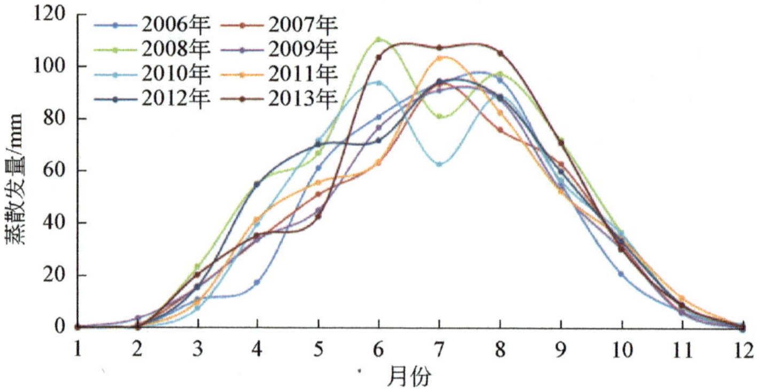

图 5.10　西大洋水库以上流域实际蒸散发量年内变化

本书进一步对比了流域内林地、草地和耕地的实际蒸散发量，三者实际蒸散发量的年际和年内变化如图 5.11 和图 5.12 所示。三者的年际变化与整个流域实际蒸散发量的年际变化基本一致，林地、草地、耕地的年实际蒸散发量最大值均出现在 2008 年，其值分别为 583mm、522mm 和 633mm；林地、草地的年实际蒸散发量最小值出现在 2007 年，分别为 468mm、413mm，耕地的年最小值出现在 2006 年，为 453mm。林地、草地和耕地在 2006～2013 年实际蒸散发量的极值比分别为 1.25、1.26 和 1.40。林地、草地和耕地实际蒸散发量的年均值分别为 507mm、456mm 和 533mm，对于实际蒸散发量年均值的顺序为耕地>林地>草地，耕地比林地偏高约 26mm，比草地偏高约 77mm。对不同植被实际蒸散发量的年内变化进行分析，三者的实际蒸散发量的月均值 1～2 月和 12 月均较小，2～6 月呈现显著的上升趋势，6～8 月维持在一定范围内，9～11 月呈现显著的下降趋势；对于 3～11 月，草地实际蒸散发量的月均值均小于林地和耕地，林地和耕地的月均值在不同月份有所差别，在 3～4 月和 7～11 月，耕地实际蒸散发量月均值大于林地，5～6 月林地实际蒸散发量月均值大于耕地。

根据第 3 章对西大洋水库以上流域土地利用类型变化的分析，2006～2013 年草地向耕地和林地发生了转变，如果其他外部条件不变，相同降水量条件下，草地的实际蒸散发量小于林地和耕地，那么流域的实际蒸散发量增加，进而会减少流域的产流量。

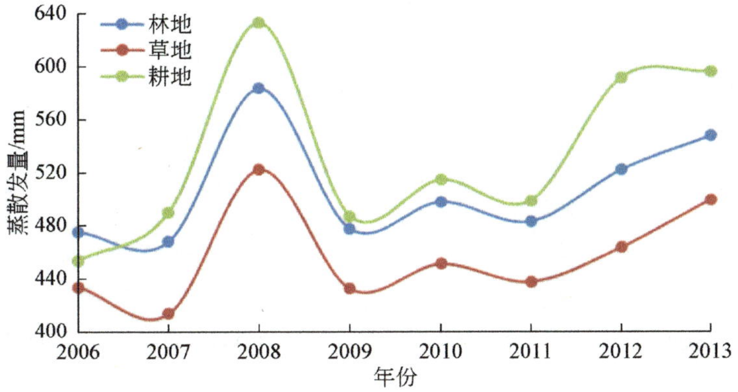

图 5.11　林地、草地、耕地的实际蒸散发量年际变化

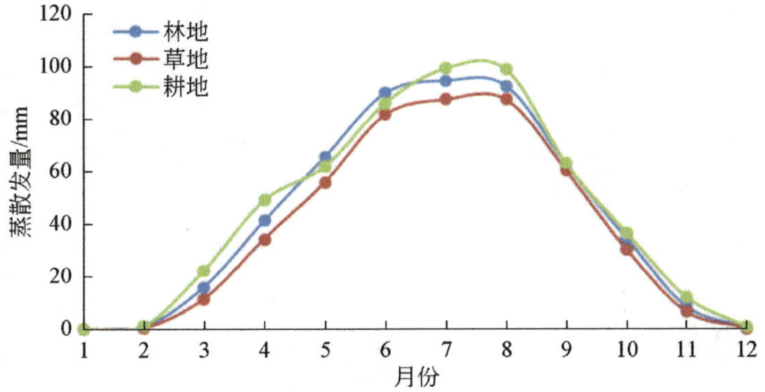

图 5.12　林地、草地、耕地的实际蒸散发量年内变化

3）流域土壤含水量时空变化特征

西大洋水库以上流域 2006 ~ 2013 年的逐年土壤含水量变化过程如图 5.13 所示。流域内土壤含水量在模拟期间呈增加趋势，多年平均土壤含水量为 147.5mm，2012 年的土壤含水量最大，为 157.2mm，2006 年最小，为 122.5mm，极值比为 1.28。根据图 5.13 中土壤含水量的空间分布可以发现，在土壤含水量较高年份中（2008 年、2011 年、2012 年、2013 年），土壤含水量高值主要出现在西大洋水库以上流域的西北部和下游区域，这是由于上游山区植被覆盖度较好，有较强的水源涵养能力，而流域下游区域汇集水量较多，有更为充足的水量补给条件。

图 5.14 为西大洋水库以上流域 2006 ~ 2013 年土壤含水量的年内变化情况，可以看出土壤含水量在 9 月最高，为 169.0mm，6 月最低，为 122.7mm；4 ~ 7 月土壤含水量的月均值相对较低。土壤含水量月均值在 3 ~ 6 月呈显著下降趋势，6 ~ 9 月呈显著的上升趋势，其原因可能是 3 月之后气温升高，土壤水分蒸散发量增加，但这一时期降水并未有明显变化，导致区域土壤含水量减少；而 7 ~ 8 月的降水比较充沛，继而土壤含水量升高；在 9 月达到最高点的可能原因是 9 月的气温较 7 ~ 8 月低，土壤蒸散发量相对减少，土壤含水量增加。

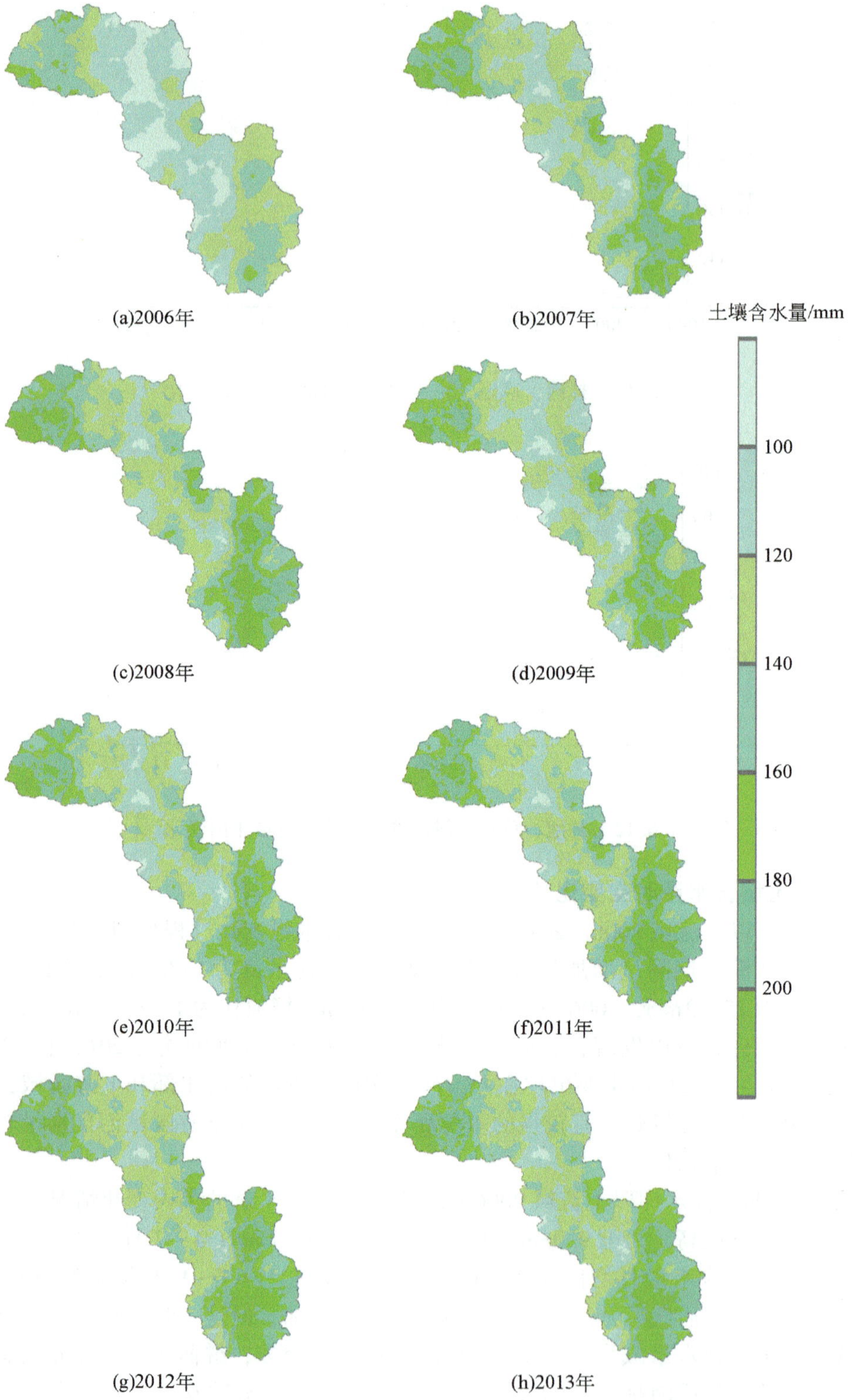

图 5.13　西大洋水库以上流域土壤含水量变化（2006 ~ 2013 年）

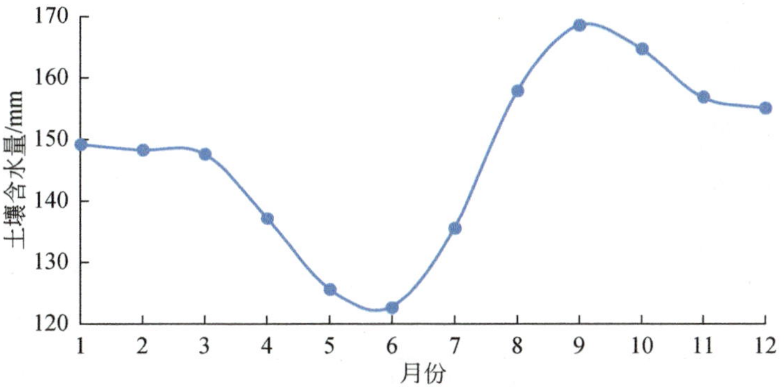

图 5.14　西大洋水库以上流域土壤含水量年内变化

本书进一步对比分析了流域内林地、草地和耕地的土壤含水量变化情况（图 5.15 和图 5.16）。三种植被类型对应的土壤含水量呈现出相似的年际变化特征，林地、草地、耕地的年土壤含水量最大值均出现在 2012 年，其值分别为 197mm、130mm 和 198mm；最小值出现在 2006 年，分别为 152mm、106mm、140mm。林地、草地和耕地在 2006 ~ 2013 年土壤含水量的极值比分别为 1.30、1.23 和 1.41。林地、草地和耕地土壤含水量的年均值分别为 186mm、124mm 和 181mm，土壤含水量的年均值变化顺序为林地>耕地>草地，但是林地和耕地基本相差不大，林地比草地偏高约 62mm。对不同植被土壤含水量的年内变化进行分析，草地在 1 ~ 12 月土壤含水量的月均值均小于林地和耕地，且三者土壤含水量的月均值 4 ~ 7 月均较小，其中 3 ~ 6 月呈现显著的下降趋势，6 ~ 9 月呈现显著的上升趋势，与流域土壤含水量的年内变化基本一致。而林地和耕地总体相差不大，但是在4 ~ 7 月耕地的土壤含水量月均值小于林地。

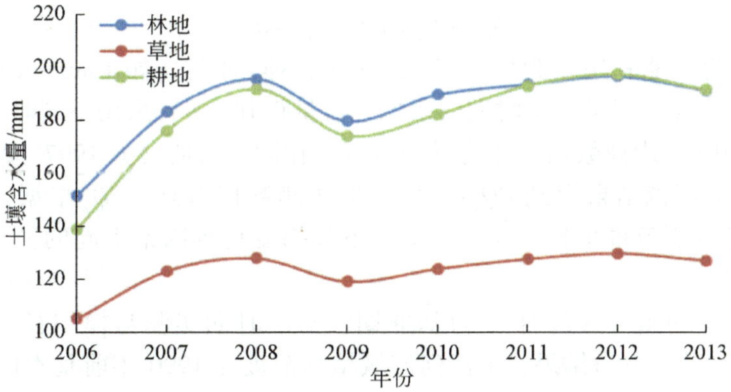

图 5.15　林地、草地、耕地的土壤含水量年际变化

在模拟期间（2006 ~ 2013 年），流域内草地向耕地和林地发生了转变，如果其他外部条件不变，相同降水量条件下，林地和耕地的土壤含水量大于草地，能够储蓄更多水量，那么流域的土壤含水量增加，下渗量增加，进而导致流域产流量减少。

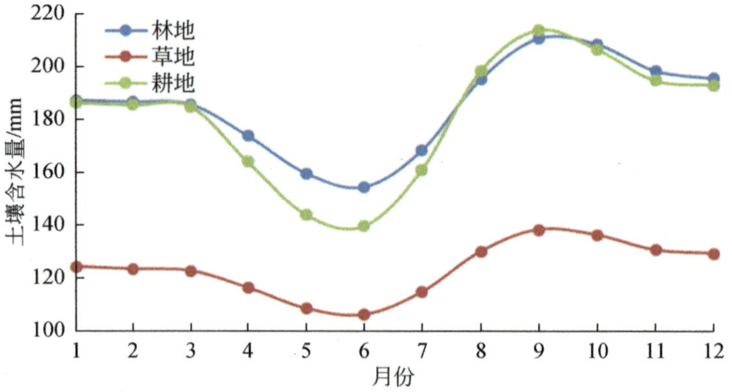

图 5.16　林地、草地、耕地的土壤含水量年内变化

5.5　基于分布式模拟的地表径流演变贡献分解

本书基于构建的水文模型，进一步分解了气候变化和人类活动因素对流域径流的影响，在大清河山区不同子流域分析了不同时期年径流减少的成因。与 Budyko 方法类似，将实测径流序列变化量记为 dQ；影响径流的外部因素包括气候变化（记为 dQ_c）、人类活动取用水量（dQ_w）以及水土保持措施对径流的影响。其中，水土保持措施包括工程措施与生物措施，工程措施包括治坡、治沟、小型水利工程等，且多为小型工程，难以统计并用物理模型进行描述；与之相比，生物措施主要为植树造林，可以根据植被变化来模拟其具体影响。因此，本书将植物覆被变化对径流的影响记为 dQ_v，水土保持措施中工程措施的具体影响记为 dQ_s。上述各变化量间有如下关系：

$$dQ = dQ_c + dQ_v + dQ_w + dQ_s \tag{5-42}$$

式中，采用同一期土地利用作为模型输入，模拟不同时期（如 1980 ~ 1996 年和 1997 ~ 2013 年）的径流变化，根据两个时期的模拟径流量得到 dQ_c；采用不同时期土地利用数据（如 1990 年和 2010 年影像数据）作为模型输入，在同一时期（如 1997 ~ 2013 年）开展模拟，根据两次径流模拟结果得到 dQ_v；dQ 根据实测数据得到；dQ_w 根据人类耗水数据得到；dQ_s 根据上述四者反推得到。人类活动及下垫面变化等因素引起的径流变化可表示为 $dQ_h = dQ_v + dQ_w + dQ_s$。

大清河流域以 1960 ~ 1979 年作为基准期，不同时期实测与模拟径流的变化量见表 5.10。根据下垫面变化分析结果，大清河流域植物覆被在 1990 年前基本保持稳定。因此，对大清河流域 1980 ~ 1996 年做径流归因分析时，不考虑植被变化的影响；在分析 1997 ~ 2013 年大清河流域径流演变成因时，以 1990 年土地利用数据表示早期流域下垫面情况，以 2001 ~ 2013 年的逐年土地利用数据表示近期流域下垫面情况，对比两种情况下模型模拟结果来分析植物覆被改变对降水产流的影响。

表 5.10 流域年径流变化贡献分解 单位：亿 m^3

时期	流域	dQ	dQ_c	dQ_v	dQ_s	dQ_w	dQ_h
1980 ~ 1996 年	西大洋水库以上流域	-1.66	-0.29	—	-0.95	-0.42	-1.37
	王快水库以上流域	-2.34	-0.52	—	-1.41	-0.41	-1.82
1997 ~ 2013 年	西大洋水库以上流域	-3.15	-0.82	-0.52	-1.11	-0.70	-2.33
	王快水库以上流域	-4.41	-1.46	-0.68	-1.69	-0.58	-2.95

在 1980 ~ 1996 年，气候变化对流域水文过程的影响相对较小，约 20% 的径流衰减是由气候变化引起的；与基准期相比，1997 ~ 2013 年西大洋水库以上流域和王快水库以上流域气候变化对径流影响的贡献率分别为 26% 和 33%，植被变化对径流影响的贡献率为 16% 左右，人类耗水使得径流下降了 22% 和 13%，水土保持措施对径流变化的贡献率为 35% ~ 38%。综上，坡耕地改造、坡林地治理改变了流域下垫面条件，降水产流能力大幅下降是径流衰减的最主要影响因素。同时，全球气候变化对流域水资源的影响在加剧。

5.6 本章小结

本章根据历史期气象、下垫面、社会经济数据，构建了流域分布式水文模型，基于模型参数的敏感性分析成果，完成了模型的率定和验证工作，分析了流域水资源的时空变化规律，识别了径流与不同驱动因素间的响应关系。主要结论如下：

（1）根据参数敏感性分析结果，降水递减率对模拟结果的不确定性影响显著，是最敏感性的影响因子。此外，叶面积指数、降水截留因子、气孔阻抗、土壤孔隙度及水力传导系数等也对模拟结果有较大影响。

（2）基于逐日径流模拟结果，DHSVM 模型率定和验证期的 NSE 和 R^2 均高于 0.6，表明本书构建的水文模型能较好地反映流域水循环特征。此外，模拟结果表明各流域内水量平衡系数多年均值接近 1，多年土壤水分蓄变量接近 0，模型模拟结果验证了流域水储量在长时间尺度内基本不变这一假设。

（3）实际蒸散发量与土壤含水量在年际变化上均呈增加趋势，与气象因子的变化规律基本一致，即降水和辐射的增加为流域提供了更好的水热条件。实际蒸散发量在季节上呈现出夏季>春季>秋季>冬季的趋势，其中夏季实际蒸散发的均值为 264.3mm，占全年总蒸散发的 55.2%。流域降水主要集中在每年的 7 ~ 8 月，土壤含水量在 7 ~ 9 月随之呈现出显著的上升趋势，并在之后呈持续下降趋势；受 4 ~ 6 月气温升高的影响，同时段土壤含水量降幅较为明显。

（4）模型模拟结果表明水系分布及植被类型是影响流域土壤含水量和实际蒸散发的主要因素。多年平均蒸散发量表现为耕地>林地>草地，其中耕地比林地偏高约 26mm，比草地偏高约 77mm；土壤含水量表现为林地>耕地>草地，其中林地和耕地相差不大，林地比草地偏高约 62mm。不同植物覆被条件下，实际蒸散发量和土壤含水量在年内呈现出相似的变化规律，与流域整体统计量的年内变化一致。

（5）人类活动导致的下垫面变化是径流减少的最主要因素。人类耗水、植树造林、水土保持措施等人类活动因素可以解释大清河山区流域超过 70% 的径流衰减。同时，全球气候变化对流域水资源的影响在加剧，其中降水减少是气候变化中最主要的影响因素，而能量收支变化则会略微增加径流量。

第 6 章　水循环对未来环境变化的响应模拟

本章基于构建的流域水循环模拟模型，根据全球气候模式（global climate models，GCMs）数据和拟定的社会经济发展情景，预估了不同情景组合下典型山区子流域的水资源演变趋势，其中预估期将 21 世纪划分为近期（2020～2050 年）、中期（2051～2080 年）、远期（2081～2100 年）三个时段，并着重分析近期的径流演变趋势。针对原始的 GCMs 数据时空模拟精度较差这一问题，通过多方法耦合的方式，建立了集空间插值、偏差校正、模式集合平均于一体，适用于 CMIP6 数据集的降尺度模型，并根据历史期实测气象数据验证了该方法的精度。为更准确地描述未来社会经济发展情景，本书结合现场调研、政府规划、预测模型来拟定未来流域下垫面时空变化及社会经济发展情景。

6.1　研究数据及方法

本书以构建的流域水循环模拟模型为基础，分别采用 GCMs 中最新的 CMIP6 气象数据集、社会经济发展预估、下垫面情景假设作为模型的气象、社会经济和下垫面输入。其中，全球尺度的 GCMs 气象数据集空间分辨率较粗，难以满足水文模型输入的需要，本书以气象站点历史期实测资料为基准，采用多方法耦合的方式，构建了集空间插值、偏差校正、模式集合平均于一体的降尺度模型，制作了降尺度后的 GCMs 气象数据集。本书采用的相关资料及数据处理方法介绍如下。

6.1.1　数据及资料

6.1.1.1　CMIP6 数据集

CMIP 数据发源于 1995 年世界气候研究计划“耦合模拟工作组”所提出的国际耦合模式比较计划，至 2020 年，CMIP 已发展至第六代模式数据。目前，CMIP6 的工作正在持续进行中，提出了超过一百种模拟结果。与 2014 年开发的 CMIP5 数据集相比，CMIP6 模拟气候变化时采用了升级后的共享社会经济路径（shared socioeconomic pathways，SSPs）来描述未来不同的发展模式，综合考虑了人口增长、经济发展、环境条件、政府管理、技术进步、全球化进程等因素的组合影响。本书中选用的未来情景包括 SSP1-2.6（以下简称 SSP126）、SSP3-7.0（以下简称 SSP370）、SSP5-8.5（以下简称 SSP585）。SSP126 基于低挑战下的可持续性发展情景 SSP1 对 RCP2.6 进行升级，辐射强迫情景与 RCP2.6 类似，最高值约为 3.0W/m^2，在 2100 年降为 2.6W/m^2，全球变暖幅度将回退到工业化之前的水平（升温不超过 1.5℃）；SSP585 基于 SSP5 对 RCP8.5 进行升级，该情景下 CO_2 排放量将超过

RCP8.5 情景下的排放量，至 21 世纪末全球年均 CO_2 排放量超过 1200 亿 t，平均升温可达 5～6℃，该情景为全球变暖形势最为严重的情景；由于 CMIP5 中只考虑了 RCP8.5 这一种无气候变化应对政策下的高风险情景，这一结论过于绝对。因此，新增了 SSP370 情景用来表示无政策应对下中等程度的结果，该情景下 21 世纪末全球每年 CO_2 排放量约为 600～800 亿 t，平均升温约为 4.5℃，关于 CMIP6 的详细介绍可参考 https://www.carbonbrief.org/cmip6-the-next-generation-of-climate-models-explained。

本书研究开展时，CMIP6 数据集仍处于开发初期，根据水文模型的实际需要，本书获取了数据资料相对完备的七套模式数据，包含历史反演期（1950～2014 年）和未来预估期（2015～2100 年）逐日的降水、风速、最高气温、最低气温、平均气温、相对湿度、长波辐射、短波辐射等数据。各套数据集的模式名称、研发机构、空间分辨率、模拟周期等信息见表 6.1。

表 6.1　CMIP6 模式数据集基本信息

模式名称	研发机构	空间分辨率	模拟周期
BCC-CSM2-MR	中国气象局国家（北京）气候中心	100km×100km	1950～2100 年
INM-CM4-8	俄罗斯科学院计算数学研究所	100km×100km	1950～2100 年
CNRM-CM6-1	法国国家气象研究中心	100km×100km	1850～2349 年
CanESM5	加拿大气候模拟与分析中心	500km×500km	1850～2100 年
MRI-ESM2-0	日本气象研究所	100km×100km	1850～2550 年
UKESM1-0-LL	英国气象局	250km×250km	1850～2709 年
IPSL-CM6A-LR	法国皮埃尔-西蒙·拉普拉斯研究所	250km×250km	1850～2100 年

资料来源：https://esgf-node.llnl.gov/search/cmip6/。

6.1.1.2　历史气象数据集

对 CMIP6 数据集进行降尺度处理时，需基于历史期实测资料作为校正基准。根据 CMIP6 数据集历史反演期时段（1950～2014 年），本书收集了大清河流域及其周围 84 个气象站点的逐日降水、气温、风速、相对湿度等资料，数据序列为各站点建站至 2014 年前，各站点的空间分布信息见图 6.1。

6.1.1.3　下垫面变化情景

大清河山区人类活动较为剧烈，流域下垫面特征发生了较为明显的改变。自 20 世纪 80 年代以来，大清河山区草地面积大幅减少，幅度超过 50%，主要表现为草地向林地转化这一特征。造成上述变化的主要原因是当地持续开展了植树造林及水土流失防治等工作。因此，本书根据野外实地调研成果和当地政府相关规划，拟定了土地利用类型和地形变化情景。根据 2019 年在大清河流域山区考察调研的成果，山区河道沿岸新种植了大量以槐树为主的落叶乔木，山区原始草地也开展了坡林地改造工作。结合《保定市水土保持规划（2018—2030 年）》，保定市至 2030 年还需完成水土保持重点项目治理规模约为 $1826km^2$，并根据各县治理总规模确定子流域的治理目标。其中，王快水库以上流域内的

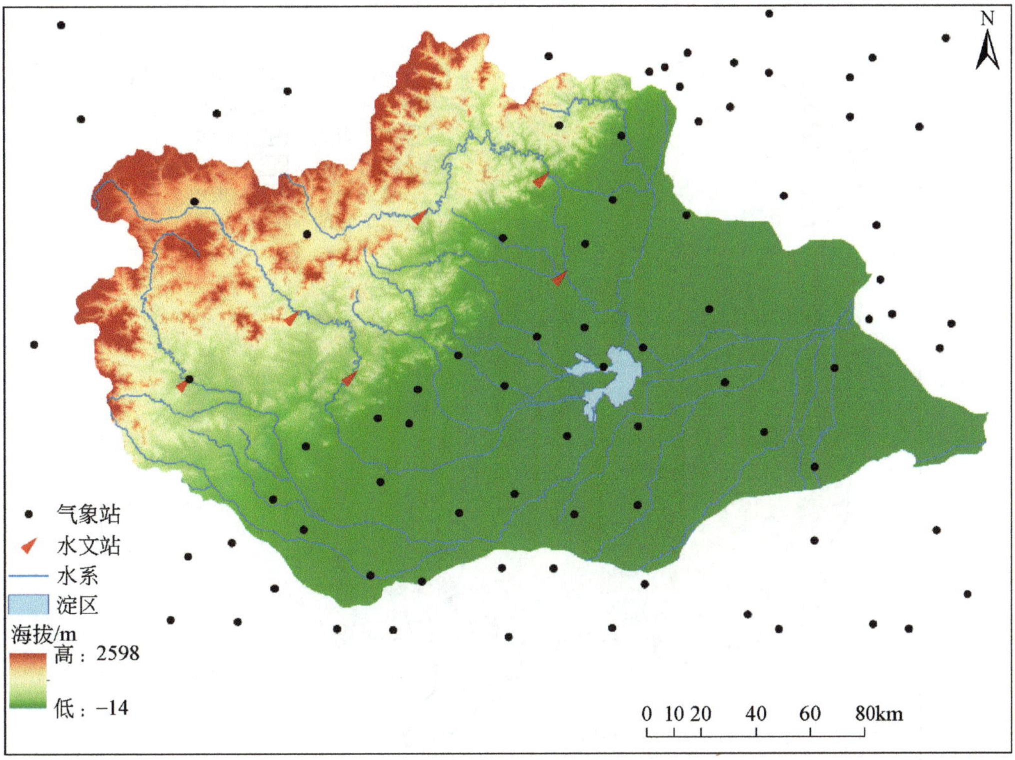

图 6.1　大清河流域及其周边地区气象站点空间分布信息

治理总规模约为 820km²，西大洋水库以上流域内的唐县治理总规模约为 695km²。结合实地考察结果和规划成果，为大清河山区子流域拟定了两种未来情景：①流域下垫面保持不变，以 2018 年土地利用和梯田分布作为水文模型输入；②同时考虑植被和水土保持措施的影响，将流域河道两侧各 300m 范围内的灌丛、草地、耕地及荒地转变为林地，西大洋水库以上流域和王快水库以上流域转化后新增的林地面积分别为 239km² 和 297km²。对海拔超过 1000m 的耕地、林地、草地进行坡耕地、坡林地改造，优先对耕地、林地进行改造，在不超过治理总规模的前提下，将靠近河岸的草地转化为林地，完成坡林地改造，改造区域不包含现状已有梯田，西大洋水库以上流域和王快水库以上流域改造面积分别为 456km² 和 523km²。各子流域下垫面未来情景见图 6.2。

6.1.1.4　社会经济发展情景

根据第 4 章中最优时变 Budyko 公式的估计结果［式（4-15）］，为各流域构建时变下垫面参数时，还需考虑未来人口和人均 GDP 的发展情况。本书根据流域内主要行政区的统计数据分析得到流域内总人口与人均 GDP 的变化规律与全国人口历年变化趋势一致，各流域人口数量在过去半个世纪虽呈现出持续上升趋势，但增幅下降明显。以西大洋水库以上流域为例，1960～1979 年年均人口增长率可达 1.8%，1980～1996 年的增长率减少到 1.1%，1997～2013 年的增长率仅为 0.47%。

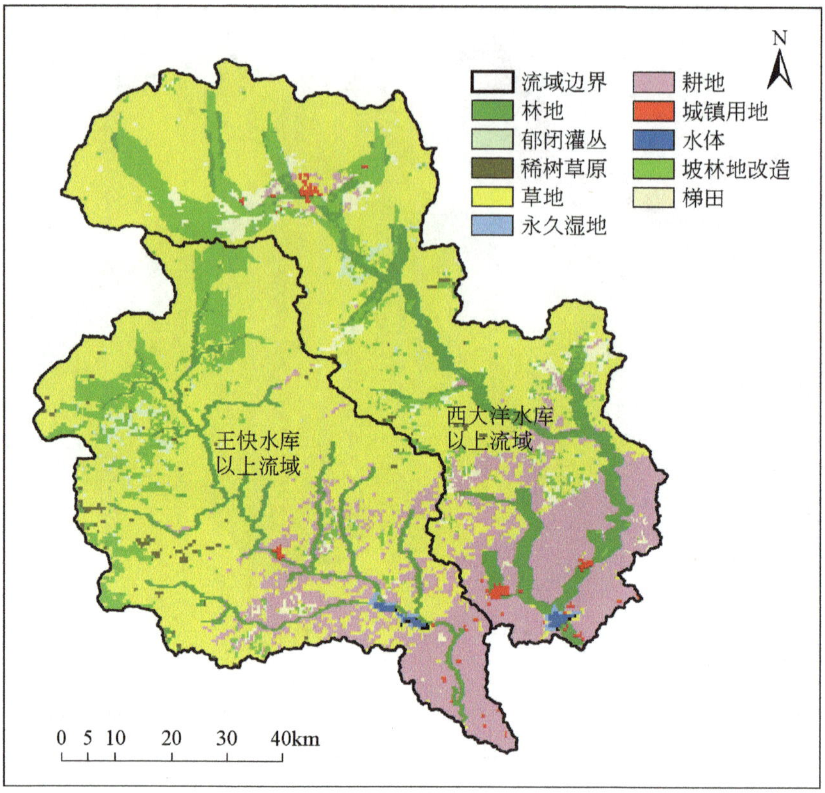

图 6.2　大清河山区子流域下垫面变化情景假设

根据《国家人口发展规划（2016—2030 年）》，拟定我国 2020 年和 2030 年的总和生育率维持在 1.8 不变，但随着育龄妇女数量减少及人口老龄化带来的死亡率上升影响，我国总人口将在 2030 年左右达到峰值，并在此后呈下降趋势。根据《河北省人口发展规划（2018—2035 年）》，拟定河北省 2020 年和 2035 年的总和生育率为 1.8，2020 年和 2035 年人口较 2017 年统计情况预期将增长 2.4% 和 5.2%。然而，根据 2020 年公布的第七次全国人口普查结果，河北省 2020 年的统计人口较原省规划中的预期人口偏少了约 200 万人。因此，未来河北省实际人口增幅可能难以达到河北省人口发展规划中的预期水平，本书将采用国家人口发展规划中的增幅水平来进行预估，假定各流域人口在 2030 年左右迎来负增长。

流域内人均 GDP 的年际变化与人口变化呈现出了类似的趋势，1980～1996 年人均 GDP 呈现出较大幅度的增长，年均增幅接近 20%，1997～2013 年人均 GDP 的年均增幅约为 10%，2014～2020 年人均 GDP 的年均增幅为 7%～8%。全国人均 GDP 在最近 20 年也呈现出了类似的变化规律，王文等（2018）在预估全国 GDP 变化规律时提出了以下预估模型：

$$\mathrm{gr}_t=\alpha+\beta\left(\frac{\mathrm{gdpCN}}{\mathrm{gdpUS}}\right)_{t-1} \tag{6-1}$$

式中，α 和 β 为待拟合系数；gr_t 为第 t 年中国人均 GDP 相对第 $t-1$ 年的增速；gdpCN_t 为中

国第 t 年的人均 GDP，且有 $gdpCN_t=(1+gr_t)\times gdpCN_{t-1}$；$gdpUS_t$ 为美国第 t 年的人均 GDP，且有 $gdpUS_t=(1+USgr_t)\times gdpUS_{t-1}$，其中 $USgr_t$ 为美国第 t 年 GDP 增速，按照美国历史期平均水平取 $USgr_t=2\%$。

式（6-1）在国内历史期得到了较好的验证，且能反映出增幅逐渐下降这一规律，但与全国平均水平相比，大清河流域具有一定的特殊性。根据《河北省国民经济和社会发展第十四个五年规划和二〇三五年远景目标纲要》，在京津冀协同发展和雄安新区建设的促进下，“十四五”期间将进一步优化地区经济结构和发展体系，河北省“十四五”期间预期年均 GDP 增幅为 6%，本书在此基础上对预估模型中的系数进行了修订。

6.1.2 空间插值

GCMs 数据集通常是在大尺度（如全球尺度）模拟的基础上进行制作，由表 6.1 可知，其空间分辨率通常在 100km×100km ~ 500km×500km，较粗的空间分辨率难以满足分布式水文模型的输入需求，也增加了模型气象输入的不确定性。综合考虑研究区面积和降尺度模型的计算效率，本书拟将 GCMs 原始数据降尺度为 25km×25km 的格点数据，其计算流程介绍如下。降尺度模型先通过澳大利亚国立大学开发的气象要素插值软件 ANUSPLIN 将较粗分辨率（100km×100km ~ 500km×500km）的 GCMs 数据和实测气象站点数据插值为 25km×25km 的格点数据。ANUSPLIN 软件基于局部薄盘光滑样条法实现对气象数据的空间插值，拟合函数的光滑程度通过广义交叉验证（generalized cross validation，GCV）得到预测误差决定（Hutchinson et al.，2009）。ANUSPLIN 软件在对数据序列进行插值时，不仅可以考虑经纬度等传统变量，还可以引入其他协变量进行描述。例如，在空间上插值气温时，可以考虑气温随海拔梯度的变化特征；插值降水时，可以根据格点距离海岸线的距离考虑海洋-陆地水汽输送受距离的影响机制。因此，在插值受空间特征影响显著的气象因子时，ANUSPLIN 软件通常可以获得更精确的结果。对我国不同地区的研究同样表明，ANUSPLIN 软件插值的精度要优于克里金法、反距离权重法、多元线性回归模型等插值方法（谭剑波等，2016；杨亚钤等，2022；张善红等，2022）。该方法基于局部薄盘光滑样条法构建因变量与自变量以及协变量间的理论统计模型（钱永兰等，2010）：

$$z_i=f(x_i)+b^Ty_i+\varepsilon_i(i=1,2,\cdots,N) \tag{6-2}$$

式中，z_i 为位于空间 i 点的因变量；x_i 为 d 维独立变量，通常为对应点坐标和海拔信息；$f(x_i)$ 为要估算的关于 x_i 的未知光滑函数；y_i 为 p 维独立协变量；b 为 y_i 的 p 维系数；ε_i 为期望值等于0、方差值为 $w_i\sigma^2$ 的误差项，其中 w_i 为已知的误差方差，σ^2 为误差方差常数；N 为观测值个数。当式（6-2）中不考虑协变量时（即 $p=0$），该式等价于普通薄盘样条模型；当不考虑函数项 f 时，该式等价于（多元）线性模型。

可根据最小二乘估计确定式（6-2）中的函数 f 和系数 b，即确定令下式取极小值的 f 与 b。

$$\sum_{i=1}^{N}\left[\frac{z_i-f(x_i)-b^Ty_i}{w_i}\right]^2+\rho J_m(f) \tag{6-3}$$

式中，$J_m(f)$ 为函数 f 的复杂度测度函数，定义为函数 f 的 m 阶偏导数（m 也可称之为函数的粗糙惩罚度）；ρ 为光滑参数且有 $\rho>0$。当 $\rho\to 0$ 时，拟合结果趋近于样条函数；当 $\rho\to\infty$ 时，拟合结果近似于多项式函数，其幂次由粗糙惩罚度确定。在本模型中，光滑参数 ρ 的最优取值通过广义交叉验证法获取，以拟合表面的预测误差最小化作为评判标准。

6.1.3 偏差校正

基于 ANUSPLIN 软件的插值结果，根据实测气象数据对历史模拟期结果进行偏差校正。在过去 20 年间研究人员发展了大量方法来校正 GCMs 模拟结果，常用的偏差校正方法主要包括线性比例法（linear scaling）、局部强度缩放法（local intensity scaling）、日尺度偏差校正（daily bias correction）、分位数图法（quantile mapping）等。研究中对比评估了多种偏差校正方法的优劣，其中分位数图法得到的结果精度最高，而其他方法存在高估降水湿润日、无法考虑气象要素频率变化等问题。对于样本序列 x，分位数图法基于实测和模拟序列的累积分布函数对模拟值进行校正：

$$\begin{cases}\tilde{x}_{\mathrm{m\_h}}=F_{\mathrm{o}}^{-1}(F_{\mathrm{m\_h}}(x_{\mathrm{m\_h}}))\\ \tilde{x}_{\mathrm{m\_p}}=F_{\mathrm{o}}^{-1}(F_{\mathrm{m\_h}}(x_{\mathrm{m\_p}}))\end{cases}\tag{6-4}$$

式中，$\tilde{x}$ 为校正后的模拟结果；m 和 o 分别为模拟、实测结果；h 和 p 分别为历史期和预估期结果；F 为累积分布函数；F^{-1} 为累积分布函数反函数。当模拟期的湿润日多于实测期时，采用下述规则修正：

$$\begin{cases}\tilde{x}=\mathrm{rand}(1,\mathrm{obs}_{\min}), & \dfrac{F(\mathrm{sim}_{\min})-F(\mathrm{obs}_{\min})}{F(\mathrm{sim}_{\min})}\geqslant\mathrm{rand}(0,1)\\ \tilde{x}=0, & \dfrac{F(\mathrm{sim}_{\min})-F(\mathrm{obs}_{\min})}{F(\mathrm{sim}_{\min})}<\mathrm{rand}(0,1)\end{cases}\tag{6-5}$$

式中，rand（a，b）为 $a\sim b$ 内的随机数；$\mathrm{sim}_{\min}$ 和 $\mathrm{obs}_{\min}$ 分别为模拟和实测序列中最小的非零值。

以降水为例，分位数图法校正的历史期模拟数据在湿润日占比、极值、多年均值等统计指标上与实测结果偏差较小。在校正预估期模拟数据时，分位数图法假定未来期气象因子的分布特征与历史期保持一致，这一假设无法考虑气候要素呈现出的非一致性变化特征。因此，Miao 等（2016）在该方法的基础上加以改进，以考虑气候变化情况：

$$\tilde{x}_{\mathrm{m\_p}}=\begin{cases}I(x), & I(x)>0\\ g(x), & I(x)<0\\ 0, & x_{\mathrm{m\_p}}=0\end{cases}\tag{6-6}$$

$$I(x)=x_{\mathrm{m\_p}}+F_{\mathrm{o}}^{-1}(F_{\mathrm{m\_p}}(x_{\mathrm{m\_p}}))-F_{\mathrm{m\_h}}^{-1}(F_{\mathrm{m\_p}}(x_{\mathrm{m\_p}}))\tag{6-7}$$

$$g(x)=x_{\mathrm{m\_p}}\times\frac{F_{\mathrm{o}}^{-1}(F_{\mathrm{m\_p}}(x_{\mathrm{m\_p}}))}{F_{\mathrm{m\_h}}^{-1}(F_{\mathrm{m\_p}}(x_{\mathrm{m\_p}}))}\tag{6-8}$$

Miao 等（2016）将非一致性分位数图法用于校正 GCMs 模式的月尺度模拟结果，假定气温服从四参数 Beta 分布，降水服从两参数 Gamma 分布。本书中偏差校正对象为日尺度气象数据，检验结果表明无法用单一分布描述实测及多模式的逐日降水、气温序列，因此 F 统一采用经验累积分布函数。

6.1.4 贝叶斯模式平均

气候模式本身存在较大的不确定性，主要体现在排放情景和气候模式本身两个方面，通常采用多模式集合平均的方式来减小气候模式本身的不确定性（Gao et al., 2020）。本书采用贝叶斯模式平均（Bayesian model averaging，BMA）方法来求得多模式集合平均结果。

对于任一 CMIP6 模式数据集，BMA 方法假定实测样本序列服从该模式序列所属分布（假定为正态分布），利用式（6-9）计算实测样本序列对模式序列的后验概率密度：

$$f(M_i|X)=\frac{f(X|M_i)f(M_i)}{\sum_{i=1}^{n}f(X|M_i)f(M_i)} \tag{6-9}$$

式中，X 为实测序列；$M_i(i=1, 2, \cdots, n)$ 为 n 个不同的模式序列；f 为密度函数。上式计算得到的后验概率密度可以反映各气候模式与实测序列的契合程度，并将后验密度作为各模式对应的权重，记为 $w_i(i=1, 2, \cdots, n)$，BMA 模式集合平均数据集为

$$\text{BMA}=\sum_{i=1}^{n}M_i\cdot w_i \tag{6-10}$$

6.2 GCMs 数据集降尺度结果评估

基于历史期实测和模拟数据，本书先对不同 GCM_S 降尺度结果进行评估，采用如下方法：从历史期数据中随机抽取 30 年作为实测时段，剩余年份作为验证时段，以实测时段的数据校正验证时段的模拟结果，重复这一步骤 20 次，以逐日气象数据的平均绝对偏差（mean absolute deviation，MAD）和平均绝对误差（mean absolute error，MAE）作为评价标准，对比不同气候模式和 BMA 多模式集合平均结果在降尺度前后的精度。其中，MAD 反映了模拟序列与实测序列在总量上的偏差，MAE 反映了模拟序列与实测序列误差绝对值的平均水平，两个指标的计算公式如下：

$$\begin{cases}\text{MAD}=\dfrac{1}{n}\left|\sum_{i=1}^{n}\text{sim}_i-\sum_{i=1}^{n}\text{obs}_i\right| \\ \text{MAE}=\dfrac{1}{n}\sum_{i=1}^{n}\left|\text{sim}_i-\text{obs}_i\right|\end{cases} \tag{6-11}$$

式中，n 为模拟/实测序列的总长度（日数）；sim 和 obs 分别为模拟和实测序列。基于循环 20 次的重复抽样对比结果，本书评估了重抽样过程中每一次验证时段内不同格点上的模拟与实测值的 MAD，评估结果见图 6.3 ~ 图 6.5。在图 6.3 ~ 图 6.5 中，(a) ~ (h) 分别为 BCC-CSM2-MR、INM-CM4-8、MRI-ESM2-0、CanESM5、CNRM-CM6-1、UKESM1-0-LL、IPSL-CM6A-LR、BMA 8 种模式的模拟结果。结果表明，INM-CM4-8 模式模拟的降水

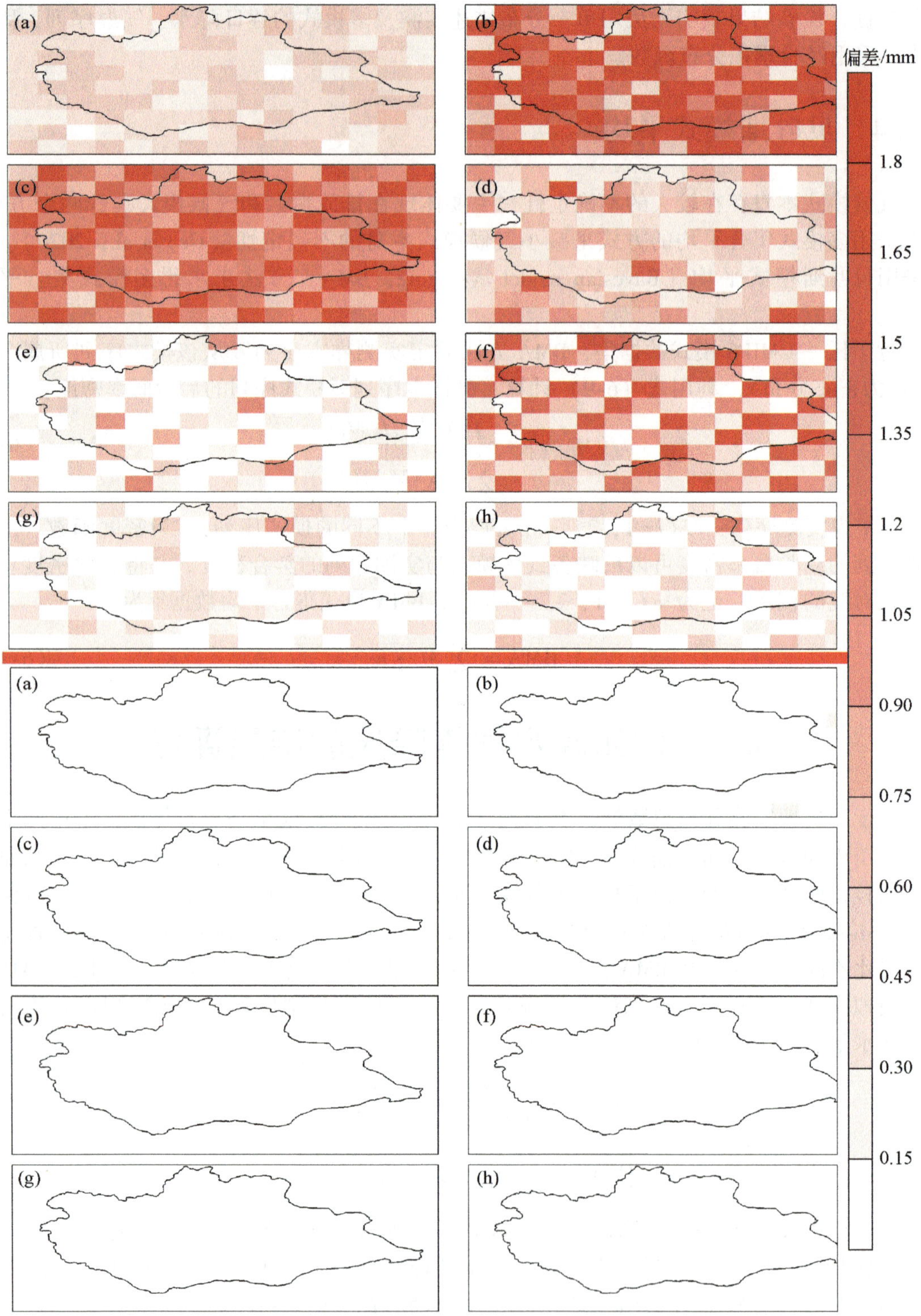

图 6.3　大清河流域模拟日降水量与实测值的 MAD

上图为校正前的结果，下图为校正后的结果

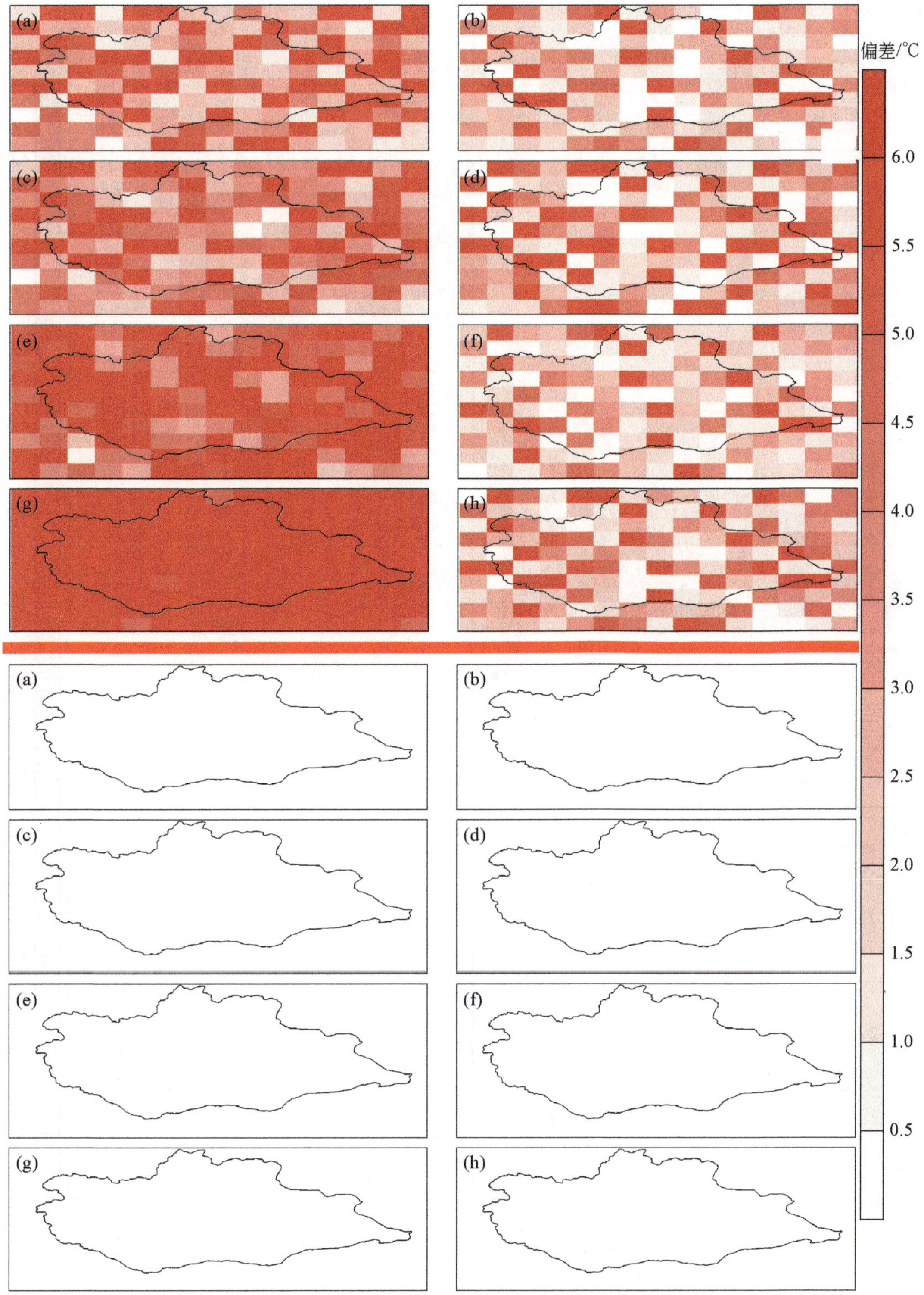

图 6.4　大清河流域模拟日最高气温与实测值的 MAD

上图为校正前的结果，下图为校正后的结果

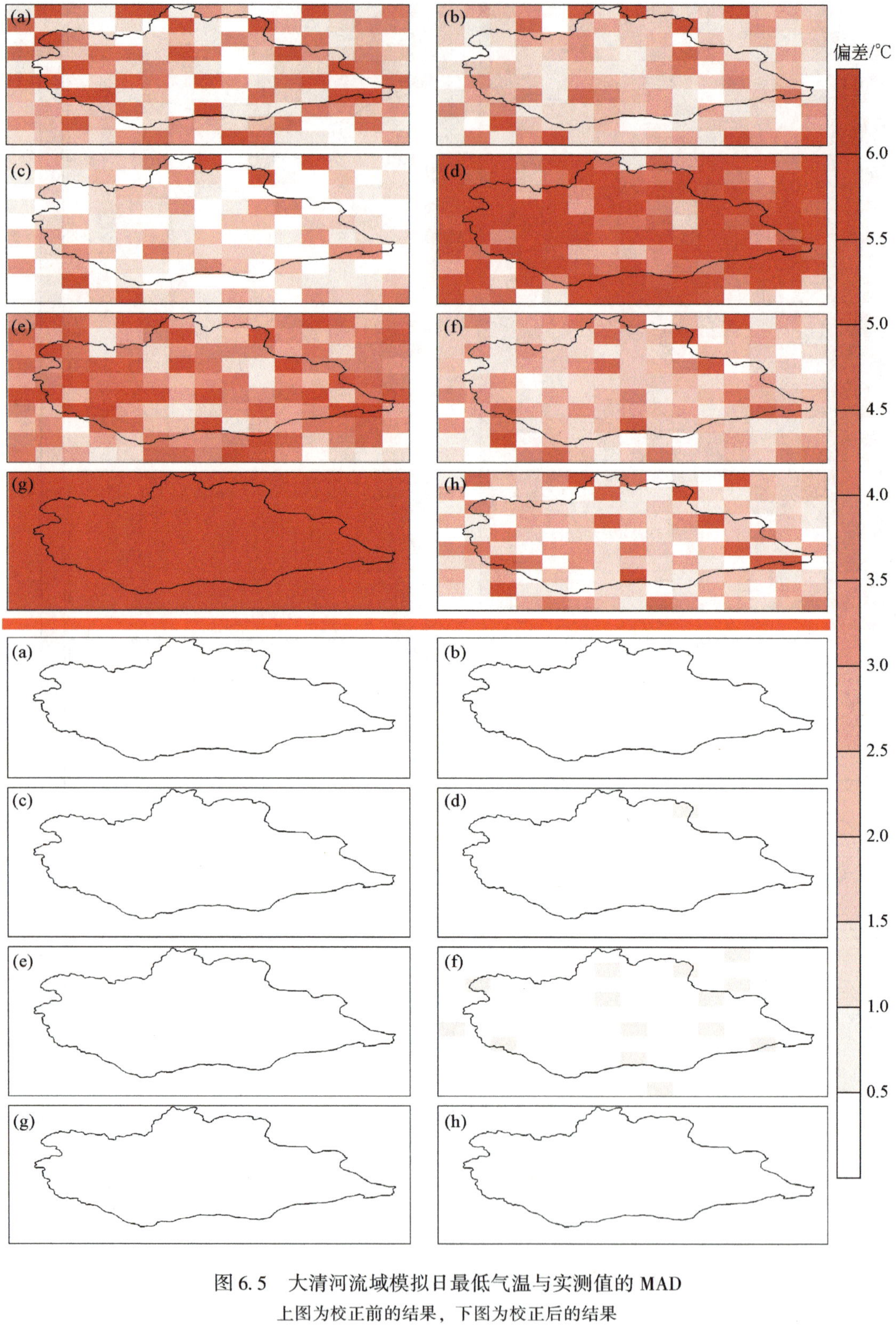

图 6.5　大清河流域模拟日最低气温与实测值的 MAD

上图为校正前的结果，下图为校正后的结果

在大清河流域与实测结果间的偏差最大，CanESM5、IPSL-CM6A-LR、CNRM-CM6-1 模式模拟的气温与实测值偏差较大。采用 BMA 方法求得的多模式集合平均结果也能一定程度地减少不同模式的偏差，得到精度更高的模拟结果。与原始模拟结果相比，采用非一致性分位数图法校正后的模拟结果精度有所提高，特别是对模拟偏差较大的模式的改善效果非常显著。总体而言，校正后的模拟降水值与实测值的平均逐日偏差小于 0.15mm/d，模拟气温值与实测值的平均逐日偏差小于 0.5℃/d，平均绝对误差也有所下降（表 6.2 和表 6.3）；校正后模拟的逐月总降水量和月平均气温与实测气象要素的年内变化规律更为接近，即校正后的模式数据在月及更大尺度的水热耦合模拟过程中应能得到较好的应用效果（图 6.6）。综上所述，降尺度后的气候模式结果有了明显的改进，进一步应用本章所述的偏差校正方法，基于历史期的实测和模拟资料，可以校正不同模式预估期的模拟结果，并在此基础上预估流域未来气候变化趋势，分析水循环过程对气候变化的响应规律。

表 6.2　大清河流域 GCMs 数据校正前与实测值差别统计结果

气候模式	降水量/mm		最高气温/℃		最低气温/℃	
	MAD	MAE	MAD	MAE	MAD	MAE
BCC-CSM2-MR	0.39	2.28	4.16	6.10	2.71	5.89
INM-CM4-8	1.48	2.93	2.56	4.81	2.02	5.20
MRI-ESM2-0	1.29	2.84	4.21	5.96	1.75	4.85
CanESM5	0.56	2.07	3.55	6.46	6.44	8.23
CNRM-CM6-1	0.25	2.00	5.71	6.55	3.71	5.42
UKESM1-0-LL	0.83	2.67	2.45	4.84	2.11	5.20
IPSL-CM6A-LR	0.34	1.91	9.8	10.10	10.4	10.81
BMA	0.38	1.88	2.9	4.55	1.95	4.27

表 6.3　大清河流域 GCMs 数据校正后与实测值差别统计结果

模式	降水量/mm		最高气温/℃		最低气温/℃	
	MAD	MAE	MAD	MAE	MAD	MAE
BCC-CSM2-MR	0.06	2.14	0.35	3.97	0.29	4.80
INM-CM4-8	0.09	2.06	0.22	3.64	0.23	4.51
MRI-ESM2-0	0.07	2.05	0.21	3.90	0.19	4.60
CanESM5	0.06	2.06	0.23	3.83	0.29	5.11
CNRM-CM6-1	0.07	1.91	0.17	3.77	0.31	4.14
UKESM1-0-LL	0.07	2.10	0.23	4.07	0.32	4.69
IPSL-CM6A-LR	0.06	1.85	0.24	4.19	0.32	4.70
BMA	0.05	1.82	0.13	3.49	0.19	3.86

注：表中展示了逐日实测与模式数据的差别检验结果，由于气候模式侧重于大尺度上的模拟过程，且降尺度方法无法修正天气事件的发生时间，气候模式在日尺度上的表现通常比较一般，其模拟精度在月尺度（或更大的年尺度上）有显著改善。

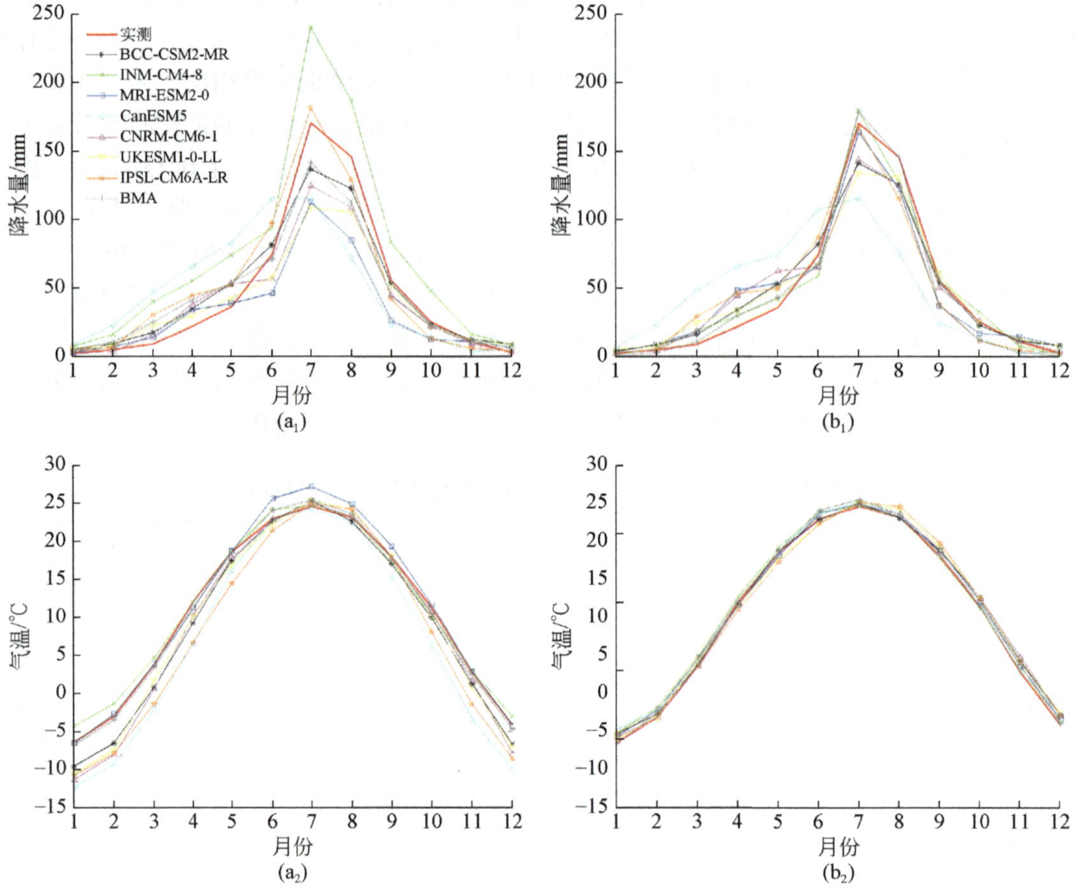

图 6.6　大清河流域多模式模拟与实测值对比

（a_1）和（b_1）为降水量，（a_2）和（b_2）为气温，（a_1）和（a_2）为校正前，（b_1）和（b_2）为校正后

6.3　气象要素时空变化预估

本节基于校正后的多模式预估期结果，分析了各模式不同排放情景下降水、气温的年际变化特征，并根据 BMA 多模式集合平均结果，分析不同排放情景下降水和气温的时空变化特征。

6.3.1　多模式不同情景下未来气候年际变化趋势

图 6.7 展示了多模式不同情景下大清河流域年降水量和年均气温的逐年变化过程。各模式在不同情景下降水和气温变化的统计信息见表 6.4 和表 6.5。结果表明，不同模式间存在较大的差别，即预估未来水资源时将存在较大的不确定性。模式间的差异在不同情景下也存在区别，SSP126 情景下各模式间模拟结果的差异相对较小，排放浓度的升高将扩

大各模式间模拟结果的差异。

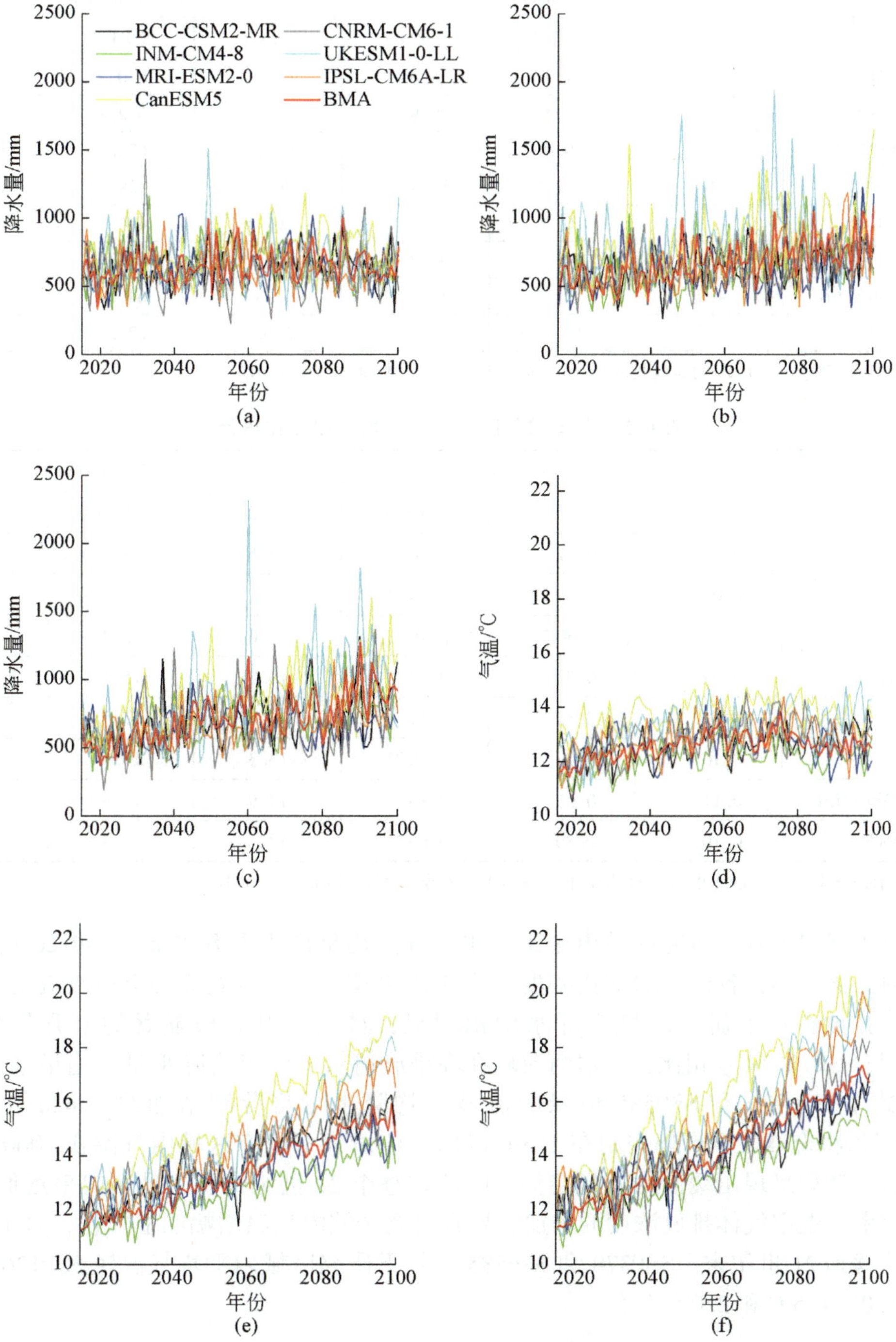

图 6.7 大清河流域年降水量及年均气温变化趋势（2015～2100 年）

(a)～(c) 为降水量，(d)～(f) 为气温；(a) 和 (d) 为 SSP126，(b) 和 (e) 为 SSP370，(c) 和 (f) 为 SSP585

表 6.4　多模式不同情景下年降水量变化统计

模式名称	倾向率/（mm/10a）			多年均值/mm		
	SSP126	SSP370	SSP585	SSP126	SSP370	SSP585
BCC-CSM2-MR	7.7	11.1	36.6**	639.0	650.2	691.6
INM-CM4-8	-3.0	29.0**	29.9**	642.8	632.1	683.9
MRI-ESM2-0	3.9	19.4	3.9	651.7	621.6	652.4
CanESM5	10.8	45.4**	59.7**	762.9	829.4	875.3
CNRM-CM6-1	-3.1	10.2	29.2**	601.8	616.9	678.0
UKESM1-0-LL	8.1	27.7	65.7**	671.3	819.1	824.5
IPSL-CM6A-LR	4.7	32.1**	32.8**	622.3	649.2	677.3
BMA	7.3	27.0**	39.9**	656.4	676.0	714.1

** 表示该序列在 $\alpha=0.01$ 的显著性水平下有显著变化趋势（M-K 检验，$P<0.01$）。

表 6.5　多模式不同情景下年均气温变化统计

模式名称	倾向率/（℃/10a）			多年均值/℃		
	SSP126	SSP370	SSP585	SSP126	SSP370	SSP585
BCC-CSM2-MR	0.12**	0.51**	0.48**	12.6	13.7	14.3
INM-CM4-8	0.09**	0.39**	0.49**	12.1	12.7	13.3
MRI-ESM2-0	0.03	0.30**	0.49**	12.6	13.4	14.2
CanESM5	0.09**	0.72**	0.93**	13.8	15.5	16.3
CNRM-CM6-1	0.12**	0.50**	0.71**	12.9	13.7	14.5
UKESM1-0-LL	0.16**	0.70**	0.90**	13.3	14.5	15.4
IPSL-CM6A-LR	0.11**	0.62**	0.85**	12.9	14.4	15.2
BMA	0.10**	0.50**	0.66**	12.6	13.4	14.1

** 表示该序列在 $\alpha=0.01$ 的显著性水平下有显著变化趋势（M-K 检验，$P<0.01$）。

从变化规律来看，研究区域内未来降水、气温均呈现出上升趋势。SSP126 情景下年降水量的变化较小，各模式的变化幅度均小于历史期变化，且均无显著的变化趋势（$P>0.1$）；高排放情景下研究区域内降水增幅明显，且大多具有极显著的上升趋势（$P<0.01$）。与 SSP126 情景相比，大清河流域在高排放情景下的年均降水量普遍呈增加趋势，BMA 模式下 SSP370 和 SSP585 情景的流域年均降水量将分别增加约 20mm 和 58mm。SSP126 情景将全球气温增幅控制在 1.5℃以内，该情景下研究区域内气温在 2060 年左右达到峰值，然后呈现出缓慢的下降趋势，因此在整个 21 世纪气温上升倾向率远低于历史期增加速率。温室气体排放浓度的增加会导致研究区域内气温增幅明显加快，且上升趋势会一直持续到 21 世纪末。SSP370 和 SSP585 情景下研究区域内平均气温较 SSP126 情景分别偏高 1.0～1.5℃和 2.0℃左右。

6.3.2　BMA 模式下流域气象要素时空变化分析

将预估期划分为近期（2020～2050 年）、中期（2051～2080 年）、远期（2081～2100

年）三个时段，基于 BMA 结果进一步分析研究区内降水、气温的时空变化情况。

6.3.2.1 年际变化特征

BMA 模式不同情景下降水和气温的年际变化趋势如图 6.8 所示，区域内年降水量在历史期有一定幅度的下降，但在 2000 年后略有回升；而区域年均气温则在历史期呈持续上升趋势，且 2000 年后增幅更为显著。相较于历史期的变化规律，模拟的降水和气温在 2020 ~ 2050 年基本延续了 21 世纪初的变化趋势，SSP126 情景下的气温在 2060 年之后开始逐渐下降，而高排放情景下均一直保持上升趋势直到 21 世纪末。类似地，SSP126 情景下年降水量在中远期开始呈下降或上升减缓趋势，而较高排放情景下降水有持续的上升趋

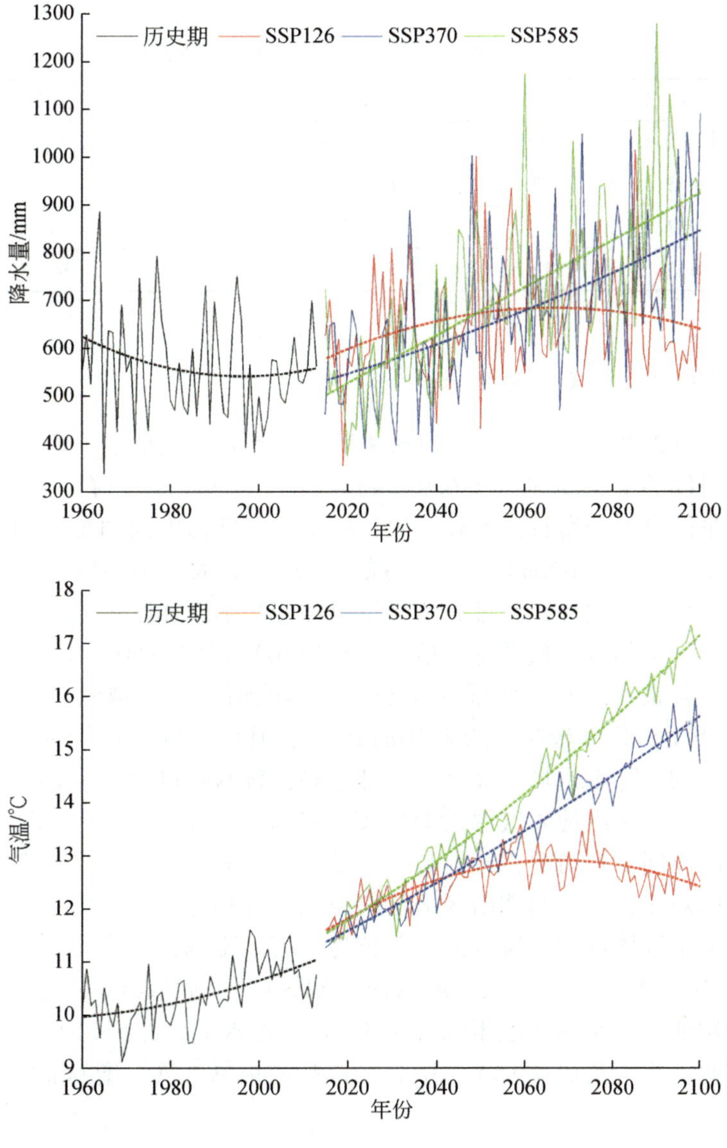

图 6.8 大清河流域 BMA 模式下降水、气温演变趋势

势，增幅也非常明显。从不同时期来看，近期各情景的降水和气温在量值上比较接近，但在中远期呈现出了明显的差异（表6.6），造成这一结果的原因可能为SSP126在RCP2.6的基础上发展而来，但CMIP5和CMIP6的开发年代不同，两者预估的起始年份分别为2007年和2014年，而观测结果表明2007～2014年的全球实际温室气体排放量要远高于RCP2.6中的预估结果，SSP126情景在预估初期采用了大量的20世纪末负排放，因此SSP126比RCP2.6具有更高的模拟起点，对应于更高的辐射强迫和气温（www.carbonbrief.org/cmip6-the-next-generation-of-climate-models-explained），近期的模拟结果也与高排放情景下的模拟结果比较接近。总体而言，流域未来降水和气温的变化，尤其是高排放情景下的剧烈变化将使得流域内水量平衡和热量平衡关系发生改变，成为影响流域径流的最主要因素。

表6.6　大清河流域不同时期降水、气温统计

情景	近期（2020～2050年）		中期（2051～2080年）		远期（2081～2100年）	
	降水量/mm	气温/℃	降水量/mm	气温/℃	降水量/mm	气温/℃
SSP126	638.5	12.3	685.3	12.9	661.8	12.6
SSP370	587.7	12.2	705.4	13.7	801.2	15.1
SSP585	601.5	12.5	742.2	14.5	885.3	16.4

6.3.2.2　空间分布及变化特征

在整个预估期（2020～2100年），图6.9呈现了不同排放情景下研究区域内降水的空间分布特征及随时间的变化规律，图6.9（a）～（c）为多年平均降水量的空间分布情况。与历史期年降水量的空间分布特征比较一致，降水自东部沿海向西部逐渐递减，平原南部地区较北部地区偏低约30～60mm/a。受季风气候影响，太行山脉的地形抬升作用使得山区降水要高于平原地区。此外，高排放情景下全球变暖幅度加剧将导致该流域的水循环速率加快，流域多年平均降水量较低排放情景（SSP126）将偏高50～100mm。图6.9（d）～（f）反映了空间上各格点降水的年际变化趋势，不同情景下区域的年降水量均呈上升趋势，SSP126情景下上升幅度较缓，约为10mm/10a，其中山区增幅相对较为明显，而高排放情景下整个区域的年降水量均有显著的上升趋势，普遍超过30mm/10a。

不同排放情景下流域内地表气温的时空变化特征如图6.10所示。图6.10（a）～（c）为多年平均气温的空间分布情况，气温与海拔呈现出明显的梯度关系，各情景下气温均呈平原向山区递减的规律，未来时期山区平均气温较平原区偏低5～10℃；高排放情景假定不采取措施应对温室气体排放，流域内升温较为显著，流域多年平均气温较低排放情景偏高1～2℃。图6.10（d）～（f）反映了流域内不同区域年均气温的变化特征，所有情景下气温的上升趋势均通过了M-K趋势检验的0.05显著性水平，但SSP126情景下气温上升幅度小于历史期增幅，均未超过0.16℃/10a，而高排放情景下气温增幅非常明显，大多超过了0.50℃/10a。

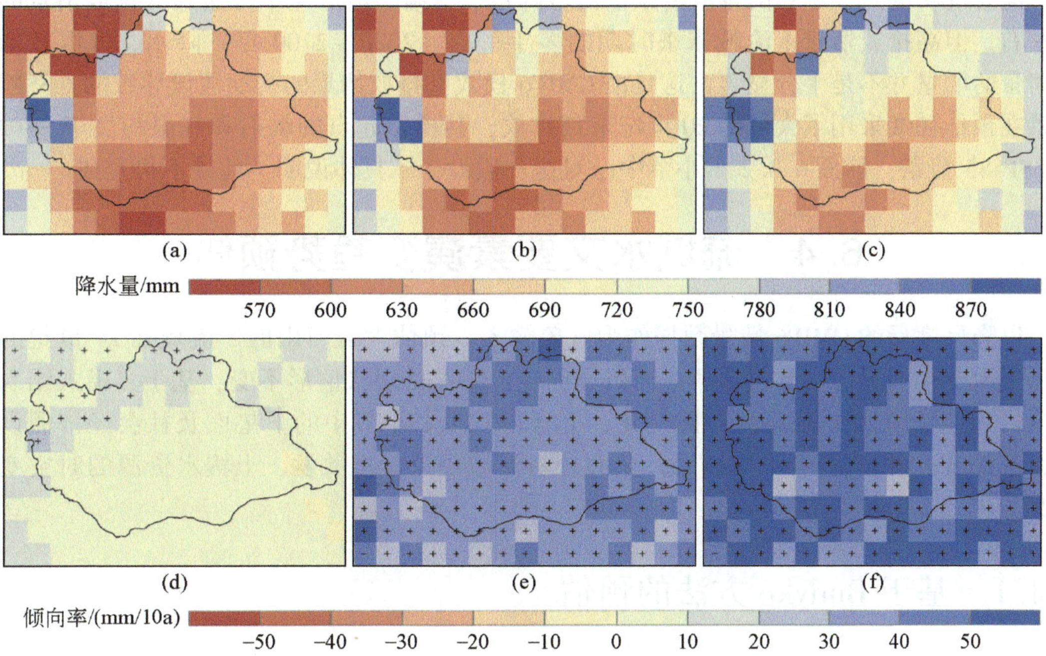

图 6.9　大清河流域年降水量时空分布及变化规律（2020～2100 年）

(a)(d) SSP126；(b)(e) SSP370；(c)(f) SSP585。+表示经 M-K 检验有显著的变化趋势，超过了 0.05 的显著性水平

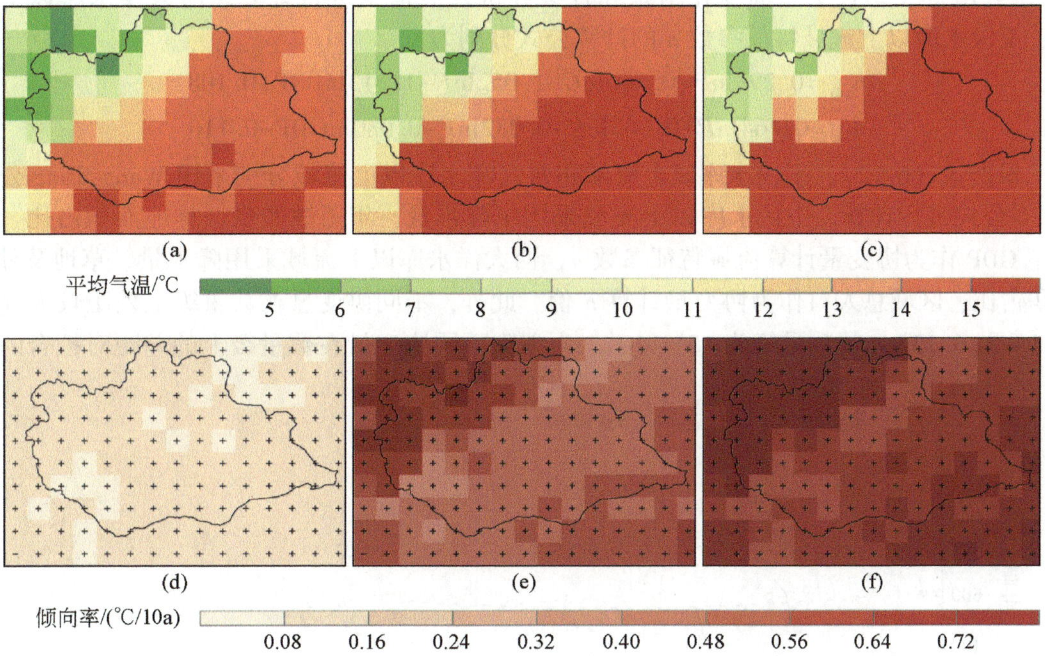

图 6.10　大清河流域年均气温时空分布及变化规律（2020～2100 年）

(a)(d) SSP126；(b)(e) SSP370；(c)(f) SSP585。+表示经 M-K 检验有显著的变化趋势，超过了 0.05 的显著性水平

需要说明的是，尽管高排放情景下流域降水、气温的增加速率可达到低排放情景的三倍左右，但高排放情景下流域未来时期的多年平均（2020～2100 年）降水、气温较低排放情景的增量并不是十分显著，这是由 CMIP6 模式低排放情景的初期假设导致的，SSP126 情景在预估初期采用了大量的 20 世纪末负排放，其模拟起点的辐射和气温均高于 SSP370 和 SSP585 情景，前面 6.3.2.1 小节中已对这一假设作了具体说明，此处不再赘述。

6.4 流域水文要素演变趋势预估

以降尺度后的 CMIP6 情景数据作为气象输入，预估大清河山区子流域在 21 世纪的地表水资源变化情况。主要包含两方面研究内容：①保持现状情形不变，基于多模式结果初步分析 21 世纪流域地表径流年际变化；②考虑 6.1.1 小节中的下垫面及社会经济假设情景，基于 BMA 模式集合平均结果，全面分析流域径流、蒸散发、土壤水资源的时空变化情况。

6.4.1 基于 Budyko 方法的预估

采用 Budyko 方法预估地表径流变化趋势时，需将未来降水、潜在蒸散发和流域特征参数作为预估模型的基本输入。其中，未来时期的降水和潜在蒸散发数据可基于降尺度后的气候模式数据获取；未来时期流域特征参数的变化根据第 4 章中 Budyko 最优拟合结果［式（4-15）］，结合下垫面变化情景和社会经济发展情景进行计算。西大洋水库以上流域、王快水库以上流域特征参数 n 的计算公式分别为

$$\begin{aligned} n_{xdy} &= 0.293\ln P - 0.566\ln G - 1.052\ln F + 1.313\ln \mathrm{POP} + 0.108 \\ n_{wk} &= 0.464\ln P - 0.063\ln E - 0.082\ln F - 0.080\ln \mathrm{GDP} - 0.116 \end{aligned} \tag{6-12}$$

根据式（6-12），王快水库以上流域和西大洋水库以上流域分别采用 Wang-Tang 公式和 Fu 公式进行计算。王快水库以上流域采用年降水量、年蒸散发量、林地面积占比、区域年 GDP 作为协变量计算流域特征参数 n，西大洋水库以上流域采用降水量、草地及林地面积占比、区域总人口作为协变量计算 n 值。此外，不同协变量在数量级上差距较大（图 6.11～图 6.13），其数量级为 10^1～10^4，为消除不同协变量在数量级上的差距对拟合的影

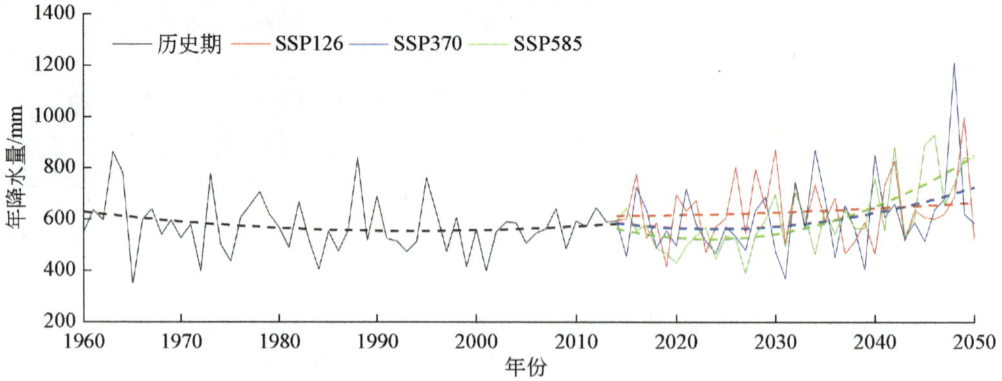

(a)

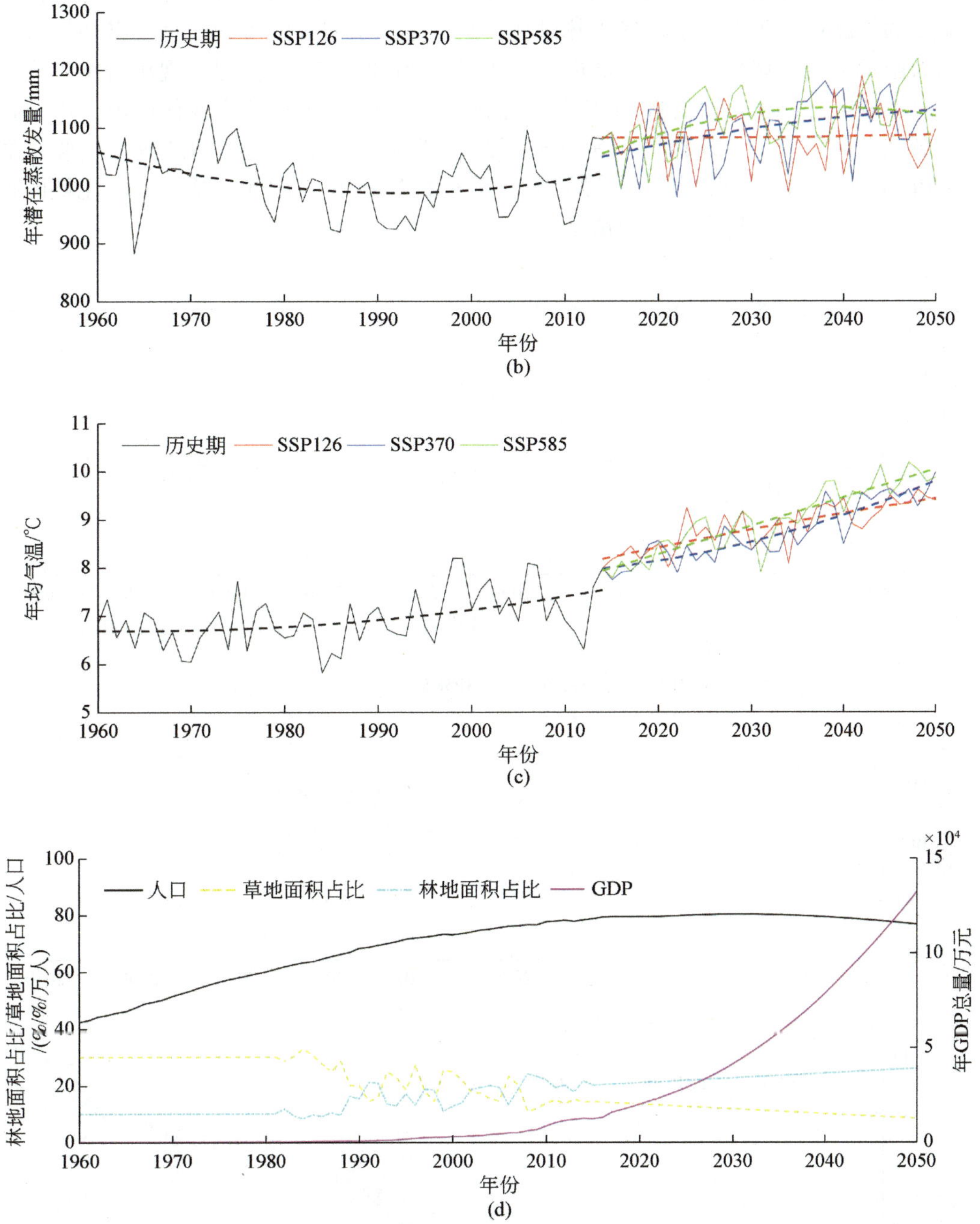

图 6.11　西大洋水库以上流域不同协变量变化趋势图

响，计算 n 值时对各协变量取对数处理。

BMA 气候模式下，西大洋水库以上流域和王快水库以上流域气象因素、社会经济因子等协变量的变化规律如图 6.11 和图 6.12 所示，两个流域内气象因子的变化规律与整个大清河流域基本保持一致，气温受全球变暖影响呈持续增加的趋势，且升温幅度在 21 世纪后进一步增大；降水和蒸散发在历史期均呈现出先减少后增加的趋势，其中 21 世纪后升温幅度的加剧进一步促进了陆气水热循环，是近年降水回升的可能原因，潜在蒸散发的变化与太阳辐射变化规律一致，流域内太阳辐射自 20 世纪 50 年代起呈现出持续下降趋势（下降了约 10%），至 20 世纪 90 年代开始逐渐回升。在 CMIP6 模式预估期内，不同排放情景下各气象因子均呈上升趋势，其中 SSP126 上升幅度最小，受初始碳排放量假定的影响，SSP126 情景的模拟起点较高（详见本章 6.3.2 节说明），因此该情景下各流域的初始降水、气温等气象因子均高于其他情景。

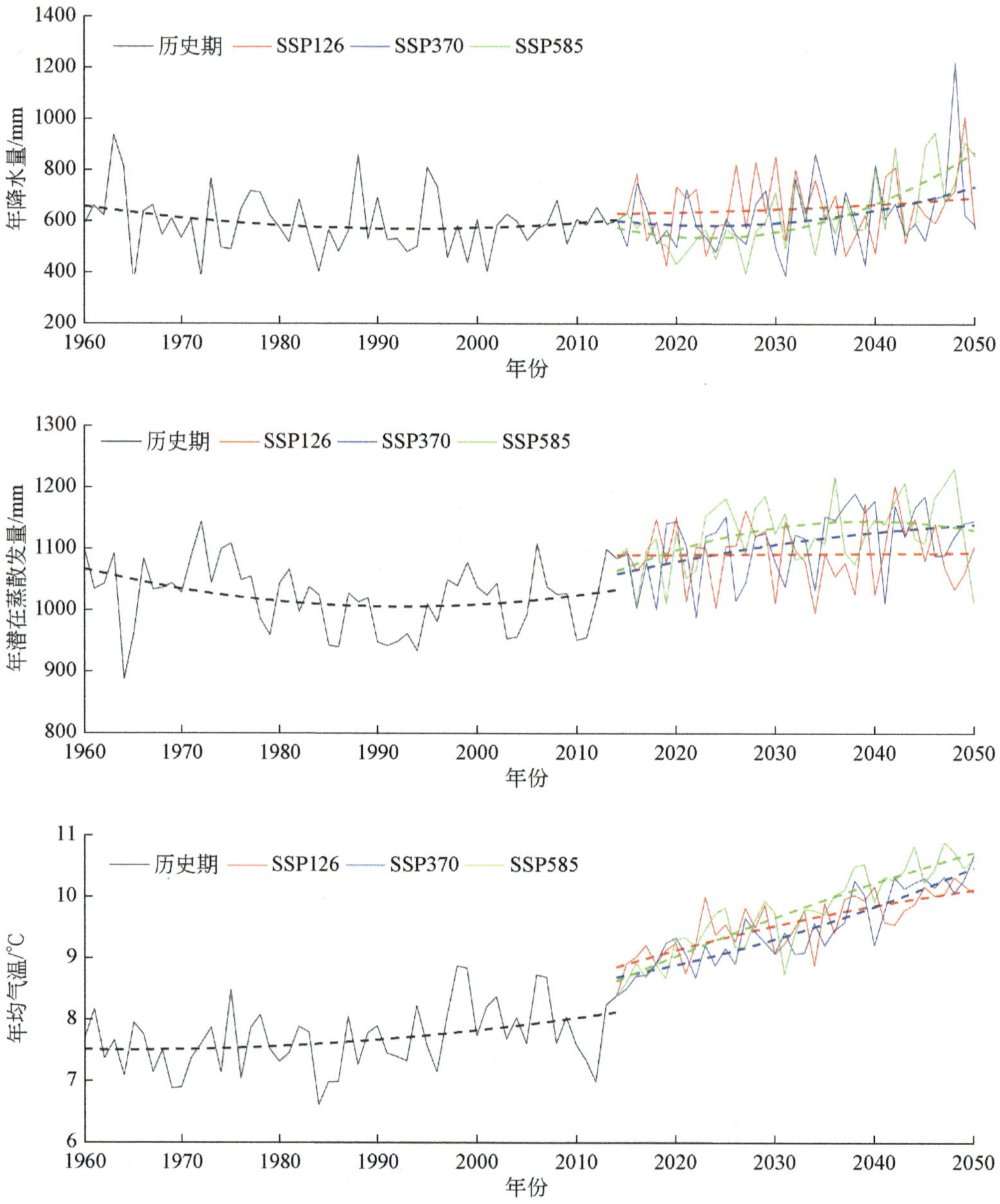

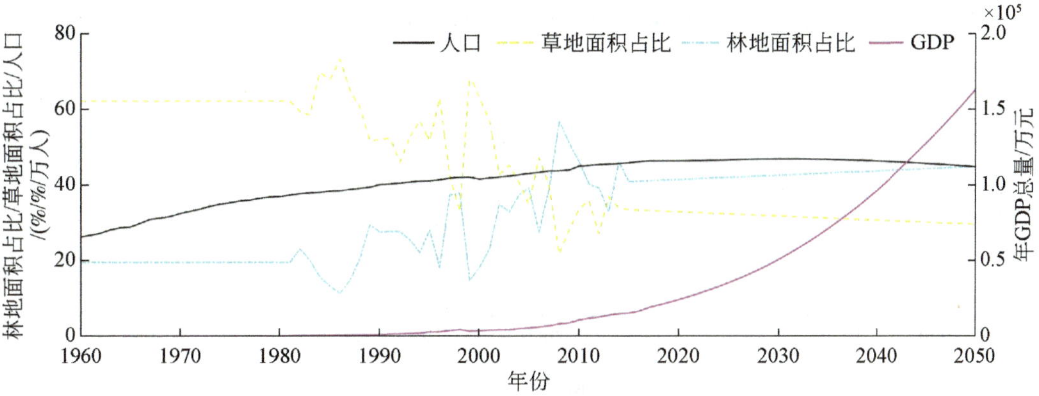

图 6.12　王快水库以上流域不同协变量变化趋势图

两个流域内植被呈现出同样的变化趋势，即草地向林地转化，其他土地利用类型无明显变化。其中，王快水库以上流域内植被类型以林地和草地为主（占比之和约为 80%），西大洋水库以上流域内则以耕地为主（约为 50%）。流域内人口和 GDP 变化按照本章 6.1.1.4 节中所述方法进行预估。

综合考虑上述气象、下垫面和社会经济发展情景，结合最优拟合结果［式（6-12）］，各流域特征参数 n 的变化趋势见图 6.13。两个流域内流域特征参数呈现出不同的变化趋势，主要是由最优模型的结构决定的，西大洋水库以上流域和王快水库以上流域的最优模型分别为 Fu 模型和 Wang-Tang 模型，不同模型中流域特征参数对普适函数的影响存在差异，降水产流量会随着普适函数的增大而减少。西大洋水库以上流域和王快水库以上流域的气候干旱指数（E_0/P）分别为 1.73 和 1.75，本书在此基础上模拟了两种模型中普适函数随流域特征参数 n 的变化情况（图 6.14），结果表明 Fu 模型中普适函数值与 n 的取值正相关，而 Wang-Tang 模型则恰好相反。因此，西大洋水库以上流域特征参数取值在历史期有明显增加，预估期受气候变化和社会经济发展影响仍有小幅上升，而王快水库以上流域则呈现出相反的变化趋势。

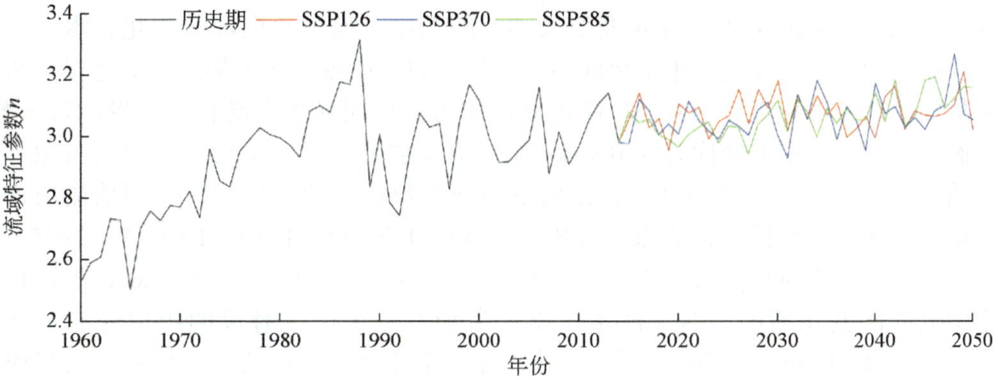

(a)西大洋水库以上流域

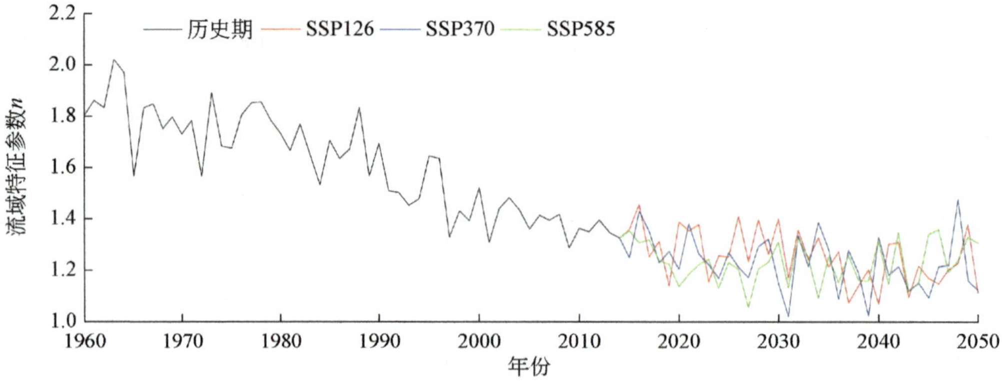

(b)王快水库以上流域

图 6.13　流域特征参数 n 演变过程

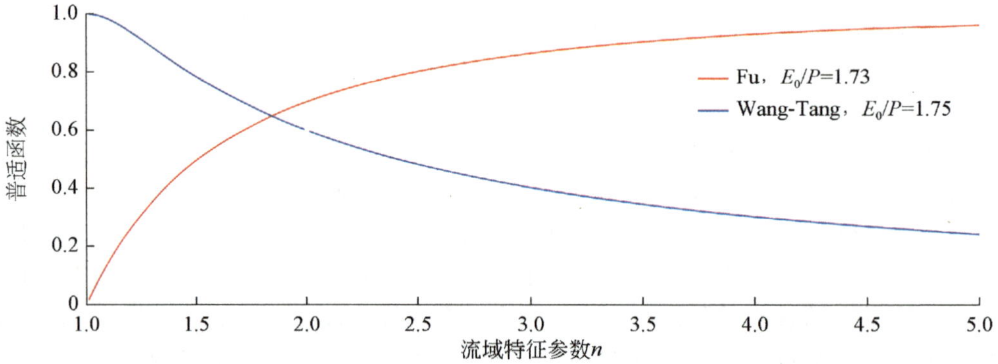

图 6.14　流域特征参数 n 对不同 Budyko 模型普适函数的影响

采用 Budyko 方法预估未来径流变化时，研究中只分析了流域近期（2020～2050 年）的变化趋势，主要原因包括：①之前研究在预估经济发展时，预估 GDP 变化一般仅限于未来二三十年；②地方政府规划中并未涉及中远期的水土保持方针，假定下垫面变化缺乏相关依据。此外，Budyko 方法在年及更大的时间尺度上模拟水资源的变化，本书在两种情景下预估近期的径流变化：①下垫面不变情景。假设流域现状下垫面参数能描述流域未来的下垫面特征，以校正后的 GCMs 模式数据作为预估期降水和潜在蒸散发的输入数据；②下垫面变化情景。根据最优时变 Budyko 参数拟合结果［式（6-12）］，结合气象、社会经济预估结果（图 6.11～图 6.13），预估下垫面参数的变化趋势，从而预估流域近期径流。根据水文序列一致性分析成果，分别以 1960～1979 年、1980～1996 年、1997～2013 年三个历史时段作为对比，表 6.7 展示了山区子流域未来近期（2020～2050 年）径流相较三个历史期的变化情况。西大洋水库以上流域在三个历史时段的年均径流量分别为 5.61 亿 m^3、4.12 亿 m^3、2.36 亿 m^3，王快水库以上流域在三个历史时段的年均径流量分别为 7.19 亿 m^3、5.42 亿 m^3、2.96 亿 m^3。假定下垫面不变时，根据 BMA 模式结果，大清河流域山区径流相较于 1997～2013 年有不同程度的上升，但仍然无法恢复至流域早期水平，这一结果同样说明了人类活动的强烈干扰是流域径流衰减的主要驱动因素。同时，人类活动对下垫面的持续影响会使得王快水库以上流域径流量减少，但西大洋水库以上流域的预估径流仍呈增加趋势。造成上述结果的原因主要有两方面因素：①与基准期相比，大清河各子流域降水增幅为10%～19%，但潜在蒸散发上升幅度并不大；②采用时变参数的 Budyko 模型拟合实测径流时，根据优化算法来得到 Budyko 模型的最优形式，以模拟与实测序列的误差作为评判标准，即以误差最小作为寻优目标，确定各协变量系数的最优表达式［式（6-12）］。因此，该系数与水文模型的参数一样，会受“异参同效”影响，即多组系数都能得到模拟精度非常接近的结果，但是各组系数所代表的物理意义并不相同。例如，先前的研究中通常采用线性、指数函数等形式来构建流域特征参数 n 与各协变量之间的关系函数，本书在第4章中将这一关系函数概化为 $n=h(y_1, y_2, \cdots, y_m)$，其中 y_1，y_2，…，y_m 表示 m 个不同的协变量序列。基于上述关系函数，对不同的协变量 y_i（$i=1$，2，…，m）分别求各函数的偏导，可以得到流域特征参数 n 对各协变量的敏感程度。本书中采用线性函数构建 n 与协变量的关系函数［式（6-12）］，因此最优表达式中各协变量系数的绝对值反映了协变量对 n 值影响的重要程度。类似地，在物理性水文模型中也采用不同的参数描述降水向径流的转变过程，但此类物理参数具有明确的物理机制，在大量实验研究的基础上可将其取值约束在合理的范围内。与之相比，Budyko 模型中依靠优化算法获取各系数的最优取值，但缺乏先验信息约束各系数的取值，即流域特征参数 n 的最优表达形式缺乏明确物理机制支撑，各协变量对应的系数可能与真实情况存在偏差，同样也会给预估结果带来一定的不确定性。

表6.7　不同情景下流域近期（2020～2050年）径流变化　　单位：%

时期	流域	情景	SSP126	SSP370	SSP585
1960～1979年（P1）	西大洋水库以上流域	S	-39.0 [-63.4, -6.0]	-45.0 [-69.2, 1.5]	-47.1 [-68.6, 4.8]
		NS	-41.2 [-63.0, -5.1]	-46.5 [-66.5, -1.7]	-48.5 [-66.7, 11.1]
	王快水库以上流域	S	-46.8 [-63.0, -24.5]	-52.0 [-69.0, -5.0]	-53.9 [-66.1, -17.3]
		NS	-54.2 [-65.6, -20.1]	-60.4 [-78.5, -8.4]	-64.4 [-70.1, -4.6]
1980～1996年（P2）	西大洋水库以上流域	S	-21.5 [-52.9, 21.0]	-29.2 [-60.4, 30.7]	-31.9 [-59.5, 34.9]
		NS	-24.3 [-52.4, 22.2]	-31.1 [-56.8, 26.5]	-33.7 [-57.1, 43.1]
	王快水库以上流域	S	-31.5 [-52.4, -2.8]	-38.2 [-60.0, 22.3]	-40.6 [-56.4, 6.5]
		NS	-41.0 [-55.8, 2.8]	-49.1 [-72.4, 17.9]	-54.2 [-61.6, 22.9]
1997～2013年（P3）	西大洋水库以上流域	S	33.6 [-19.8, 105.9]	20.5 [-32.6, 122.4]	15.9 [-31.1, 129.6]
		NS	28.8 [-19.0, 108.0]	17.3 [-26.5, 115.3]	12.9 [-27.0, 143.5]
	王快水库以上流域	S	16.5 [-19.0, 65.4]	5.2 [-32.0, 108.1]	1.1 [-25.8, 81.2]
		NS	0.4 [-24.7, 75.0]	-13.3 [-53.0, 100.7]	-22.1 [-34.6, 109.1]

注：表内为基于BMA模式的模拟结果，括号内表示基于不同气候模式得到的径流变化区间；S、NS分别表示下垫面不变和变化两种情景；西大洋水库以上流域在三个时期的年均径流量分别为5.61亿 m^3（P1）、4.12亿 m^3（P2）、2.36亿 m^3（P3），王快水库以上流域在三个时期的年均径流量分别为7.19亿 m^3（P1）、5.42亿 m^3（P2）、2.96亿 m^3（P3）。

综合上述讨论，本书进一步探讨了两个流域预估结果存在差异的原因（表 6.7）。根据优化算法得到的最优拟合结果，西大洋水库以上流域和王快水库以上流域分别采用了流域人口和人均 GDP 两个因子描述人类活动对下垫面的影响。尽管在历史时期，两个流域都能取得很好的模拟结果；然而，与人均 GDP 的持续增加不同，流域人口预计将呈现出先增后减的变化，这也使得两个子流域在未来预估时变化趋势上的差别，其根本原因是统计学方法的局限性。综上，基于时变参数的 Budyko 方法在应用时仍存在一些缺陷，应进一步明确下垫面参数与协变量间的物理关系。

6.4.2 基于水文模型的综合预估

6.4.2.1 多模式年际变化

假定流域下垫面条件不变时，图 6.15 和表 6.8 展示了 BMA 模式下大清河山区年径流量在年际/年代间的变化特征，其余 CMIP6 模式的模拟结果用来展示预估径流变化的不确定性区间。根据本书第 3 章中关于大清河山区历史期地表径流演变过程的分析，流域历史期径流演变规律可以分为 1960 ~ 1979 年、1980 ~ 1996 年、1997 ~ 2013 年三个时期。流域历史期降水产流能力大幅下降（降幅约为 2/3），并在 2000 年左右达到最低值，之后随着降水的回升有略微的增加趋势。随着预估期降水、气温的持续增加，陆气水热交互过程加快，流域地表径流延续了 2000 年后的上升趋势。大清河山区径流在 21 世纪的年际变化趋势随着排放浓度的增加，年径流量的增幅更大，趋势也更为显著，多模式间模拟结果的不确定性也明显增加。在 SSP126 情景下，西大洋水库以上流域和王快水库以上流域年径流量在2020 ~ 2100 年的倾向率分别为 0.072 亿 m^3/10a、0.109 亿 m^3/10a，且均无显著的变化趋势（$P>0.1$）。与之相比，年径流量在高排放情景下的变化倾向率均超过了 0.300 亿 m^3/10a，且上升趋势非常显著（$P<0.01$）。

此外，综合不同模拟方法在未来近期（2020 ~ 2050 年）的预估结果，不同情景下各流域模拟的径流变化具有一定的相似性，SSP585 情景下模拟结果要低于其他情景，这与排放情景的初期假定及近期的气候变化相关。例如，SSP126 情景下模拟近期降水高于其他情景，而 SSP585 情景下近期的年均潜在蒸散发量较其他情景要偏高 20 ~ 40mm。

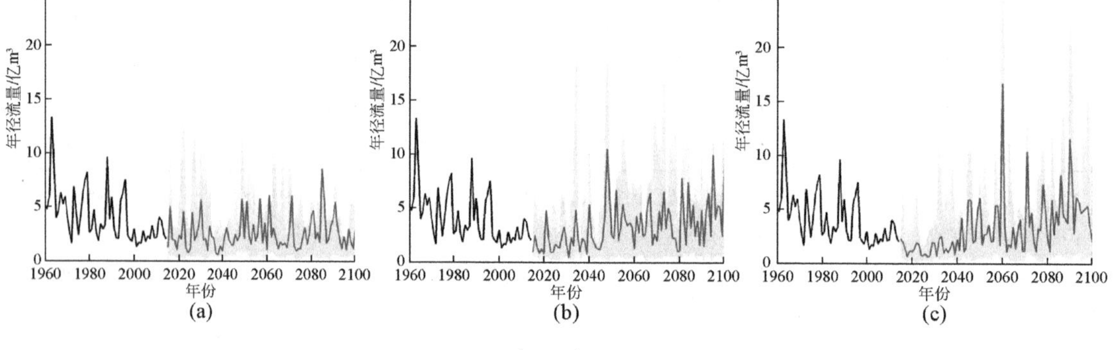

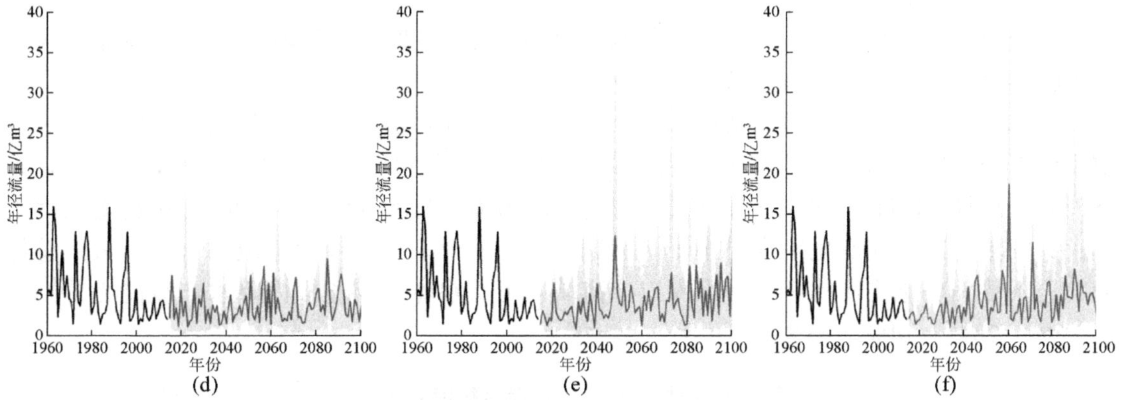

图 6.15　大清河山区年径流量演变过程

（a）～（c）为西大洋水库以上流域，（d）～（f）为王快水库以上流域；（a）和（d）为 SSP126，（b）和（e）为 SSP370，（c）和（f）为 SSP585

表 6.8　不同时期大清河山区年径流量统计信息　　单位：亿 m^3

流域	排放情景	多年径流均值			
		2020～2100 年	2020～2050 年	2051～2080 年	2081～2100 年
西大洋水库以上流域	SSP126	2.55 [1.21, 3.24]	2.46 [0.92, 2.86]	2.54 [1.06, 3.69]	2.99 [0.87, 3.58]
	SSP370	3.37 [1.18, 3.77]	2.49 [0.87, 3.05]	3.41 [1.25, 5.09]	4.67 [1.56, 5.86]
	SSP585	3.33 [1.40, 3.62]	2.04 [1.02, 2.79]	3.60 [1.40, 4.44]	4.91 [1.67, 6.39]
王快水库以上流域	SSP126	3.60 [2.14, 3.80]	3.34 [2.32, 3.76]	3.73 [2.09, 4.24]	4.14 [1.49, 4.59]
	SSP370	4.08 [2.26, 5.21]	3.48 [1.44, 4.56]	3.82 [2.81, 6.44]	5.40 [2.44, 5.86]
	SSP585	4.07 [2.33, 5.32]	3.28 [1.67, 4.58]	4.39 [2.37, 5.61]	4.79 [3.32, 8.40]

注：括号内为多模式估计区间，1997～2013 年西大洋水库以上流域、王快水库以上流域年均径流量分别为 2.36 亿 m^3、2.96 亿 m^3。

6.4.2.2　水资源时空变化分析

以 BMA 多模式集合平均结果作为气象输入，下垫面变化中考虑两种情景：①情景 1，流域下垫面保持不变，以 2018 年土地利用和梯田分布作为水文模型输入；②情景 2，同时考虑植被和水保措施的影响，详细下垫面情况见图 6.2。这里基于上述假定对区域水资源在不同情景下的时空变化特征进行了分析。需要说明的是，由于大清河流域历史期径流发生了显著变化，基于一致性分析结果可以划分三个时段，本书基于最近一个时段的水文序列来构建分布式水文模型。因此，在后面分析中，均是以最近一个时段作为基准期，获取基准期内的降水、径流等统计信息。

1）径流量年际及年内变化特征

以 1997～2013 年作为基准期，不同排放情景下降水量的增加有利于山区流域径流量的恢复，因此情景 1 下各流域径流量相较于基准期普遍呈上升趋势，仅在 SSP585 情景下西大洋水库以上流域近期有减少的趋势，而流域径流在中远期的增幅普遍超过了50%。尽管流域径流有了明显的增加，但在增幅最大的SSP585情景下，流域远期年均径流量仅达到1980～1996年的水平，说明流域未来水资源形势并不十分乐观。

考虑下垫面变化时，林地增加和水土保持措施均使得流域降水产流能力下降，流域近期径流下降幅度可达18%～36%（表6.9），径流的下降幅度总体呈现出SSP126>SSP370>SSP585，近期>中期>远期这一特征，这是由于2020～2100年内SSP126气候变化幅度最小，且流域近期气候变化幅度要小于中远期，从而使得下垫面变化造成的影响增大。总体而言，下垫面变化将使得西大洋水库以上流域、王快水库以上流域内降水产流能力分别减少19%～28%、14%～33%。

表6.9　不同时期大清河流域径流变化统计　　单位：亿 m^3

流域	时期	SSP126		SSP370		SSP585	
		情景1	情景2	情景1	情景2	情景1	情景2
西大洋水库以上流域	近期（2020～2050年）	2.46	1.77	2.49	1.90	2.04	1.50
	中期（2051～2080年）	2.54	1.93	3.41	2.64	3.60	2.91
	远期（2081～2100年）	2.99	2.31	4.67	3.80	4.91	3.90
王快水库以上流域	近期（2020～2050年）	3.34	2.39	3.48	2.43	3.28	2.20
	中期（2051～2080年）	3.73	2.90	3.82	3.12	4.39	3.49
	远期（2081～2100年）	4.14	3.19	5.40	4.65	4.79	4.11

注：基准期（1997～2013年）西大洋水库以上流域、王快水库以上流域年均径流量分别为2.36亿 m^3、2.96亿 m^3。

本书根据西大洋水库以上流域、王快水库以上流域在不同情景下的模拟结果，分析了山区流域的月径流变化过程。结果表明，未来径流的年内过程将发生较大改变（表6.10）。与历史期相比，未来降水在年内的产流时间有所推后，主要表现为5～7月的径流量明显减少，9～10月径流量有所增加。造成这一变化主要有两方面的原因：①降水年内分配发生的变化。尽管不同情景下7月降水比重均有一定增加，但6月降水比重有明显下降，因此使得流域7月的部分降水用于补充土壤前期含水量，不会形成地表径流（图6.16）；②下垫面变化增加了流域蓄水能力。与草地相比，森林植被根系更为发达，而且坡耕地改造措施将显著改良土壤孔隙度，增加土壤持水能力，从而减少降水产流。例如，考虑植被变化和水保措施时，各气候情景下降水产流过程进一步延后。

表6.10　大清河山区流域各月径流占比　　单位：%

情景	月份											
	1	2	3	4	5	6	7	8	9	10	11	12
1997～2013年	3.9	4.0	4.4	2.9	3.4	4.9	11.9	26.8	15.5	9.5	6.5	6.3
SSP126（1）	6.6	5.7	5.3	2.8	2.2	1.9	7.1	27.1	19.2	9.7	6.1	6.3
SSP126（2）	7.0	6.0	5.3	2.8	2.2	1.6	5.6	26.0	20.2	10.3	6.3	6.7
SSP370（1）	5.8	4.9	4.4	2.5	2.0	1.6	8.0	26.6	20.0	11.3	6.8	6.1

续表

情景	月份											
	1	2	3	4	5	6	7	8	9	10	11	12
SSP370（2）	6.1	5.1	4.3	2.5	1.9	1.2	6.3	26.1	21.0	11.9	7.2	6.4
SSP585（1）	5.8	4.9	4.5	2.5	1.9	1.7	7.7	25.1	21.0	12.2	6.7	6.0
SSP585（2）	6.1	5.0	4.3	2.4	1.8	1.4	5.8	24.4	22.3	13.1	7.1	6.2

注：（1）为下垫面不变情景；（2）为考虑植被变化和水保措施的情景。

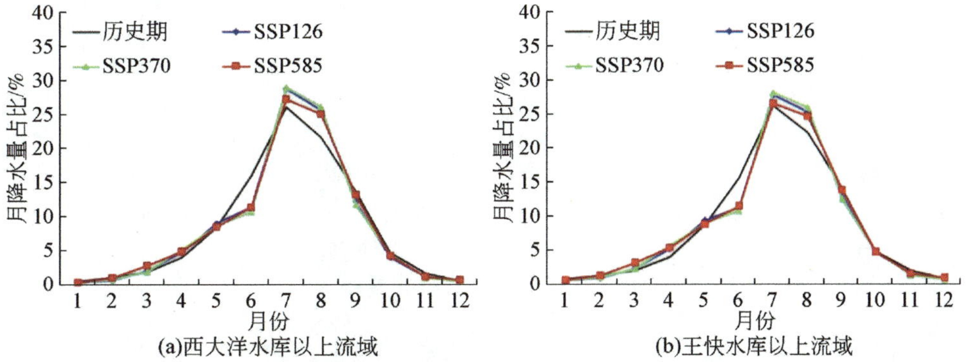

图 6.16　大清河山区不同情景降水年内分配

2）2020～2100 年土壤含水量及蒸散发量时空变化特征

图 6.17 和图 6.18 展示了不同气候及下垫面情景下流域未来土壤含水量及实际蒸散发量的时空变化规律。与历史期相比，所有排放情景及下垫面假设下模拟的流域实际蒸散发量均有上升，多年平均蒸散发量上升了 60～100mm。同时，根据 CMIP6 预估结果，降水、气温的上升幅度随排放浓度的增大而递增，表现为 SSP585>SSP370>SSP126。受此影响，各流域模拟的实际蒸散发量在不同排放情景下存在较大差异。SSP126 情景下流域多年平均蒸散发量约为 550mm，面均倾向率约为 5mm/10a，而 SSP585 情景下流域多年平均蒸散发量能达到 590mm 左右，面均倾向率超过了 20mm/10a。气候排放情景初期假定的差异也是 SSP585 情景下流域蒸散发量显著增加的主要原因，SSP585 情景下流域近期（2020～2050 年）降水量最少，使得近期模拟的蒸散发量通常要低于其他情景。

下垫面变化同样使得流域蒸散发量进一步增大。林地面积扩大使得区域内植被叶面积指数增大、根系深度增加，坡耕地、坡林地改造等水土保持措施改变了土壤物理性质，增大了土壤孔隙度及持水能力。因此，在考虑下垫面变化时，流域多年平均蒸散发量在不同气候情景下均有上升，增幅为 8～15mm。从空间上看，流域蒸散发量变化主要体现在坡耕地和坡林地改造地区，其中坡林地改造地区蒸散发量的增幅十分显著，多年平均蒸散发量的增加幅度可达 60～80mm，坡耕地改造地区的增幅为 10～20mm。

与实际蒸散发相比，整个流域土壤含水量在预估期没有明显的变化特征。与历史期相比，各排放情景下流域多年平均土壤含水量虽然有所增加，但整个流域平均土壤含水量增幅均不超过 5mm，倾向率也小于 3mm/10a，水保措施对土壤含水量具有一定的影响。土壤

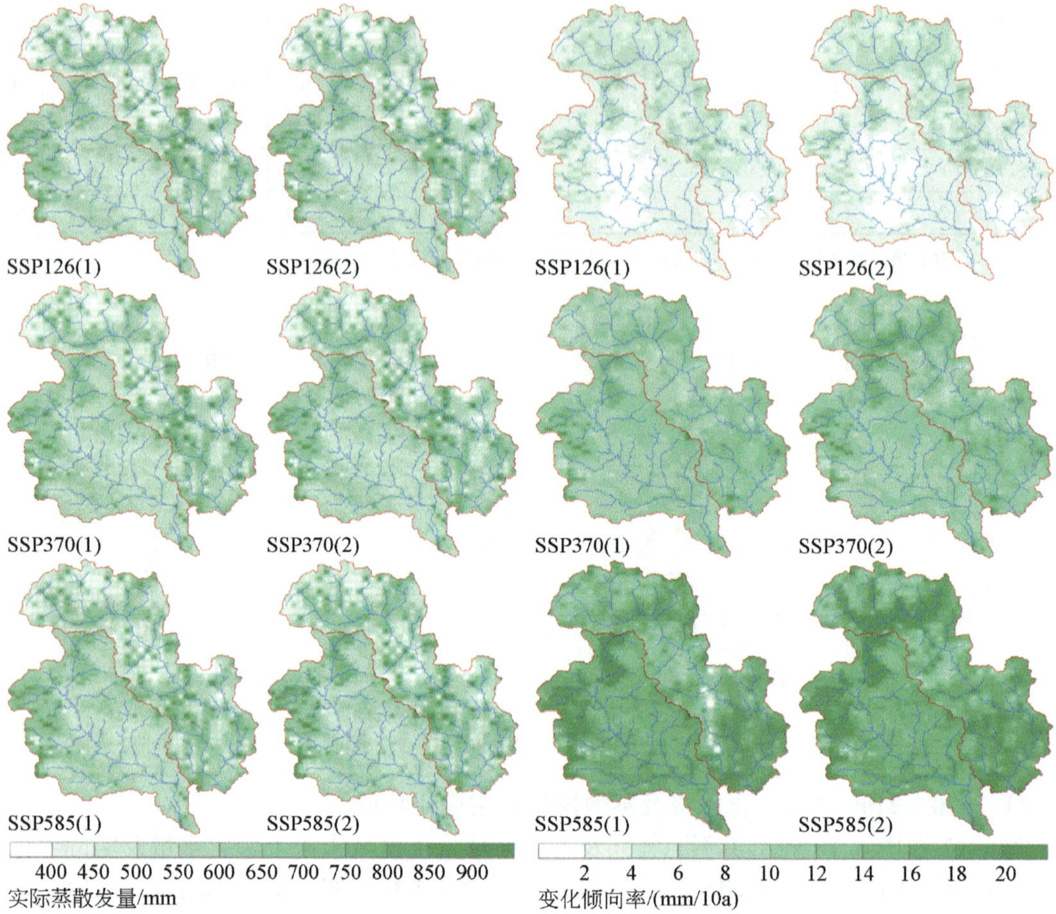

图 6.17　大清河山区王快水库以上流域与西大洋水库以上流域 2020～2100 年实际蒸散发量时空变化

含水量在坡林地改造地区的增幅为 16～20mm，在坡耕地改造地区的增幅为 12mm 左右。

3）近、中、远期土壤含水量及蒸散发量时空变化特征

根据 CMIP6 模式假定，21 世纪内不同情景下的气候变化将呈现出时段特征。例如，在低排放情景（SSP126）下全球升温幅度将在 21 世纪中期达到峰值，而高排放情景下的气温将在整个 21 世纪持续上升。因此，图 6.17 和图 6.18 只能反映 21 世纪的整体变化情况，本书将预估期划分为近期（2020～2050 年）、中期（2051～2080 年）、远期（2081～2100 年）三个时段，进一步评估了各时段内水循环要素的时空变化特征。此外，由于西大洋水库以上流域和王快水库以上流域在 21 世纪呈现出相同的气候变化特征，下面以西大洋水库以上流域为例，阐述各时段气候变化对水循环过程的具体影响。

仅考虑气候变化和同时考虑气候、下垫面变化时，SSP126 情景下不同时期流域多年平均蒸散发量、土壤含水量及其变化趋势如图 6.19～图 6.22 所示。在图 6.19～图 6.22 中，（a）～（c）分别对应近期（2020～2050 年）、中期（2051～2080 年）、远期（2081～2100 年）的模拟结果（同时考虑气候和下垫面变化的影响）；（d）～（f）同样对应三个

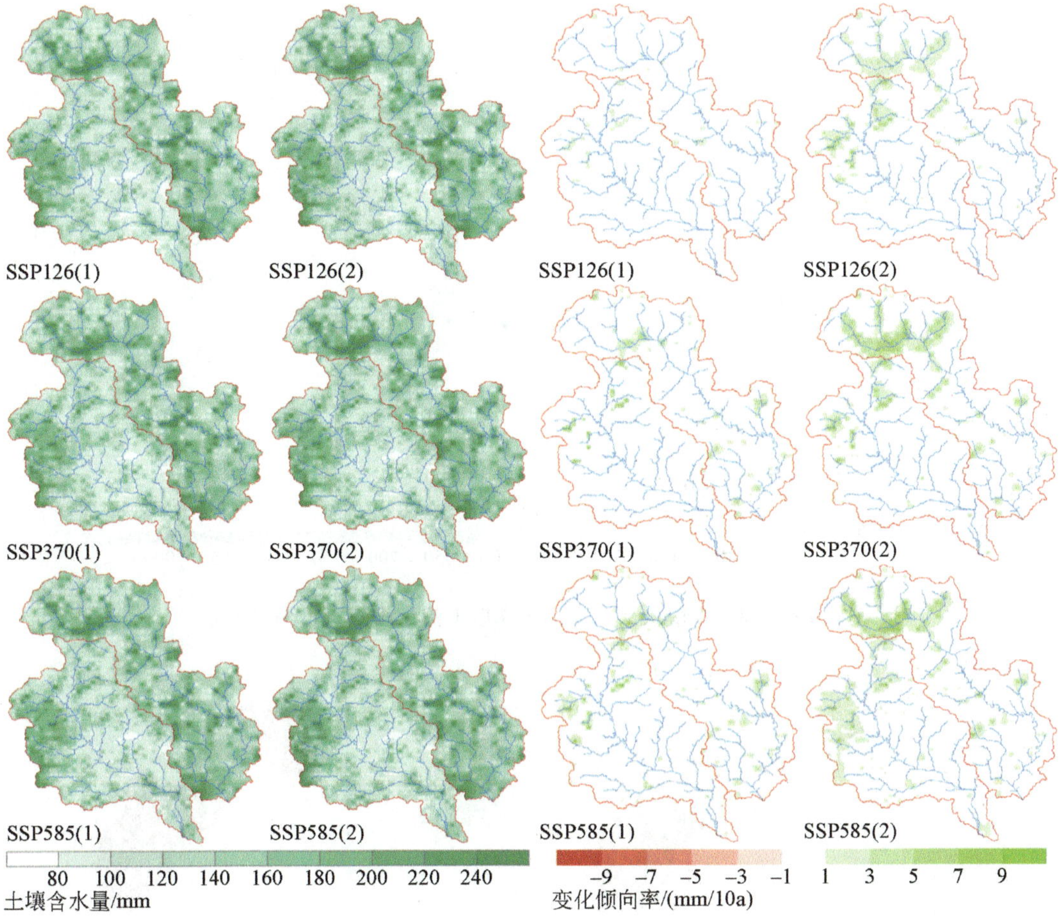

图 6.18 大清河山区王快水库以上流域与西大洋水库以上流域 2020 ~ 2100 年土壤含水量时空变化

时期，但仅考虑气候变化的影响。

预估结果表明，随着降水和气温的持续升高，流域内实际蒸散发量在近期普遍呈上升趋势，且流域下游地区增幅更大；与历史模拟期（2006 ~ 2013 年）相比，多年平均蒸散发量增加了约 40mm。低排放情景下流域升温幅度持续减缓，流域实际蒸散发量的年际变化趋势与气温基本一致，在 21 世纪中期达到最高值（比近期偏高约 30mm），且整个中期维持在较为稳定的水平。与之相比，流域土壤含水量在近期和中期基本维持稳定，对比历史模拟期均值（147mm），仅考虑气候变化时近期和中期的流域多年平均土壤含水量均下降了约 4mm；综合考虑下垫面变化时，增幅也仅为 1 ~ 2mm。降水和气温在远期的持续下降改变了流域的水热条件，使得整个流域的实际蒸散发量和土壤含水量呈现出明显的下降趋势。此外，植树造林、坡林地改造等措施改变了流域水循环条件，林地土壤持水能力和蒸散发能力均强于草地。根据本书采用的下垫面假设情景（图 6.2），流域上游地区存在较大面积的坡林地改造区域。因此，这一措施会减小流域上游区域土壤含水量及实际蒸散发量的变化幅度。例如，在考虑下垫面改造的前提下，图 6.20（b）和图 6.22（b）展示

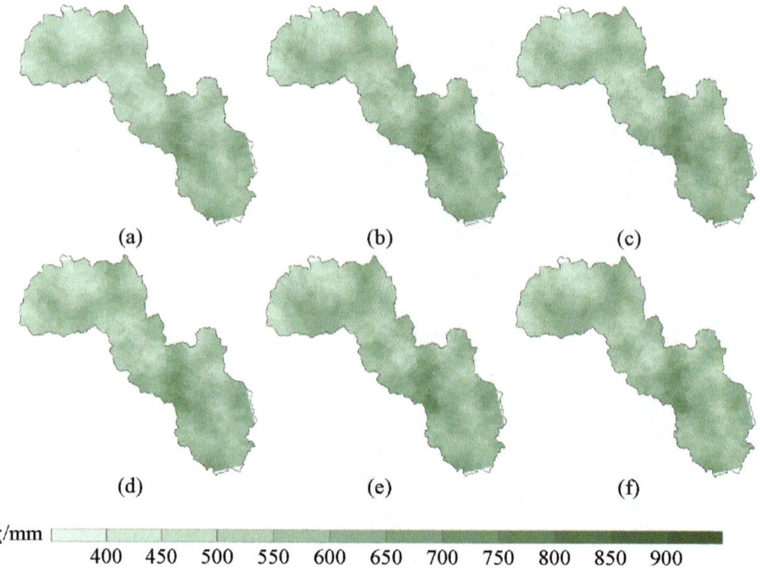

图 6.19　SSP126 情景下西大洋水库以上流域多年平均蒸散发量

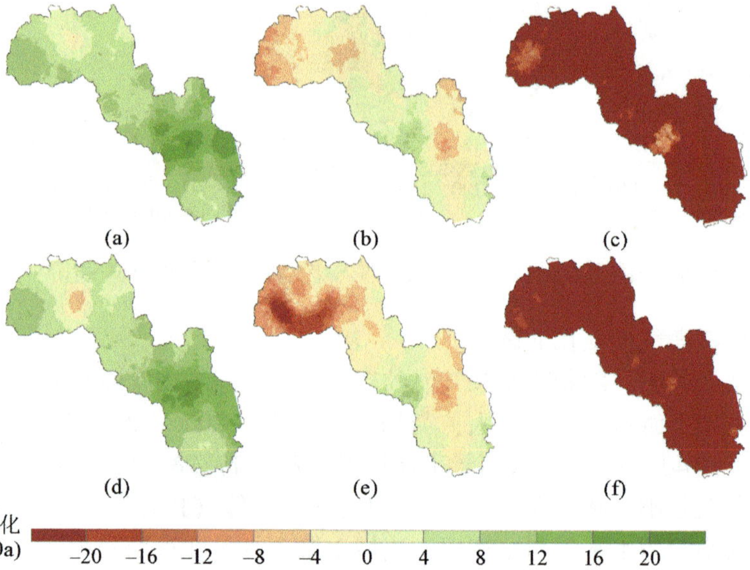

图 6.20　SSP126 情景下西大洋水库以上流域年蒸散发量变化趋势

了西大洋水库以上流域 21 世纪中期蒸散发量及土壤含水量的变化趋势，结果表明流域上游土壤含水量及实际蒸散发量的变化幅度远小于现状下垫面条件下的模拟结果［图 6.20（e）和图 6.22（e）］。

与低排放情景相比，高排放情景下流域未来时期气候变化更为剧烈，气温和降水均呈现出较大幅度的增长。因此，高排放情景下流域内土壤含水量和实际蒸散发量在中期和远

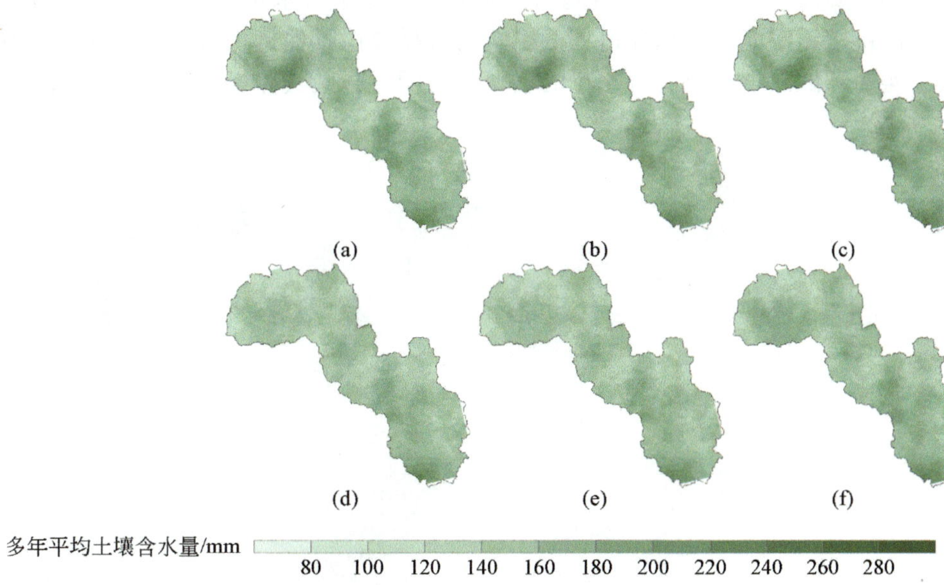

图 6.21 SSP126 情景下西大洋水库以上流域多年平均土壤含水量

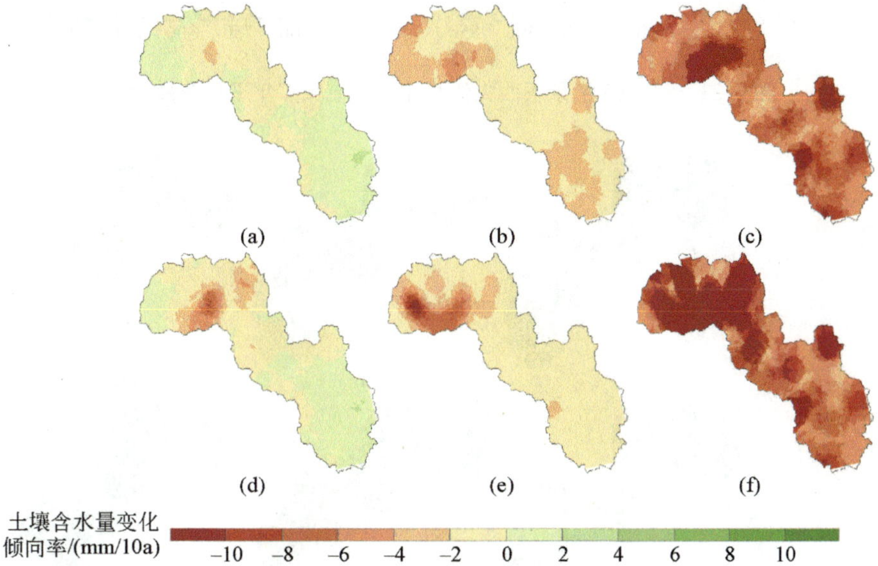

图 6.22 SSP126 情景下西大洋水库以上流域土壤含水量变化趋势

期的演变规律有较大的变化。此外，SSP370 和 SSP585 情景均反映了全球变暖较为恶劣的未来情势，只是在程度上有所差异，且两种情景下在中远期的模拟结果基本一致。本书以 SSP585 情景为例，说明近期、中期、远期流域水循环要素的演变规律（图 6.23 ~ 图 6.26）。流域实际蒸散发量在三个时期均呈上升趋势，与历史模拟期（2006 ~ 2013 年）相比，近期、中期、远期多年平均蒸散发量的增幅约为 40mm、110mm、200mm，仅在流域下游少数地区（模拟中期）略有下降。随着降水的增加，流域土壤水储量也有一定程度的上升，其增幅主要体现在模拟中期和远期，流域平均土壤含水量分别增加了 5mm、13mm 左右。水土保持措施对流域水循环过程的影响与低排放情景保持一致。在下垫面转化为林地的区域，实际蒸散发量和土壤含水量的增幅较为明显，其具体影响已在前文阐述，此处不再赘述。

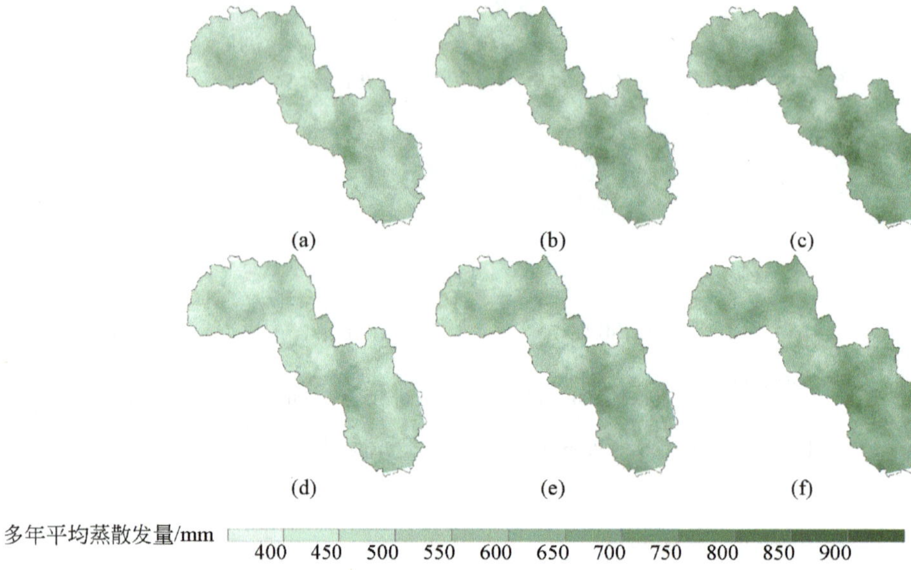

图 6.23　SSP585 情景下西大洋水库以上流域多年平均蒸散发量

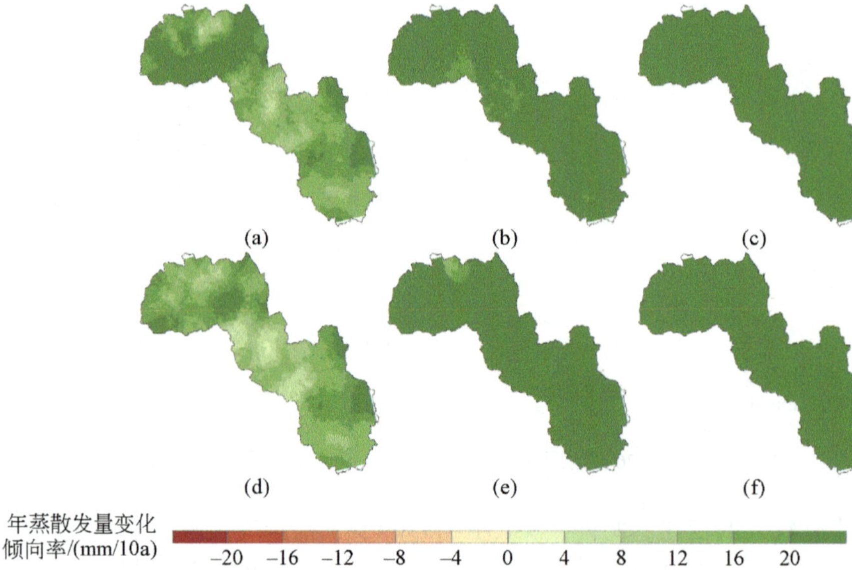

图 6.24　SSP585 情景下西大洋水库以上流域年蒸散发量变化趋势

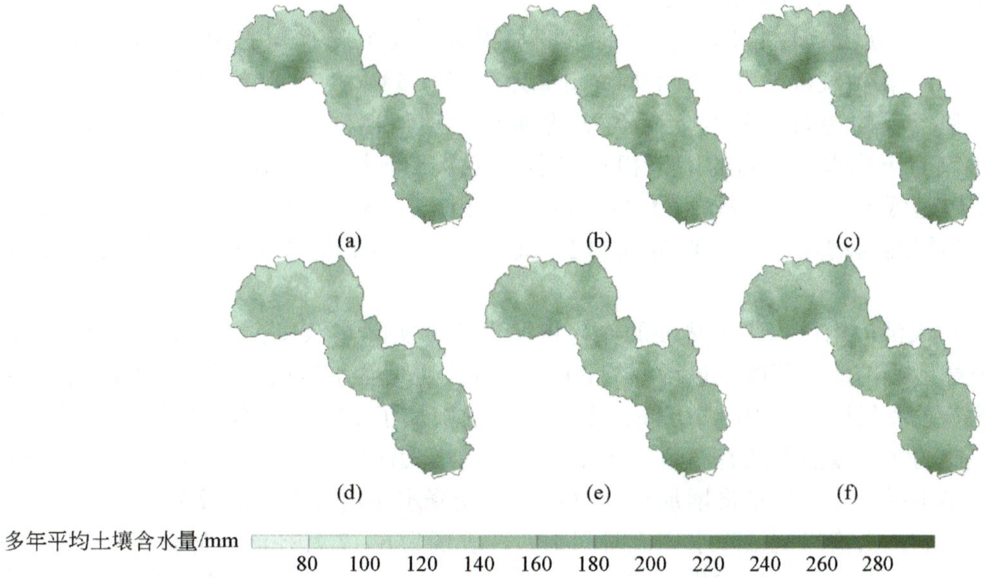

图 6.25　SSP585 情景下西大洋水库以上流域多年平均土壤含水量

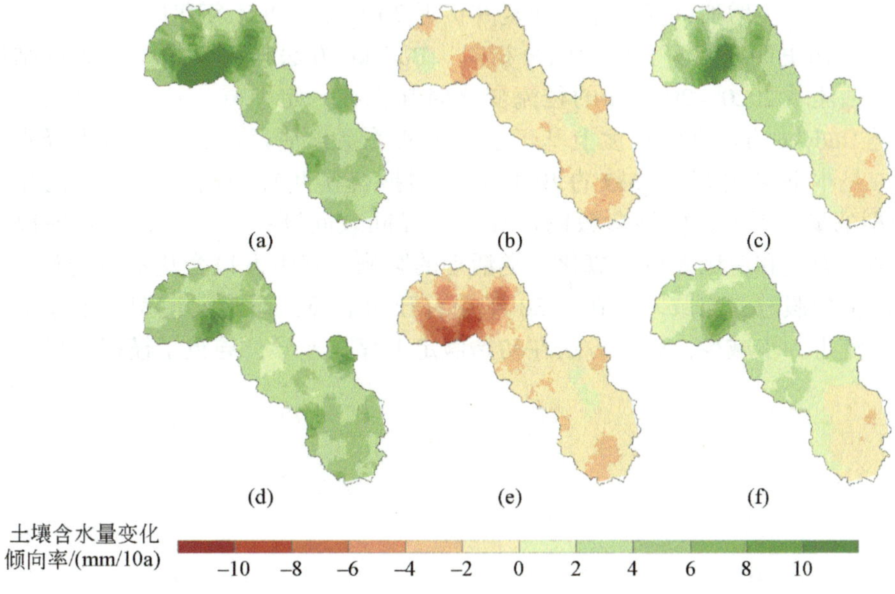

图 6.26　SSP585 情景下西大洋水库以上流域土壤含水量变化趋势

6.5 本章小结

本章完成了 GCMs 模式数据降尺度及评估工作，基于 GCMs 模式预估、实地考察成果、地方政策法规，预估流域未来气象、下垫面变化情景，最终完成了对典型流域地表水资源量变化的预估工作。主要结论如下：

（1）校正后的GCMs模拟精度有了明显提高，模拟降水与实测值平均逐日偏差小于0.15mm/d，模拟气温与实测值平均逐日偏差小于0.5℃/d，平均绝对误差也有所下降，模拟降水和气温的逐月过程与实测值更为接近。预估期降水和气温均呈现出增加趋势，SSP126情景下降水、气温的增幅相对较小。其中，降水变化幅度与历史期较为接近，而气温增幅远低于历史期（<0.16℃/10a）；与之相比，SSP370和SSP585情景下，研究区域内降水和气温的增加趋势一直持续到21世纪末，上升趋势十分显著（$P<0.01$）且增幅较大。

（2）大清河山区未来下垫面的变化将增大流域实际蒸散发，土壤含水量也略有上升，其中坡林地改造地区蒸散发量增幅为60～80mm，土壤含水量增加了16～20mm；坡耕地改造地区蒸散发量增幅为10～20mm，土壤含水量增加了12mm左右。气候变化情景下，流域预估期的实际蒸散发随着温室气体排放浓度的增大而递增，与不考虑下垫面变化的情况相比，多年平均蒸散发量将增加60～100mm。受降水年内分配特征及下垫面变化多方面因素共同影响，大清河流域降水产流时间推后，表现为6～7月径流明显减少，9～10月径流有所增加。综合考虑气候变化与下垫面改造的影响，在大清河山区未来近期（2020～2050年），不同排放情景下年降水量的增幅为50～70mm，但持续推行的水土保持措施将增加流域蓄水能力，山区地表径流的下降幅度可达17%～36%，随着中远期（2051～2100年）流域降水量的进一步增加，径流才会恢复并接近20世纪八九十年代的水平。

（3）在对历史期径流演变作归因分析时，Budyko方法与水文模型得到的结论十分接近，但在预估流域2020～2050年的径流变化时却存在一定差异，这主要是由以下原因导致的：一是Budyko方法在年尺度上基于水热平衡关系预估径流，无法考虑降水的季节变化特征；二是本书采用时变参数的Budyko模型拟合实测径流时，采用优化算法来确定Budyko模型的最优形式，模型参数同样存在异参同效问题；三是西大洋水库以上流域采用草地、林地面积和流域人口来概化人类活动的影响，其中人口变化所占的权重最大。根据社会经济情景假定，流域人口在2030年左右开始下降，而水文模型中下垫面的持续变化将导致径流进一步减少，两个方法在初始假定上存在差异，导致了模拟结果的区别。

第7章 基于时变参数皮尔逊Ⅲ型分布的水文分析计算

本章以大清河山区主要地表水源地王快水库和西大洋水库为研究对象，针对变化环境下工程水文计算的现实需求，提出了基于最大惩罚似然估计函数的时变参数皮尔逊Ⅲ（P-Ⅲ）型非一致性分布参数估计方法，利用蒙特卡洛模拟法验证了该方法的有效性，并利用实测数据验证了其模拟结果的实用性。此外，本章采用上述优化方法计算了考虑未来气候变化和人类活动影响下丰、平、枯水年王快水库和西大洋水库的入库径流量，评估了计算结果的不确定性，并在此基础上进一步评价了未来大清河山区王快水库、西大洋水库在丰、平、枯不同来水情况下对下游河淀水系的生态补水潜力。

7.1 时变参数皮尔逊Ⅲ型分布的计算原理

大清河山区地表径流在历史期呈现出非常显著的下降趋势，由于传统的频率分析方法需要假定样本序列服从一致性假定，因此传统方法可能不再适用于变化环境下的评估工作。为了分析未来时期大清河山区主要水库对下游平原区的生态补水潜力，本书采用非一致性皮尔逊Ⅲ型分布，提出了非一致性条件下时变参数的优化估计方法，计算了考虑未来气候变化和人类活动影响下丰、平、枯水年王快水库和西大洋水库的入库径流量，并对计算结果的不确定性进行了评估。本节主要介绍新方法的计算原理。

7.1.1 时变参数形式及优化估计

7.1.1.1 传统P-Ⅲ型分布

P-Ⅲ型分布为一端有界的单峰曲线，其概率密度函数为

$$f(x)=\frac{\beta^{\alpha}}{\Gamma(\alpha)}(x-r)^{\alpha-1}e^{-\beta(x-r)} \tag{7-1}$$

式中，α、β、r 分别为分布的形状参数、尺度参数和位置参数；Γ 为伽马函数。一般来说，P-Ⅲ型分布有五种形态，由其形状参数的大小决定。前人研究表明，进行频率分析时最好取 $\alpha>2$（Buckett and Oliver，1977）。当尺度参数 $\beta>0$ 时，P-Ⅲ型分布为正偏曲线且有 $x-r\geqslant0$；当尺度参数 $\beta<0$ 时，P-Ⅲ型分布为负偏曲线且有 $x-r\leqslant0$（Koutrouvelis and Canavos，1999），考虑样本序列的重尾特征，一般分析时令尺度参数为正数。

7.1.1.2 变化环境下分布参数优化估计

在非一致性条件下，通常采用时变参数来反映密度函数的变化：

$$f(x)=\frac{\beta(t)^{\alpha(t)}}{\Gamma(\alpha(t))}(x_t-r(t))^{\alpha(t)-1}e^{-\beta(t)(x_t-r(t))} \tag{7-2}$$

式中，x_t（$t=1$，2，…，n）为长度等于 n 的样本序列；α（t），β（t），r（t）分别为随协变量 t 变化的形状参数、尺度参数和位置参数。参数可表示为与协变量相关的函数：$\alpha(t)=\exp\{k_0+k_1t+k_2t^2\}$，$\beta(t)=\exp\{k_3+k_4t+k_5t^2\}$，$r(t)=\exp\{k_6+k_7t+k_8t^2\}$。协变量取指数函数是为了保证形状参数和尺度参数均为正数，表 7.1 列举了协变量函数的不同组合形式。非一致性条件下的 P-Ⅲ型分布模型用 M_{ijk}（$i/j/k=0$，1，2）表示，i，j，k 分别为形状参数、尺度参数、位置参数与协变量间的函数关系。例如，M_{012} 为形状参数是与协变量无关的常数，而尺度参数和位置参数分别与协变量具有线性函数关系和二次函数关系。对于 M_{012}，其中待估计的参数也从一致性条件下的 α，β，r 转变为 $\{k_0$；k_3，k_4；k_6，k_7，$k_8\}$。

表 7.1　P-Ⅲ型分布时变参数表达示例

k_i 取值	时变参数的指数函数表达式		
	$\alpha(t)$	$\beta(t)$	$r(t)$
$k_0\neq0$，$k_1=0$，$k_2=0$ $k_3\neq0$，$k_4=0$，$k_5=0$ $k_6\neq0$，$k_7=0$，$k_8=0$	常数	常数	常数
$k_0\neq0$，$k_1\neq0$，$k_2=0$ $k_3\neq0$，$k_4=0$，$k_5=0$ $k_6\neq0$，$k_7=0$，$k_8=0$	线性表达	常数	常数
$k_0\neq0$，$k_1=0$，$k_2=0$ $k_3\neq0$，$k_4\neq0$，$k_5=0$ $k_6\neq0$，$k_7=0$，$k_8=0$	常数	线性表达	常数
$k_0\neq0$，$k_1=0$，$k_2=0$ $k_3\neq0$，$k_4=0$，$k_5=0$ $k_6\neq0$，$k_7\neq0$，$k_8=0$	常数	常数	线性表达
$k_0\neq0$，$k_1=0$，$k_2=0$ $k_3\neq0$，$k_4\neq0$，$k_5=0$ $k_6\neq0$，$k_7\neq0$，$k_8\neq0$	常数	线性表达	二次表达

P-Ⅲ型分布密度函数的似然估计量为

$$L(\alpha(t),\beta(t),r(t))=\prod_{t=1}^{n}\frac{\beta(t)^{\alpha(t)}}{\Gamma(\alpha(t))}(x_t-r(t))^{\alpha(t)-1}e^{-\beta(t)(x_t-r(t))} \tag{7-3}$$

通常对上式两端取对数，得到对数似然估计量 $\ln[L(\alpha(t),\beta(t),r(t))]$。由极大似然原理，令似然函数值取极大值的一组参数即为极大似然参数估计结果，这一过程通常采用数值解法来实现。但是，在非一致性条件下，基于数值方法的寻优过程中存在一定的问题。变化的位置参数 r（t）可能导致（$x_t-r(t)$）≈0 这一结果，使得似然函数返回一个非常不合理的结果，极大地影响了寻优过程。本书经过数值模拟研究后在优化过程中引入了惩罚因子 $\pi\ (x_t-r\ (t))$ 来避免这一问题，其定义如下：

$$\pi(x_t-r(t))=\begin{cases}1 & (x_t-r(t)>B)\\ \exp\{[a\cdot(x_t-r(t)-B)]^c\} & (x_t-r(t)\leqslant B)\end{cases}\quad(t=1,2,\cdots,n) \tag{7-4}$$

本书采用的经验系数分别为 $\alpha=100$、$c=3$、$B=0.05$（图 7.1）。对数似然函数可转化为最大惩罚似然函数：

$$D=\ln[L(\alpha(t),\beta(t),r(t))]+\ln[\pi(x_t-r(t))] \tag{7-5}$$

求上式的极大值即可得到最优参数估计量，即为最大惩罚似然估计（maximum penalized likelihood estimation，MPLE）法。

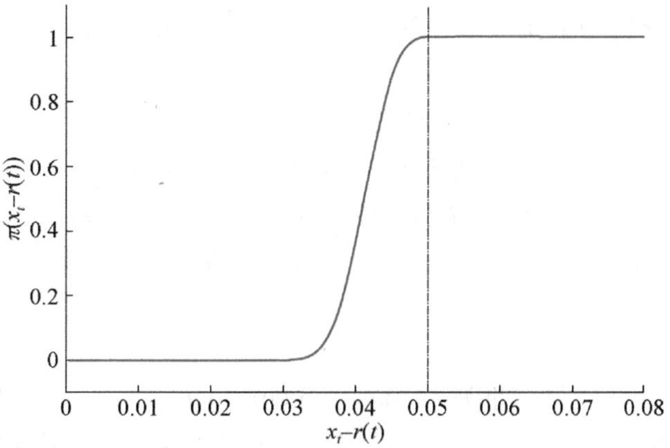

图 7.1　惩罚因子变化过程图

7.1.2　优化方法对比评估

7.1.2.1　非一致性 GEV 分布

本书为加强对比，同时选用在极值频率估计中应用广泛的广义极值（generalized extreme value，GEV）分布进行对比。该分布为多种连续概率分布的组合，包含 Gumbel、Fréchet、Weibull 三种类型，其在非一致性条件下的累积分布函数为（Jenkinson，1955）

$$F(x)=\begin{cases}\exp\left\{-\left[1+\xi(t)\dfrac{(x-\mu(t))}{\sigma(t)}\right]^{-1/\xi(t)}\right\} & \xi(t)\neq 0\\ \exp\left\{-\exp\left[-\dfrac{(x-\mu(t))}{\sigma(t)}\right]\right\} & \xi(t)=0\end{cases} \tag{7-6}$$

式中，$\mu(t)$，$\sigma(t)$，$\xi(t)$分别为与协变量 t 相关的位置参数、尺度参数和形状参数，且满足以下条件：$1+\xi(t)(x-\mu(t))/\sigma(t)>0$、$\mu(t)\in R$、$\sigma(t)>0$、$\xi(t)\in R$，GEV 的概率密度函数记为 $f(x_t;\ u_t,\ \sigma_t,\ \xi_t)$。

由于形状参数对应着 GEV 分布的三种形态，与 P-Ⅲ型分布类似，将 GEV 分布记为

GEV_{ij}（$i=0$，1，2；$j=0$，1，2）。例如，GEV_{01}为尺度参数是与协变量无关的常数，而位置参数与协变量具有线性函数关系。采用极大似然法估计 GEV 分布的参数时，同样存在一定的缺陷。研究表明，采用极大似然法估计小样本序列时（样本长度小于 50），可能会得到不合理的形状参数值，本书通过利用广义极大似然估计（generalized maximum likelihood estimation，GMLE）法严格限制形状参数的取值来避免这一问题。GMLE 方法在全球范围内得到了广泛的应用，并在非一致性条件下得到了进一步的发展（Cannon，2010；El Adlouni et al.，2007；Martins and Stedinger，2000）。

GEV 分布的似然函数为

$$L_n = \prod_{t=1}^{n} f(x_t; u_t, \sigma_t, \xi_t) \tag{7-7}$$

GMLE 通过引入惩罚函数 $\pi(\xi)$ 来限定形状参数的取值，有

$$\ell_{GL} = \pi(\xi) \cdot L_n \tag{7-8}$$

式中，$\pi(\xi)$ 为 Beta 分布；ℓ_{GL}为惩罚似然函数

$$\pi(\xi) = (0.5+\xi)^{p-1}(0.5-\xi)^{q-1}/B(p,q) \tag{7-9}$$

式中，$p=6$，$q=9$，$B(p,\ q)=\Gamma(p)\Gamma(q)/\Gamma(p+q)$。令式（7-9）取极大值的一组参数为最优估计结果，为了便于计算同样可以对等式左右两端同时取对数。

7.1.2.2 模型检验

本书选用常用的赤池信息量准则（Akaike information criterion，AIC）和贝叶斯信息准则（Bayesian information criterion，BIC）来评估模型拟合结果，AIC/BIC 的计算方法如下：

$$\begin{cases} \text{AIC} = -2\text{LLF} + 2\text{numPar} \\ \text{BIC} = -2\text{LLF} + \text{numPar} \times \log(n) \end{cases} \tag{7-10}$$

式中，LLF 为最大对数似然估计量；numPar 为模型中参数数量；n 为样本序列长度。AIC/BIC 值越小，说明当前模型的拟合结果越优。

7.1.3 非一致性条件下的设计径流计算

基于上述方法可以得到最优分布的参数估计结果，并进一步计算水文事件的发生频率。在一致性条件下，基于 P-Ⅲ分布的设计值 Q_p采用下式计算：

$$Q_p = \text{gaminv}\left(p, \alpha, \frac{1}{\beta}\right) + r \tag{7-11}$$

式中，gaminv 为 Gamma 累积分布函数的反函数；p 为对应的非超越概率，其与设计重现期 T 的关系为 $T=1/(1-p)$。低于设计径流的枯水第一次发生时等待时间 y 为随机变量，其概率密度 $f(y)$ 和期望 $E(y)$ 分别为

$$\begin{cases} f(y) = p^{y-1}(1-p), y=1,2,\cdots \\ E(y) = 1/(1-p) \end{cases} \tag{7-12}$$

在非一致性条件下，设计径流的非超越概率 p 不再是常数，而是随协变量变化，即

$$p_t = F(Q_p | \theta_t) \tag{7-13}$$

式中，θ_t 为分布中的参数，即 $\alpha(t)$、$\beta(t)$、$r(t)$，详见本章式（7-3），参数与协变量 t 相关。联立式（7-11）和式（7-13），可以得到非一致性条件下的设计值 Q_p。由于非一致性条件下的非超越概率、分布参数均随时间而动态变化，联立上式计算的设计值 Q_p 也不是一个固定值。对于水利工程设计而言，则需要一个明确的设计值来确定工程规模。因此，在时变设计值 Q_p 的基础上，国内外学者已经提出了多种计算非一致性条件下可靠度 R 的方法，可在非一致性条件下计算出不同重现期对应的设计值 Q_p，为水利工程设计提供了明确依据。相关方法主要包括期望超过次数（expected number of exceedances，ENE）法、设计年限水平（design life level，DLL）法、年均可靠度（annual average reliability，AAR）法和等可靠度（equivalent reliability，ER）法四种方法（Cooley，2013；Hu et al.，2018；Read and Vogel，2015；Rootzén and Katz，2013）。前人研究中已对这些方法进行了比较（Yan et al.，2017），结果表明，ENE 法的实用性并不强，这是由于该方法中预估年限受协变量时间序列长度影响；AAR 法和 ER 法经过换算后本质上是等价的两种方法，两者计算结果一致，均反映了水利工程的年均可靠度（每年平均不会发生超过设计值极端事件的概率）；而 DLL 法则反映了在整个设计年限（如 50 年）内的可靠性（设计年限内超标准极端事件一次也不发生）。总体而言，根据后三种方法得到的重现期在数学上有如下近似关系：

$$T_{\mathrm{DLL}} \approx \frac{T_{\mathrm{ER}}}{m} \approx \frac{T_{\mathrm{AAR}}}{m} \tag{7-14}$$

式中，T_{DLL}、T_{ER}、T_{AAR} 分别为 DLL、ER、ARR 三种方法所对应的重现期；m 为工程的设计年限。

综合上述分析，本书选用设计年限水平法和年均可靠度法两种方法开展相关研究，计算原理如下（Read and Vogel，2015；Rootzén and Katz，2013）：

$$R_{\mathrm{DLL}} = \prod_{t=1}^{m} F(Q_p \mid \theta_t) \tag{7-15}$$

$$R_{\mathrm{AAR}} = \frac{1}{m}\sum_{t=1}^{t=m} F(Q_p \mid \theta_t) \tag{7-16}$$

式中，R_{DLL} 为 m 年内的可靠度，且有 $R_{\mathrm{DLL}} = 1 - 1/T$；$R_{\mathrm{AAR}}$ 为年均可靠度，且有 $R_{\mathrm{AAR}}^{m} = 1 - 1/T$。

7.1.4 不确定性分析

在进行非一致性条件下的频率分析时，不能仅依靠 AIC/BIC 作为结果优劣的唯一评判标准。非一致性分布模型具有更多的参数，模型结构更为复杂，导致拟合结果会出现更大的不确定性，当模拟结果的不确定性过大时，其就失去了应用价值（Serinaldi and Kilsby，2015）。水文频率分析中常用的不确定性分析方法主要有德尔塔法、重抽样法、轮廓似然函数法（Coles，2001），其中德尔塔法和轮廓似然函数法基于参数的渐近特征计算置信区间，而重抽样法是通过对样本序列重复多次抽样得到置信区间。前人研究表明，德尔塔法得到的结果具有对称性特征，因此不宜用于估计极端水文事件频率的置信区间。与之相比，轮廓似然函数法和重抽样法能得到非对称的区间估计结果，这与实际情况更为接近（Wang et al.，2017）。与基于渐近假定的轮廓似然函数法相比，Serinaldi 和 Kilsby（2015）指出基于已知样本信息的重抽样方法更适合用来进行不确定性分析。因此，本书利用重抽样法对拟合结果的不确定性进行了分析，其流程如下：

（1）采用 P-Ⅲ型分布拟合水文样本序列 $x_t(t=1, 2, \cdots, n)$，得到估计参数值 α、β、r；

（2）根据估计参数值 α、β、r，生成样本分布的随机序列 z_t（$t=1, 2, \cdots, n$）；

（3）采用 P-Ⅲ型分布拟合新生成的随机序列 z_t（$t=1, 2, \cdots, n$），得到新的估计参数值 $\hat{\alpha}$、$\hat{\beta}$、$\hat{r}$；

（4）重复步骤（2）~步骤（3）很多次（如 10 000 次），得到各参数的置信区间，从而得到水文设计值的区间估计结果。

7.2 变化环境下设计径流及生态补水潜力计算

近年来，随着社会经济的快速发展和水资源开发利用程度的加大，大清河流域许多河流都出现了不同程度的水生态环境问题，如河道断流、水污染严重、地下水超采、河道萎缩和岸线侵占等问题。大清河山区王快水库、西大洋水库作为所在流域最大的两个水库，水库库容均在 10 亿 m^3 以上，占大清河流域全部水库总库容的一半以上，是下游白洋淀生态补水的重要水源地，因此选取王快水库、西大洋水库作为典型水库进行生态补水潜力分析。本节基于上一节所述理论方法体系，估计变化环境下不同水平年的设计径流，进一步评价了未来大清河山区王快水库、西大洋水库在丰、平、枯不同来水情况下对下游河淀水系的生态补水潜力。

7.2.1 分布参数优选及模型精度验证

7.2.1.1 时变参数影响分析

参数变化直接影响分布的特征，以 GEV 分布为例，位置参数和尺度参数近似地反映样本序列的均值和方差信息，因此通常以位置参数和尺度参数作为时变参数。GEV 分布中的形状参数取值对应着不同分布簇，前人在研究中通常保持该参数为常数。本书在选取时变 P-Ⅲ型分布拟合样本序列之前，先探讨了时变参数的影响，有助于在非一致性分布模型中选取合适的时变参数来描述水文随机序列的非一致性特征。

以西大洋水库 1960 ~ 2013 年逐年入库总径流量作为样本序列时，在一致性假定下，采用极大似然法拟合得到的 P-Ⅲ型分布形状参数、尺度参数、位置参数分别为 1.385、0.474、0.701。历史入库径流的最小值和最大值分别为 0.75 亿 m^3、14.2 亿 m^3，本节生成了一组首项 $a_1=0.5$、末项 $a_n=14.0$、公差 $d=0.1$ 的等差序列，来模拟 P-Ⅲ型分布中各参数对分布结构的影响。基于参数估计结果，以等差序列作为样本，改变一个参数的取值同时保持另外两个参数不变，依次得到三个参数变化时对概率密度函数的影响（图 7.2 和图

7.3)。形状参数影响着分布上端类型，同时也影响着分布的尾部特征，较大的形状参数值对应重尾分布，形状参数较小时分布具有轻尾、短尾特征；尺度参数同样反映着分布的尾部特征，参数越小对应尾部越重，即极大值出现概率越大；位置参数主要影响着分布的上边界，与样本均值关系密切，在拟合具有非一致性变化特征的样本序列时应主要考虑该参数的时变性。考虑到全球气候变化背景下极端事件发生频率有增加的趋势，因此同样考虑形状参数和尺度参数的时变特征。

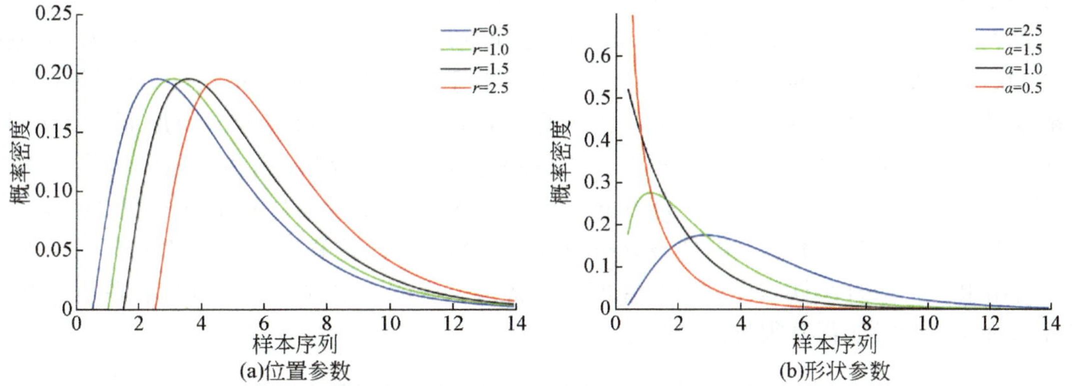

图 7.2　位置参数和形状参数对 P-Ⅲ型分布的影响

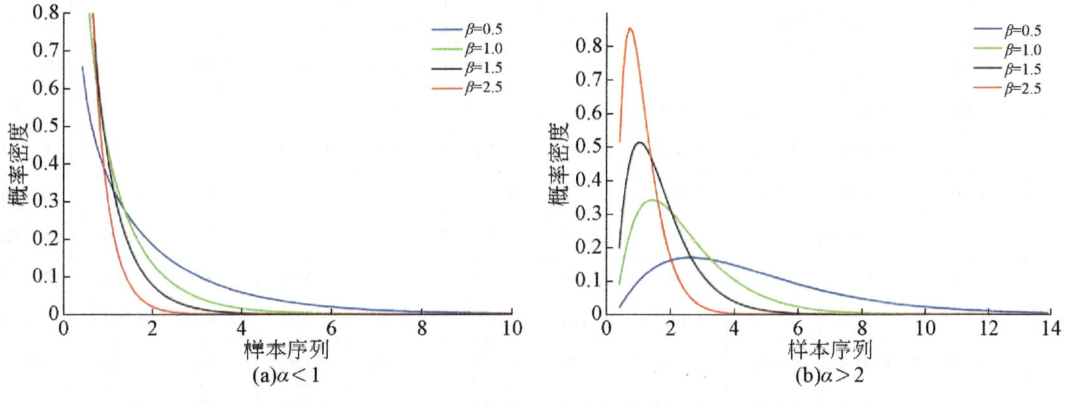

图 7.3　不同形状参数下尺度参数对 P-Ⅲ型分布的影响

7.2.1.2　基于蒙特卡洛的随机模拟验证

在采用 MPLE 法（详见 7.1.1 节）估计非一致性 P-Ⅲ型分布参数前，还需要对其拟合精度进行评估。采用蒙特卡洛模拟生成服从 GEV_{01}（$\mu=-0.100t+20$，$\sigma=5$，$\xi=0.1$）、GEV_{10}（$\mu=20$，$\sigma=-0.025t+5$，$\xi=0.1$）、GEV_{11}（$\mu=-0.100t+20$，$\sigma=-0.025t+5$，$\xi=0.1$）分布的随机数，同时为了考虑样本序列长度对拟合精度的影响，生成的随机数包含样本序列长度 $n=20$、40、60、80、100 五种情景，一共生成了 15 组，每组包含 10 000 个样本序列。

分别采用非一致性 GEV 分布和 P-Ⅲ型分布拟合生成的随机样本，根据 RMSE 评估不同分布拟合结果与样本序列的近似程度。在拟合非一致性 GEV 分布时采用 GMLE 法和 MLE 法，GMLE 法在大多数情况的拟合结果与样本序列间的误差更小。此外，采用本书提出的 MPLE 法估计非一致性 P-Ⅲ型分布的参数，对于由 GEV_{01}和 GEV_{10}模型生成的随机样本序列，采用 P-Ⅲ型分布对其拟合时只考虑单参数线性变化，即 M_{001}、M_{010}、M_{100}三类模型；对于由 GEV_{11}模型生成的样本序列，采用 P-Ⅲ型分布对其拟合时考虑双参数和三参数的时变特征，即 M_{011}、M_{101}、M_{110}、M_{111}四种模型。

表 7.2 展示了 GEV 和 P-Ⅲ型分布在拟合样本序列不同分位数点（p = 0.99、0.95、0.90、0.80、0.50）时的均方根误差。对于小样本序列（如 n = 20、40），P-Ⅲ型分布的拟合精度明显优于 GEV 分布，两个分布之间的差异随着样本序列长度的增加而显著减少。此外，当概率 p 越小时，两个分布拟合误差也随之减少，两者拟合结果也更为接近。基于 GEV_{11}模型生成样本序列，图 7.4 为各分布在拟合不同长度样本序列时所得的误差箱图。图 7.4 中结果与表 7.2 类似，P-Ⅲ型分布拟合所得的平均误差和误差区间都小于 GEV 分布的拟合结果，在拟合小样本序列时存在明显的优势，表明本书提出的 MPLE 法在估计 P-Ⅲ型分布时变参数时能得到很好的应用。

表 7.2　GEV 和 P-Ⅲ型分布在不同分位数点的均方根误差

样本来源	分位数	n=20		n=40		n=60		n=80		n=100	
		P-Ⅲ型	GEV	P-Ⅲ型	GEV	P-Ⅲ型	GEV	P-Ⅲ型	GEV	P-Ⅲ型	GEV
GEV_{01}	0.99	7.170	14.56	6.898	10.29	6.935	8.170	6.856	7.173	6.440	6.679
	0.95	3.852	5.212	3.148	3.883	2.895	3.319	2.743	3.009	2.628	2.832
	0.90	2.818	3.284	2.149	2.394	1.877	2.075	1.739	1.887	1.693	1.769
	0.80	2.043	2.271	1.473	1.575	1.226	1.329	1.099	1.184	1.063	1.084
	0.50	1.456	1.784	1.013	1.188	0.815	0.952	0.729	0.812	0.722	0.719
GEV_{10}	0.99	6.880	17.38	6.563	10.64	6.617	7.713	6.659	6.253	6.690	5.388
	0.95	3.673	6.860	3.041	4.251	2.904	3.233	2.868	2.675	2.882	2.313
	0.90	2.666	4.323	2.058	2.643	1.874	2.021	1.804	1.669	1.789	1.434
	0.80	1.914	2.687	1.376	1.609	1.175	1.206	1.081	0.975	1.028	0.820
	0.50	1.348	1.475	0.914	0.871	0.701	0.614	0.569	0.475	0.472	0.384
GEV_{11}	0.99	6.818	16.79	6.234	10.53	6.037	7.818	5.795	6.292	5.532	5.496
	0.95	3.795	6.810	3.059	4.383	2.683	3.406	2.425	2.789	2.252	2.430
	0.90	2.789	4.427	2.146	2.836	1.793	2.215	1.570	1.815	1.422	1.563
	0.80	2.038	2.907	1.499	1.840	1.202	1.422	1.037	1.149	0.931	0.970
	0.50	1.517	1.848	1.011	1.151	0.777	0.849	0.673	0.688	0.635	0.570

表 7.2 中结果还表明，当样本信息较大（n=80、100），在拟合由 GEV_{10}模型生成的样本序列时，GEV 分布的拟合精度要略优于 P-Ⅲ型分布，这一例外是由两个分布本身结构的差异导致的，GEV_{10}只考虑了尺度参数的时变特征，而 P-Ⅲ型分布难以描述此类样本序

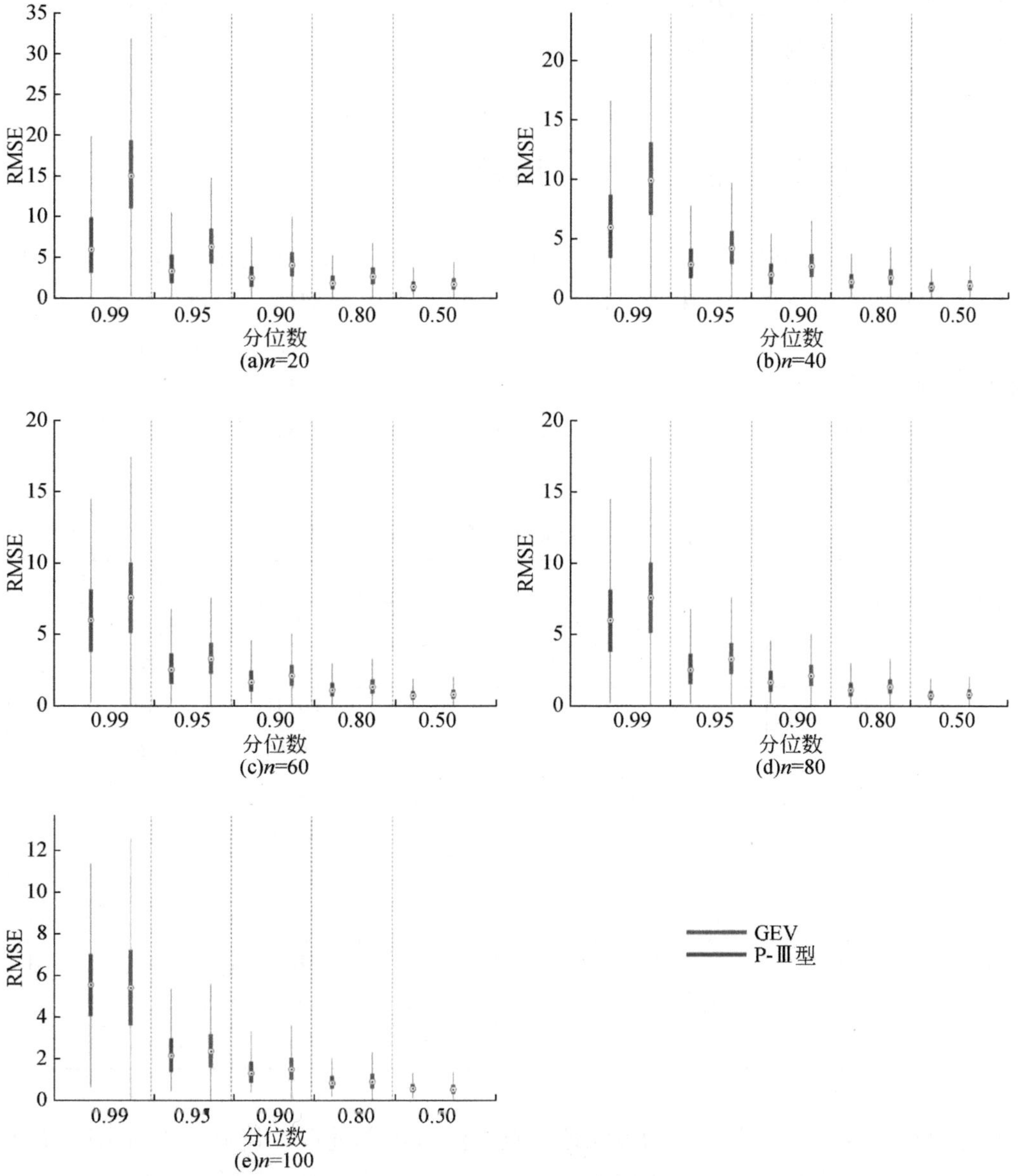

图 7.4　GEV 和 P-Ⅲ型分布拟合不同长度样本序列的 RMSE 箱图

基于 GEV_{11} 模型生成图中样本

列的特征。为进一步分析 GEV 和 P-Ⅲ型分布在参数结构上的差异，本节统计了不同样本序列长度下 GEV_{01} 和 GEV_{10} 模型对应的 P-Ⅲ型分布（表 7.3）。当概率较大时（$p \geqslant 0.95$），P-Ⅲ型分布在拟合样本序列时的最优参数选取与样本序列的变化特征密切相关，这一特点随样本序列长度的增加更为显著。例如，当样本序列长度 $n=100$、概率 $p=0.99$ 时，在 10 000 组服从 GEV_{01} 分布的样本序列中，有 96.31% 的样本序列采用以位置参数为时变参数的 P-Ⅲ型分布（M_{001}）能得到更优的拟合结果，即 P-Ⅲ型分布中位置参数同样反映的是样本序列均值的变化趋势。与之相比，尺度参数对 P-Ⅲ型分布与 GEV 分布结构的影响存在一定差异，是导致上述例外的主要原因。此外，表 7.3 中的结论仅适用于分位数较为极端的情况，当概率p=0.50 时，M_{001}、M_{010}、M_{100}作为最优模型的占比无明显差异。

7.2.2 时变参数 P-Ⅲ型分布应用效果

本书基于提出的 MPLE 方法，采用 P-Ⅲ型分布对流域 1960～2013 年径流序列进行拟合，评估流域水资源在现状及未来条件下的丰枯风险。本书构建了一致性和非一致性 P-Ⅲ型分布模型，其中非一致性分布模型的协变量包含时间项、降水、气温、潜在蒸散发、林地面积、草地面积、人口、人均 GDP 共八类，从中遍历寻优求得最佳分布模型。各协变量计算方法与 Budyko 中处理方式一致（图 6.11 和图 6.12），对此处除时间项以外的协变量取对数进行计算。

表 7.3 P-Ⅲ型与 GEV 分布时变参数的相关性 单位：%

样本来源	序列长度	分位数 p = 0.99			分位数 p = 0.95		
		M_{001}	M_{010}	M_{100}	M_{001}	M_{010}	M_{100}
GEV_{01}	20	61.80	16.20	22.00	60.10	21.33	18.57
	40	72.95	6.69	20.36	69.54	10.61	19.85
	60	80.78	2.77	16.45	76.66	6.46	16.88
	80	89.88	0.71	9.41	84.65	3.32	12.03
	100	96.31	0.19	3.50	88.20	1.85	9.95
GEV_{10}	20	60.92	18.29	20.79	58.95	22.60	18.45
	40	66.38	17.91	15.71	58.76	23.79	17.45
	60	55.47	34.58	9.95	37.39	48.07	14.54
	80	40.55	56.22	3.23	19.71	74.28	6.01
	100	27.50	71.72	0.78	7.60	91.03	1.37

前述分析已经表明，人类活动极大地影响了流域水文过程，其中大清河山区流域径流呈现出了显著的下降趋势。表 7.4 展示了一致性及采用单一协变量的非一致性分布模型在拟合历史期年径流过程时的精度，其中 M_{002}和 M_{100}模型分别在西大洋水库以上流域和王快水库以上流域拟合精度最优。本书统一采用多项式函数拟合各参数与协变量的相关关系，如形状参数 $\alpha=k+k_1t+\cdots+k_nt^n$。采用 P-Ⅲ型分布估计极端事件时，通常假定形状参数和尺度参数均为正数，且位置参数在一致性条件下对应着样本序列的最小值，考虑到本书所分析的样本序列必然大于 0，因此采用指数函数对多项式函数做进一步限定，保证非一致性 P-Ⅲ型分布的三参数均大于 0，即 $\alpha=\exp\ (k+k_1t+\cdots+k_nt^n)$。需要说明的是，多项式函数幂次越高，参数与协变量之间的关系越复杂，过高的幂次还会造成更大的不确定性。因此，本书中限定幂次不超过 3，单一协变量在非一致性条件下共有 63 种幂次组合方式，并从中选取单一协变量下最优组合方式。表 7.4 中拟合结果也表明，各协变量对应的最优分

布幂次均未超过 2。

表 7.4　基于单一协变量的最优非一致性分布模型拟合结果

流域	模型	α	β	r	AIC	BIC
西大洋水库以上流域	M_0	1.385	0.473	0.701	226.8	232.8
	M_{100}	exp（$-0.03t+60$）	0.779	0.701	204.4	212.4
	M_{002}	2.003	0.894	exp（$0.49P^2-0.18P-18.7$）	192.6	202.5
	M_{010}	1.385	exp（$0.0014E-0.76$）	0.701	228.8	236.7
	M_{100}	exp（$-1.93T+2.16$）	0.544	0.702	225.6	233.6
	M_{020}	1.823	exp（$0.08F^2+1.01F-3.52$）	0.676	215.7	225.7
	M_{020}	1.830	exp（$-0.18G^2-0.30G+2.37$）	0.673	215.7	225.7
	M_{100}	exp（$-2.31\mathrm{POP}+10.2$）	0.752	0.701	205.9	213.9
	M_{100}	exp（$-0.28\mathrm{GDP}+2.48$）	0.749	0.702	206.4	214.4
王快水库以上流域	M_0	1.237	0.289	0.579	287.7	311.6
	M_{010}	1.487	exp（$0.026t-53.3$）	0.570	260.4	268.3
	M_{100}	exp（$3.56P-21.6$）	0.892	0.580	217.2	225.1
	M_{010}	1.244	exp（$1.42E-11.1$）	0.579	271.3	279.3
	M_{020}	1.426	exp（$57.4T^2-230.6T+230.2$）	0.578	264.3	274.3
	M_{101}	exp（$-0.83F+2.76$）	0.277	exp（$1.25F-4.47$）	263.4	273.3
	M_{011}	1.158	exp（$-1.82G+6.03$）	exp（$-1.38G+5.04$）	259.7	269.7
	M_{100}	exp（$-1.92\mathrm{POP}+7.32$）	0.350	0.579	262.3	270.2
	M_{010}	1.507	exp（$0.23\mathrm{GDP}-2.50$）	0.567	259.8	267.7

注：t 为时间，P 为降水，E 为潜在蒸散发，T 为气温，G 为草地面积占比，F 为林地面积占比，POP 为人口，GDP 为人均 GDP；除时间项 t 以外，其余协变量均已取对数。

在拟合具有明显变化特征的样本序列时，考虑参数变化的非一致性分布模型模拟精度普遍有所提高。但是，以气温和潜在蒸散发作为协变量时，模拟结果并无明显的改善，这可能是因为潜在蒸散发只能反映流域的蒸散发能力，与实际蒸散发情况存在差异，即流域径流与气温、潜在蒸散发之间的相关性并不明显。相关分析结论也能证明上述观点，潜在蒸散发、气温与径流的相关系数绝对值均小于 0.25，而降水、径流间相关系数大于 0.80，其余协变量与径流的相关性介于 0.30 ~ 0.50。

实际上，基于前述模型部分的研究已经表明，大清河山区径流变化是受多因素共同影响的结果，采用单一协变量虽然能说明非一致性分布模型在应用中的优越性，但仍不足以得到最优的分布模型。与时变 Budyko 公式中所用方法一致，本书从 7 个具有物理意义的协变量中任选 2 ~ 7 个进行组合，同时考虑三参数在 0 ~ 3 幂次上的变化，以 AIC/BIC 作为选取标准，通过遍历的方式求得最优分布模型。各流域较优的 5 种分布模型组合见表 7.5。与表 7.4 中结果相比，综合考虑多因素的影响时，非一致性分布模型的拟合精度有了进一步的提高，其中 M_{100} 模型在两个流域内的拟合精度均为最优。从模型结构来看，较优的分布均同时考虑了降水和人类活动因素（下垫面、社会经济指标）的共同影响，所选协变量与样本间具有一定的物理关系，且各协变量的未来变化能通过不同方法定量预估。例如，草地和林地面积占比的变化可反映水土保持措施中植树造林的影响；人口与人均 GDP 可从综合角度反映流域社会经济的发展情况。因此，暂时可以认定选取的协变量是合理的，可基于参数估计结果开展下一步的研究。需要说明的是，统计学方法无法真正地从机理层面开展相关分析，仅能在拟合中选用具有物理关联度的因子，其最终结果可能与真实情况存在一定差异。

表 7.5 不同协变量组合下非一致性分布模型拟合结果

流域	模型	α	β	r	AIC	BIC
西大洋水库以上流域	M_{100}	exp（$2.69P-0.26\text{GDP}-14$）	1.930	0.701	160.0	169.9
	M_{100}	exp（$2.35P+0.43F-0.36\text{GDP}-12.3$）	1.680	0.701	166.1	178.1
	M_{100}	exp（$2.96P+0.80G-0.41\text{POP}-18.1$）	1.910	0.667	166.6	178.5
	M_{200}	exp（$0.14P^2+0.90P-0.3T^2+0.31T+0.014\text{GDP}^2-0.42\text{GDP}-7.3$）	1.995	0.701	166.3	184.2
	M_{100}	exp（$2.51P-3.51T+0.52G-0.77\text{POP}-6.2$）	1.735	0.702	170.2	184.1
王快水库以上流域	M_{100}	exp（$3.15P-0.17\text{GDP}-17.5$）	1.303	0.579	197.9	207.9
	M_{100}	exp（$3.39P+1.26G-25.1$）	1.284	0.578	199.7	209.6
	M_{100}	exp（$3.25P+0.84G-0.08\text{GDP}-22.0$）	1.371	0.578	198.4	210.3
	M_{100}	exp（$3.51P-0.85F-18.3$）	1.262	0.579	200.5	210.4
	M_{101}	exp（$3.49P+0.03T+2.24G-29.8$）	1.356	exp（$0.41P-2.92T-1.44G+8.77$）	194.6	212.5

注：P 为降水，T 为气温，G 为草地面积占比，F 为林地面积占比，POP 为人口，GDP 为人均 GDP；协变量均已取对数。

7.2.3 不同水平年设计径流计算

本书分别以 25%、50%、75% 频率对应的设计年径流作为丰水年、平水年、枯水年入库径流量，联立式（7-11）与式（7-13），分析了不同水平年设计径流的年际变化（图 7.5 和图 7.6）。在 2020 ~2050 年（SSP126 情景），西大洋水库以上流域枯水年、平水年和丰水年的平均设计年径流量分别为 1.28 亿 m^3、1.65 亿 m^3、2.17 亿 m^3；王快水库以上流域枯水年、平水年和丰水年的平均设计年径流量分别为 2.16 亿 m^3、2.90 亿 m^3、3.85 亿 m^3。在 SSP370 和 SSP585 情景下，各流域丰水年、平水年、枯水年设计值并没有特别明显的变化，较 SSP126 情景略低，但差别基本不超过 10%。此外，设计枯水径流的年际变化受降水量直接影响，如某些年份气候模式预估的降水量较大，对应的径流设计值则随之显著增加。造成这一变化规律的原因如下：协变量中采用了降水和人均 GDP 两项相关因子，其中人均 GDP 呈平滑上升趋势，而降水则有明显的年际波动，分布中形状参数将随降水的增加而增大，使分布中极大值出现频率加大，不同重现水平下的丰/枯设计值均会因此增加。

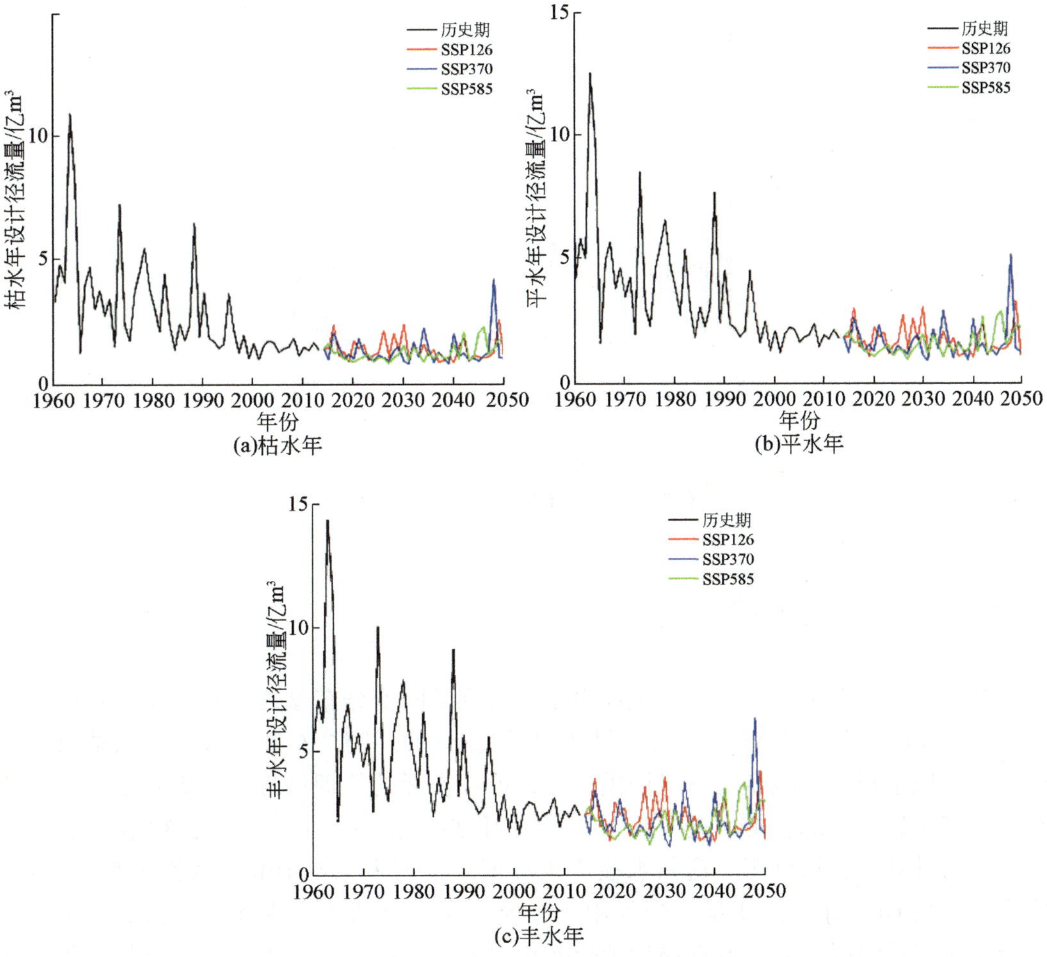

图 7.5　西大洋水库入库径流设计值

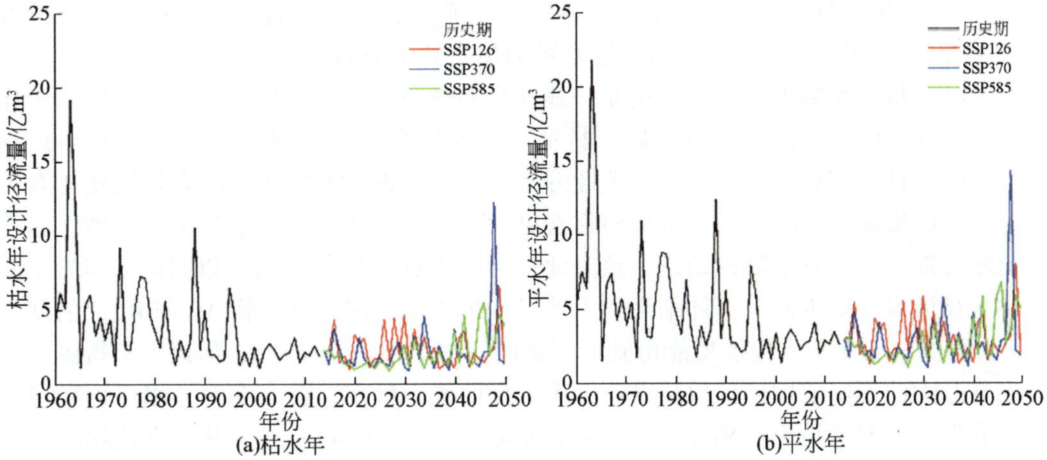

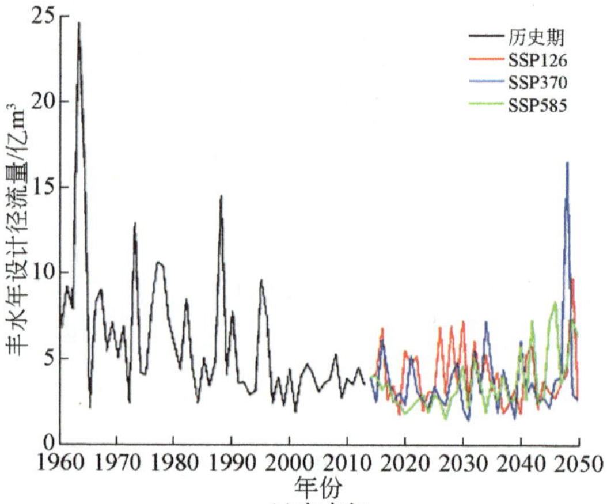

(c)丰水年

图 7.6　王快水库入库径流设计值

7.2.4　模拟结果不确定性

需要说明的是，采用非一致性统计模型时得到的时变分布参数，联立式（7-11）与式（7-13）计算的设计值不是固定值，而是随时间变化的。图 7.5 和图 7.6 中的结果主要为定性评价流域水资源风险变化情况提供参考，但在实际的管理过程中，需要依赖明确的设计结果。基于这一考虑，本书进一步采用径流可靠度计算中的 AAR 法，根据 1960 ~ 2050 年的数据，计算了区域百年一遇枯水径流设计值。根据表 7.5 中非一致性模型拟合结果，以降水和人均 GDP 作为协变量，当采用 M_{100} 模型在拟合西大洋水库以上流域、王快水库以上流域年径流量时，非一致性模型拟合效果最好。因此，本书以不同排放情景下的年降水过程作为协变量，结合流域人均 GDP 预测过程，基于 M_{100} 模型计算了两个流域在丰水年、平水年、枯水年的设计年径流量，并根据重抽样方法对设计结果的不确定性进行了分析（表 7.6）。基于西大洋水库、王快水库的丰、平、枯水年设计值，可进一步分析各水库在未来近期（2020 ~ 2050 年）对下游水系的生态补水潜力。

与风险分析的结果类似，当采用非一致性模型进行估计时，以时间 t 和物理因子作为协变量均反映了流域径流持续下降这一特征，各流域在未来近期（2020 ~ 2050 年）均对应着更枯的设计径流量。同时，非一致性分布模型中考虑了人类活动因素持续变化对流域水资源风险的影响，意味着流域未来面临着更大水资源短缺风险，这与水文模型中综合情景下流域近期年径流量下降的结论一致。此外，表中计算结果表明，以时间 t 作为协变量时，枯水径流设计值更低，估计结果的不确定性也更大。因此，尽管 AIC/BIC 评估结果表明以 t 为协变量的非一致性模型能得到更精确的模拟结果（表 7.4），但该模型得到的设计值对应着过大的不确定性，导致结果在应用中反而更不可靠，前人在对洪水序列做研究分析时也能得到类似的结论（Montanari and Koutsoyiannis，2014），这意味着在使用非一致性统计模型时，需要慎重选取协变量。从理论角度出发，统计模型应合理地考虑确定性和随机性两个过程，其中确定性过程描述样本序列变化的趋势、周期等变化特征，而随机性过程则假定其服从一致性假定。因此，合理描述确定性过程是构建非一致性统计分布模型的关键，即选取合适的因子来描述样本的变化关系，同时还能对这些因子在未来的变化情况进行合理的外延。当以时间 t 为协变量时，径流与时间序列之间无明确物理关系，历史期的拟合可能只是部分拟合，限制了其在预估时段的应用。与之相比，通过多协变量比选后采用降水和人均 GDP 作为协变量时，统计模型不仅能反映出枯水风险增加这一特征，其拟合结果的不确定性也更小，具有更强的实用性。

表 7.6　流域丰水年、平水年、枯水年设计径流量及 95%置信区间　单位：亿 m^3

水平年	模型	西大洋水库入库径流	王快水库入库径流
枯水年	M0	1.47 [0.67, 4.95]	1.73 [0.63, 6.11]
	M100 (t)	1.15 [0.56, 5.07]	1.30 [0.51, 6.08]
	M100 (P-SSP126, GDP)	1.30 [0.69, 3.07]	1.55 [0.64, 3.90]
	M100 (P-SSP370, GDP)	1.29 [0.66, 3.04]	1.49 [0.63, 3.87]
	M100 (P-SSP585, GDP)	1.27 [0.62, 3.01]	1.49 [0.64, 3.85]
平水年	M0	2.30 [0.97, 6.50]	2.55 [1.13, 7.54]
	M100 (t)	1.85 [0.85, 6.67]	2.07 [1.02, 7.08]
	M100 (P-SSP126, GDP)	2.04 [0.94, 4.07]	2.23 [1.14, 5.35]
	M100 (P-SSP370, GDP)	2.05 [0.93, 4.09]	2.17 [1.14, 5.31]
	M100 (P-SSP585, GDP)	2.02 [0.91, 4.05]	2.15 [1.14, 5.26]
丰水年	M0	3.70 [1.88, 8.93]	4.41 [2.28, 10.50]
	M100 (t)	3.24 [1.71, 9.09]	3.95 [2.11, 10.43]
	M100 (P-SSP126, GDP)	3.51 [1.84, 6.49]	4.08 [2.31, 8.82]
	M100 (P-SSP370, GDP)	3.51 [1.84, 6.45]	4.17 [2.28, 8.72]
	M100 (P-SSP585, GDP)	3.48 [1.82, 6.46]	3.98 [2.33, 8.63]

7.2.5　生态补水潜力评估

7.2.5.1　基于现状来水情况的生态补水潜力分析

通过收集大清河山区王快水库、西大洋水库 2001 ~ 2018 年的供水情况，可以看出（表 7.7），2001 ~ 2018 年，王快水库累计供水量达 43.58 亿 m^3，西大洋水库累计供水量 29.12 亿 m^3，两水库累计供水量达 72.70 亿 m^3。其中，农业供水量所占比例最大，占总供水量的 44.2%，其次是城镇和工业用水，占总供水量的 30.2%，生态用水占总用水量的 20.9%。

表 7.7　王快水库、西大洋水库历史供水情况表　　单位：亿 m^3

年份	王快水库						西大洋水库				
	总供水量	农业	城镇	工业	生态	向西大洋水库补水	总供水量	农业	城镇	工业	生态
2001	3.22	1.54	0	0	1.68	0	1.72	1.16	0.56	0	0
2002	1.53	1.17	0	0	0.36	0	2.30	0.90	0.57	0	0.83
2003	2.62	1.00	0	0	1.62	0	1.11	0.46	0.65	0	0
2004	1.98	1.98	0	0	0	0	1.54	0.77	0.67	0.10	0
2005	2.80	2.80	0	0	0	0	1.83	1.01	0.66	0.16	0
2006	1.62	1.18	0	0	0.44	0	1.41	0.63	0.63	0.15	0
2007	0.24	0.24	0	0	0	0	1.33	0.52	0.68	0.13	0
2008	0.70	0.26	0	0	0	0.44	1.06	0.41	0.53	0.12	0
2009	3.93	1.47	2.46	0	0	0	1.50	0.74	0.61	0.15	0
2010	3.24	1.07	2.17	0	0	0	1.36	0.54	0.66	0.16	0
2011	2.37	0.38	1.99	0	0	0	1.60	0.69	0.72	0.19	0
2012	2.89	0.39	1.25	0	1.25	0	1.85	0.76	0.80	0.18	0.11
2013	3.64	0.94	0.93	0	1.77	0	1.85	0.57	0.81	0.16	0.31
2014	1.18	1.18	0	0	0	0	1.88	0.77	0.87	0.17	0.07
2015	2.35	1.40	0	0	0	0.95	1.80	0.40	0.69	0.15	0.56
2016	3.23	0.51	0	0	1.57	1.15	1.61	1.02	0.44	0.15	0
2017	2.81	0.45	0	0	1.76	0.60	1.82	0.47	0.27	0.14	0.94
2018	3.23	1.83	0	0	1.12	0.28	1.55	0.51	0.11	0.10	0.83

基于王快水库、西大洋水库 2001 ~ 2018 年入库径流量进行水文频率分析计算，采用 P-Ⅲ型曲线频率适线法，得到王快水库、西大洋水库入库径流量频率曲线图（图 7.7），分别得出两水库在频率 25%、50%、75% 对应下的丰水年、平水年、枯水年入库流量。计算结果可知（表 7.8），丰水年，王快水年、西大洋水库上游来水量分别为 4.20 亿 m^3、2.80 亿 m^3；平水年分别为 2.60 亿 m^3、1.82 亿 m^3；枯水年分别为 1.20 亿 m^3、1.00 亿 m^3。

表 7.8　王快水库、西大洋水库丰水年、平水年、枯水年年入库流量表　　单位：亿 m^3

水库名称	丰水年（25%）	平水年（50%）	枯水年（75%）
王快水库	4.20	2.60	1.20
西大洋水库	2.80	1.82	1.00
合计	7.00	4.42	2.20

王快水库、西大洋水库生态供水潜力主要基于三个方面：一是在河北省南水北调中线配套工程达效后，能够置换用于流域生态的水量主要为原有城市和工业供水量；二是原规

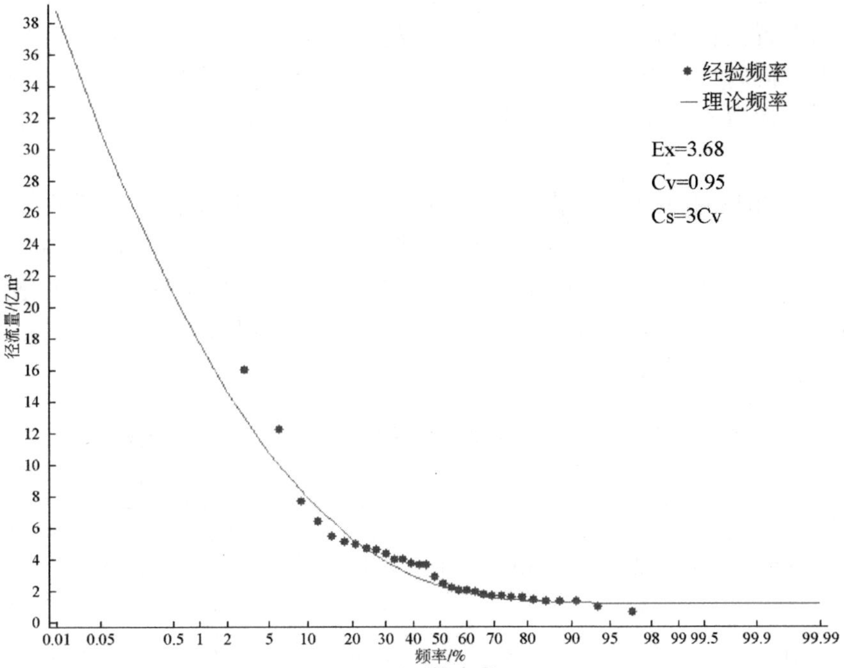

(a)王快水库

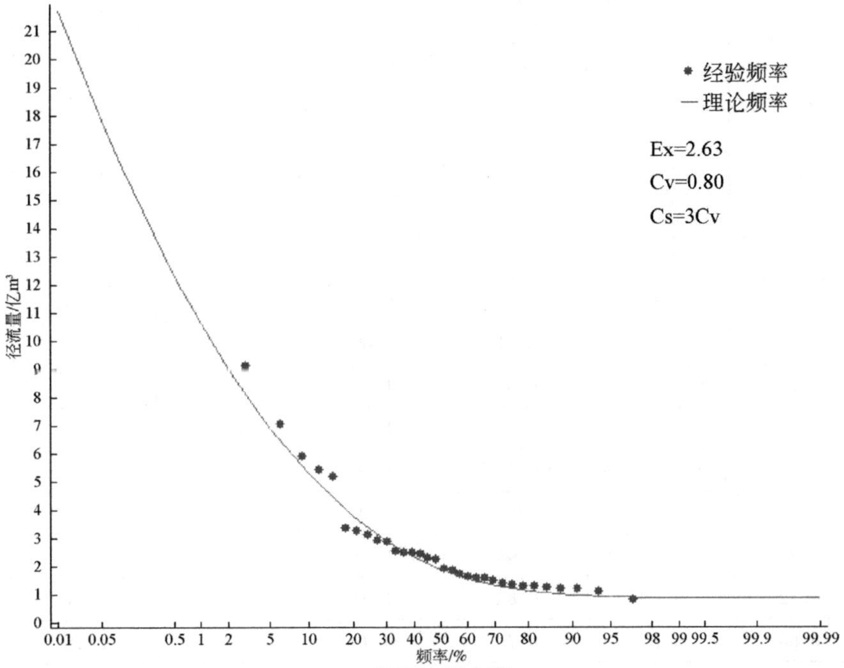

(b)西大洋水库

图 7.7　王快水库、西大洋水库入库径流量 P-Ⅲ型频率曲线

划的王快水库向定州市唐河循环经济产业园区、曲阳县循环经济产业园区供水，需要用南水北调中线水源置换；三是农业灌溉用水维持现状。西大洋水库和王快水库维持现有农业灌溉用水水平，同时根据2014～2016年《河北省地下水超采综合治理试点方案》，保定市白洋淀以西大清河以南平原区利用王快水库进行地下水压采置换，保障已经实施的工程供水量。

根据2001～2018年上游水库供用水过程分析，多年平均上游水库生态供水潜力可达2.25亿m^3，如表7.9所示，图7.8是基于现状来水情况的大清河山区水库生态补水潜力分析。考虑不同来水条件下的入库流量变化，在丰水年生态补水潜力将大幅增加。以近18年最丰的2013年为例，该年王快水库、西大洋水库生态补水潜力达3.97亿m^3，最枯年份2004年生态补水潜力也达0.77亿m^3。

表7.9　王快水库、西大洋水库2001～2018年生态补水流量表　单位：亿m^3

年份	王快水库		西大洋水库		合计		河淀补水潜力
	现状生态用水	生态补水潜力	现状生态用水	生态补水潜力	现状生态用水	生态补水潜力	
2001	1.68	1.68	0	0.56	1.68	2.24	1.96
2002	0.36	0.36	0.83	1.39	1.19	1.75	1.47
2003	1.62	1.62	0	0.65	1.62	2.27	1.94
2004	0	0	0	0.77	0	0.77	0.38
2005	0	0	0	0.82	0	0.82	0.41
2006	0.44	0.44	0	0.77	0.44	1.21	0.83
2007	0	0	0	0.81	0	0.81	0.41
2008	0	0.44	0	0.66	0	1.10	0.55
2009	0	2.46	0	0.75	0	3.21	1.61
2010	0	2.17	0	0.82	0	2.99	1.50
2011	0	1.99	0	0.91	0	2.90	1.45
2012	1.25	2.51	0.11	1.09	1.36	3.60	2.48
2013	1.77	2.70	0.31	1.27	2.08	3.97	3.02
2014	0	0	0.07	1.10	0.07	1.10	0.58
2015	0	0.95	0.56	1.40	0.56	2.35	1.45
2016	1.57	2.72	0	0.59	1.57	3.31	2.44
2017	1.76	2.36	0.94	1.35	2.70	3.71	3.20
2018	1.12	1.40	0.83	1.04	1.95	2.44	2.20
平均	0.64	1.32	0.20	0.93	0.85	2.25	1.55

基于雄安新区水资源保障不能影响和袭夺其他区域合理经济社会用水和基本生态环境用水的原则，上游主要水库生态补水潜力主要在三方面用途：一是维持河道基流，补充水库下游河道生态需水；二是补给白洋淀生态需水；三是置换补给流域内农业地下水超采

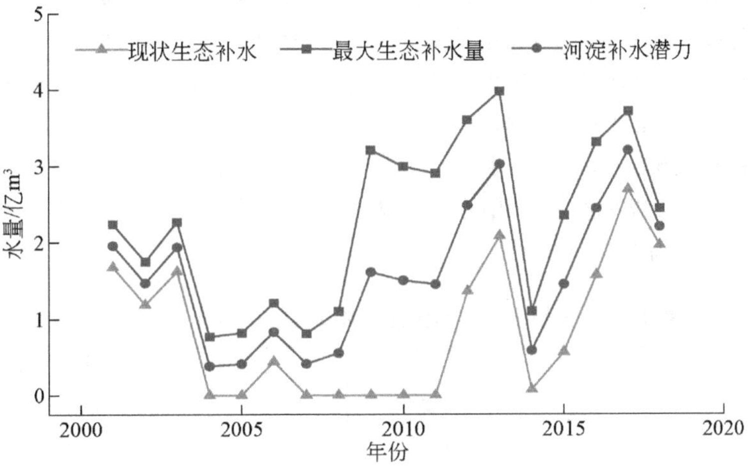

图 7.8　基于现状来水情况的大清河山区水库生态补水潜力分析

量。三个功能之间存在重复利用的水量，如补给白洋淀的功能同时可以实现补充河道生态水量和补给地下水量。

考虑到流域河流治理修复以及白洋淀生态需水高保障要求，建议一半补水潜力给白洋淀及水库下游河道进行生态补水，保留一半用于置换流域内农田灌溉的地下水超采量，促进白洋淀流域地下水位的逐步恢复。丰水年、平水年、枯水年用于维持河道生态用水和补充白洋淀水量分别是 3.50 亿 m^3、2.30 亿 m^3、1.18 亿 m^3。

7.2.5.2　基于未来流量预估的生态补水潜力分析

在 7.2.3 节中预估了大清河山区王快水库、西大洋水库以 25%、50%、75% 频率对应的设计年径流作为丰水年、平水年、枯水年入库径流量，分析了不同来水频率年份设计径流的年际变化。在 2020 ~ 2050 年（SSP126 情景），西大洋水库以上流域枯水年、平水年和丰水年的平均设计年径流量分别为 1.28 亿 m^3、1.65 亿 m^3、2.17 亿 m^3；王快水库以上流域枯水年、平水年和丰水年的平均设计年径流量为 2.16 亿 m^3、2.90 亿 m^3、3.85 亿 m^3。计算上游水库生态补水潜力的规则为优先满足生活工业用水，其次为农业灌溉用水，再次为生态用水。在河北省南水北调中线配套工程达效后，未来王快水库、西大洋水库下游城市生活用水将由南水北调中线工程提供，除去水库下游必要的农业灌溉用水和工业用水，其余水量便是王快水库、西大洋水库生态补水量的潜力。

1）农业灌溉需水预测

王快水库下游主要是沙河灌区，西大洋水库下游为唐河灌区。其中，王快水库的设计灌溉面积总数为 86 万亩（1 亩≈666.7m^2），西大洋水库的设计灌溉面积总数为 50 万亩。近年来，随着大型灌区投资的力度不断加大，沙河灌区和唐河灌区续建配套与节水改造的实施，骨干工程得到了有效提高，供水保证率大为提高，据沙河灌区近年来渠系及田间水利用统计资料，结合灌区节水改造实施情况，现状地表水灌溉水利用系数约为 0.46。随着渠系防渗和田间节水工程的实施，节水改造工程、灌区连续配套工程等方面的建设规划，预测 25%、50%和 75%水平年设计综合灌溉定额为 90m³/亩、154m³/亩和 218m³/亩，预计改造工程建成后，灌溉用水的利用系数可以达到 0.75。鉴于唐河灌区与沙河灌区同属太行山山前平原区，灌溉制度比较接近，因此唐河灌区按沙河灌区灌溉定额进行计算，计算结果如表 7.10 所示。经预测，丰水年（$P=25\%$）大清河流域王快水库、西大洋水库下游农业灌溉需水量为 1.63 亿 m³；平水年（$P=50\%$）大清河流域王快水库、西大洋水库下游农业灌溉需水量为 2.79 亿 m³；枯水年（$P=75\%$）大清河流域王快水库、西大洋水库下游农业灌溉需水量为 3.95 亿 m³。

表 7.10 王快水库、西大洋水库下游未来农业灌溉用水量

水平年	P	综合净定额/（m³/亩）	灌溉水利用系数	王快水库需水量/亿 m³	西大洋水库需水量/亿 m³	合计/亿 m³
丰水年	25%	90	0.75	1.03	0.60	1.63
平水年	50%	154	0.75	1.77	1.03	2.79
枯水年	75%	218	0.75	2.50	1.45	3.95

2）工业用水

下游工业用水主要包括定州市工业用水以及曲阳县工业用水。定州市唐河循环经济产业园区取用王快水库地表水量为 3453 万 m³。本次水量分配按照优先满足下游用水户实际用水的原则，通过实地调查、座谈，目前定州市唐河循环经济产业园区用水量为 200 万 m³，取水水源为南水北调水，园区近期内无重大项目入驻。根据河北省南水北调受水区供水配置成果，分配给定州市的引江水量为 3300 万 m³，除满足定州市城市生活及工业用水量 2800 万 m³外，仍有富余水量指标 500 万 m³，能够满足近期内工业用水需求。因此，本次水量配置暂不考虑定州市工业用水。

曲阳县循环经济产业园区取用王快水库地表水量为 358 万 m³。通过实地调查、座谈，曲阳县经济产业园区内建有化工厂一座，具备年产 25 万 t 总氮、30 万 t 尿素等能力。目前，该企业生产取水水源为王快水库渗漏水，取水口位于王快水库下游沙河左岸，年取水量为 40 万 m³。中远期该企业取水量无较大变化，因此本次水量配置暂不考虑曲阳县工业用水。

综上所述，大清河山区王快水库、西大洋水库丰水年和平水年可用于维持河道生态用水和补充白洋淀生态最大补水量分别是 4.39 亿 m³、1.76 亿 m³（表 7.11），在枯水年由于灌溉水量较大，生态补水无法保障。在无法满足实际生态补水需求时，需要采取其他补水措施。通过合理制定补水调度方案，争取同时满足生活、工业、灌溉用水需求，并保证下游河道的基本生态补水保证率，从而防止下游河道出现干涸的情况。

表 7.11 大清河山区主要水库未来生态补水潜力分析结果

水平年	P	王快水库径流/亿 m³	西大洋水库径流/亿 m³	农业用水/亿 m³	生态补水潜力/亿 m³
丰水年	25%	3.85	2.17	1.63	4.39

续表

水平年	P	王快水库径流/亿 m³	西大洋水库径流/亿 m³	农业用水/亿 m³	生态补水潜力/亿 m³
平水年	50%	2.90	1.65	2.79	1.76
枯水年	75%	2.16	1.28	3.95	0

7.3 本章小结

本章介绍了时变参数 P-Ⅲ型分布的计算原理，探讨了时变参数的不同组合形式及影响，对大清河山区 1960～2013 年径流序列进行拟合时创建了非一致性 P-Ⅲ型分布模型，包含了时间项、降水、气温、潜在蒸散发、林地面积、草地面积、人口、人均 GDP 共八类协变量，并从中遍历寻优求得最佳分布模型。同时分别以 25%、50%、75% 频率对应的设计年径流作为丰水年、平水年、枯水年入库径流量，分析了设计径流的年际变化，评估了计算结果的不确定性，进一步评价了未来大清河山区王快水库、西大洋水库在丰水年、平水年、枯水年不同来水情况下对下游的生态补水潜力。主要结论如下：

（1）时变 P-Ⅲ型分布的时变参数中，形状参数影响着分布上端类型，同时也影响着分布的尾部特征，较大的形状参数值对应重尾分布，形状参数较小时分布具有轻尾、短尾特征；尺度参数同样反映了分布的尾部特征，参数越小对应尾部越重，即极大值出现概率越大；位置参数主要影响着分布的上边界，与样本均值关系密切，在拟合具有非一致性变化特征的样本序列时应主要考虑该参数的时变性。在单一变量非一致性模型中，潜在蒸散发、气温与径流的相关系数绝对值均小于 0.25，其余协变量与径流的相关系数介于 0.30～0.50，而降水、径流间相关系数大于 0.80；在多变量非一致性模型中，较优的分布均同时考虑了降水和人类活动因素（下垫面、社会经济指标）的共同影响，所选协变量与样本间具有一定的物理关系，且各协变量的未来变化能通过不同方法定量预估，模型的拟合精度有了进一步的提高。

（2）在 2020～2050 年（SSP126 情景），西大洋水库以上流域枯水年、平水年和丰水年的平均设计年径流量分别为 1.28 亿 m^3、1.65 亿 m^3、2.17 亿 m^3；王快水库以上流域枯水年、平水年和丰水年的平均设计年径流量分别为 2.16 亿 m^3、2.90 亿 m^3、3.85 亿 m^3。在 SSP370 和 SSP585 情景下，各流域丰水年、平水年、枯水年设计值并没有特别明显的变化，较 SSP126 情景略低，但差别基本不超过 10%。

（3）根据上游水库多年供用水过程分析，多年平均上游水库生态补水潜力可达到 2.25 亿 m^3。基于现状来水情况王快水库、西大洋水库丰水年、平水年、枯水年用于维持河道生态用水和补充白洋淀的水量分别为 3.50 亿 m^3、2.30 亿 m^3、1.18 亿 m^3。基于未来王快水库、西大洋水库流量预估结果，王快水库、西大洋水库丰水年、平水年用于维持河道生态用水和补充白洋淀生态的最大补水量分别为 4.39 亿 m^3、1.76 亿 m^3，在枯水年由于灌溉水量较大，生态补水无法保障。

参考文献

白国营，杜龙刚，臧敏，等，2012. 北京中心城区“7・21”降雨径流分析［J］. 北京水务，(5)：3-7.

鲍振鑫，张建云，王国庆，等，2021a. 基于水文模型与机器学习集合模拟的水沙变异归因定量识别：以黄河中游窟野河流域为例［J］. 水科学进展，32（4）：485-496.

鲍振鑫，张建云，严小林，等，2021b. 基于四元驱动的海河流域河川径流变化归因定量识别［J］. 水科学进展，32（2）：171-181.

蔡开奎，李金城，胡梦辰，等，2022. 流域水文模型的参数全局敏感性分析［J］. 北京大学学报（自然科学版），58（4）：753-762.

陈玫君，穆兴民，高鹏，等，2018. 北洛河上游径流变化特征及其驱动因素研究［J］. 中国水土保持科学，16（6）：1-8.

陈喜，石鹏，刘金涛，等，2022. 气候和人类活动对水循环的影响机理［M］. 北京：科学出版社.

成向荣，渠勇建，虞木奎，等，2017. 植被覆盖变化对衢江流域水文效应的影响［J］. 生态环境学报，26（11）：1829-1835.

丁永建，罗勇，宋连春，等，2021. 中国气候与生态环境演变：2021 第二卷 上 领域和行业影响、脆弱性与适应［M］. 北京：科学出版社.

董立俊，董晓华，魏冲，等，2020. 土地利用变化对雅砻江流域水文极值的影响研究［J］. 中国农村水利水电，(4)：13-21.

杜映妮，周怡雯，李朝霞，等，2023. 丹江口库区不同降雨类型下典型植被措施的水土保持效应［J］. 水土保持学报，37（2）：51-57，66.

冯家豪，赵广举，穆兴民，等，2020. 黄河中游区间干支流径流变化特征与归因分析［J］. 水力发电学报，39（8）：90-103.

冯平，李建柱，2017. 流域下垫面变化及其对洪水径流过程影响分析方法及应用［M］. 北京：中国水利水电出版社.

冯平，李新，2013. 基于 Copula 函数的非一致性洪水峰量联合分析［J］. 水利学报，44（10）：1137-1147.

付军，冯平，2015. 降水丰枯及下垫面变化对滦河干流径流量的影响［J］. 水力发电学报，34（9）：10-19.

傅抱璞，1981. 论陆面蒸发的计算［J］. 大气科学，5（1）：23-31.

高玉琴，王怀志，陆晓华，等，2018. 基于 LUCC 的秦淮河流域暴雨洪水响应分析［J］. 长江科学院院报，35（6）：47-52，66.

龚家国，王浩，任政，等，2023. 雄安新区湿地修复建设和生态功能提升技术［M］. 北京：科学出版社.

苟娇娇，缪驰远，段青云，2022. 水文模型参数敏感性分析-优化-区域化方法研究进展［J］. 地理科学进展，41（7）：1338-1348.

顾磊，陈杰，尹家波，等，2021. 气候变化下中国主要流域气象水文干旱潜在风险传播［J］. 水科学进展，32（3）：321-333.

顾西辉，张强，2014. 考虑水文趋势影响的珠江流域非一致性洪水风险分析［J］. 地理研究，33（9）：1680-1693.
顾西辉，张强，陈永勤，2015. 基于GEVcdn模型的珠江流域非一致性洪水频率分析［J］. 自然灾害学报，24（4）：157-166.
郭生练，郭家力，侯雨坤，等，2015. 基于Budyko假设预测长江流域未来径流量变化［J］. 水科学进展，26（2）：151-160.
韩瑞光，丁志宏，冯平，2009. 人类活动对海河流域地表径流量影响的研究［J］. 水利水电技术，40（3）：4-7.
郝振纯，鞠琴，王璐，等，2011. 气候变化下淮河流域极端洪水情景预估［J］. 水科学进展，22（5）：605-614.
郝振纯，苏振宽，2015. 土地利用变化对海河流域典型区域的径流影响［J］. 水科学进展，26（4）：491-499.
贺瑞敏，张建云，鲍振鑫，等，2015. 海河流域河川径流对气候变化的响应机理［J］. 水科学进展，26（1）：1-9.
胡国杰，赵林，李韧，等，2013. 基于COUPMODEL模型的冻融土壤水热耦合模拟研究［J］. 地理科学，33（3）：356-362.
胡珊珊，郑红星，刘昌明，等，2012. 气候变化和人类活动对白洋淀上游水源区径流的影响［J］. 地理学报，67（1）：62-70.
黄斌斌，郝成元，李若男，等，2018. 气候变化及人类活动对地表径流改变的贡献率及其量化方法研究进展［J］. 自然资源学报，33（5）：899-910.
黄国如，武传号，刘志雨，等，2015. 气候变化情景下北江飞来峡水库极端入库洪水预估［J］. 水科学进展，26（1）：10-19.
黄俊，吴普特，赵西宁，2011. 多参数非线性降雨产流阈值模型试验研究［J］. 北京林业大学学报，33（1）：84-89.
黄清华，张万昌，2010. SWAT模型参数敏感性分析及应用［J］. 干旱区地理，33（1）：8-15.
金君良，王国庆，刘翠善，等，2016. 气候变化下海河流域未来水资源演变趋势［J］. 华北水利水电大学学报（自然科学版），37（5）：1-6.
李彬权，朱畅畅，梁忠民，等，2019. 淤地坝拦蓄作用下的产流阈值估算［J］. 水电能源科学，37（8）：11-13.
李怀恩，赵静，王清华，等，2004. 黄土区坡面与小流域植被变化的水文效应分析［J］. 水力发电学报，23（6）：98-102，97.
李建庆，罗显刚，朱双，等，2020. 北江流域土地利用/覆盖变化对水文过程影响研究［J］. 人民长江，51（8）：89-94，129.
李建柱，冯平，2011. 紫荆关流域下垫面变化对洪水的影响［J］. 地理研究，30（5）：921-930.
李娟，高建恩，张元星，等，2015. 黄土高原泾河流域梯田对河道径流及生态基流影响［J］. 水土保持通报，35（5）：106-110，116.
李珂，王刚，赵丽平，等，2022. 生态建设背景下典型土石山区暴雨洪水演变基本特征研究［J］. 水电能源科学，40（5）：72-75，45.
李硕，沈占锋，刘克俭，等，2021. 大清河流域土地利用变化的地形梯度效应分析［J］. 农业工程学报，37（5）：275-284.
李显鸿，刘晋，柏平，等，2015. 非一致性条件下城市设计洪水的计算方法［J］. 人民黄河，37（4）：58-61.

李昱，席佳，张弛，等，2021. 气候变化对澜湄流域气象水文干旱时空特性的影响［J］. 水科学进展，32（4）：508-519.

梁忠民，胡义明，王军，2011. 非一致性水文频率分析的研究进展［J］. 水科学进展，22（6）：864-871.

林凯荣，何艳虎，陈晓宏，2012. 气候变化及人类活动对东江流域径流影响的贡献分解研究［J］. 水利学报，43（11）：1312-1321.

刘昌明，李艳忠，刘小莽，等，2016. 黄河中游植被变化对水量转化的影响分析［J］. 人民黄河，38（10）：7-12.

刘昌明，田巍，刘小莽，等，2019. 黄河近百年径流量变化分析与认识［J］. 人民黄河，41（10）：11-15.

刘海翔，陈颖，徐学华，等，2015. 太行山片麻岩天然灌、草坡地与人工整地梯田土壤理化性质比较［J］. 河北农业大学学报，38（5）：83-89.

刘剑宇，张强，陈喜，等，2016. 气候变化和人类活动对中国地表水文过程影响定量研究［J］. 地理学报，71（11）：1875-1885.

刘克岩，张橹，张光辉，等，2007. 人类活动对华北白洋淀流域径流影响的识别研究［J］. 水文，27（6）：6-10.

刘松，余敦先，张利平，等，2019. 基于 Morris 和 Sobol 的水文模型参数敏感性分析［J］. 长江流域资源与环境，28（6）：1296-1303.

刘晓燕，2016. 黄河近年水沙锐减成因［M］. 北京：科学出版社.

刘扬李，周祖昊，刘佳嘉，等，2021. 基于水热耦合的青藏高原分布式水文模型——Ⅱ. 考虑冰川和冻土的尼洋河流域水循环过程模拟［J］. 水科学进展，32（2）：201-210.

鲁帆，严登华，王勇，等，2012. 中长期径流预报技术与方法［M］. 北京：中国水利水电出版社.

鲁帆，肖伟华，严登华，等，2017. 非平稳时间序列极值统计模型及其在气候-水文变化研究中的应用综述［J］. 水利学报，48（4）：379-389.

鲁帆，周毓彦，许怡然，等，2020. 白洋淀水循环演变特征及水量平衡初步研究［C］//中国水利学会 2020 学术年会论文集第三分册. 北京：中国水利水电出版社.

鲁帆，江明，蒋云钟，等，2023. 变化环境下海河流域天然河川径流丰枯概率演变规律［J］. 水科学进展，34（1）：12-20.

吕长安，2016. 河北水利大全［M］. 北京：中国水利水电出版社.

罗伟林，刘俊，2021. 沂河上游土地利用变化的设计洪水响应研究［J］. 三峡大学学报（自然科学版），43（2）：23-30.

马勇星，张栋，潘成忠，等，2022. 梯田对黄土区降雨径流过程的影响及 SCS-CN 模型应用与改进［J］. 农业工程学报，38（12）：85-91.

孟现勇，孟宝臣，王月健，等，2015. 近 60 年气候变化及人类活动对艾比湖流域水资源的影响［J］. 水文，35（2）：90-96.

莫兴国，夏军，胡实，等，2016. 气候变化对华北农业水资源影响的研究进展［J］. 自然杂志，38（3）：189-192.

穆兴民，张秀勤，高鹏，等，2010. 双累积曲线方法理论及在水文气象领域应用中应注意的问题［J］. 水文，30（4）：47-51.

穆兴民，贾昊，高鹏，等，2021. 水土保持生态建设对黄河中游水文情势影响研究［J］. 人民黄河，43（10）：44-50.

钱永兰，吕厚荃，张艳红，2010. 基于 ANUSPLIN 软件的逐日气象要素插值方法应用与评估［J］. 气象与环境学报，26（2）：7-15.
秦大河，翟盘茂，2021. 中国气候与生态环境演变：2021 第一卷 科学基础［M］. 北京：科学出版社.
秦大庸，陆垂裕，刘家宏，等，2014. 流域“自然-社会”二元水循环理论框架［J］. 科学通报，59（Z1）：419-427.
邱玲花，彭定志，林荷娟，等，2015. 气候变化与人类活动对太湖西苕溪流域水文水资源影响甄别［J］. 水文，35（1）：45-50.
任宪韶，户作亮，曹寅白，2008. 海河流域水利手册［M］. 北京：中国水利水电出版社.
任宗萍，马勇勇，王友胜，等，2019. 无定河流域不同地貌区径流变化归因分析［J］. 生态学报，39（12）：4309-4318.
荣洁，曾春芬，王腊春，2014. 太湖流域 LUCC 对水文过程的影响［J］. 湖泊科学，26（2）：305-312.
宋松柏，李扬，蔡明科，2012. 具有跳跃变异的非一致分布水文序列频率计算方法［J］. 水利学报，43（6）：734-739，748.
宋晓猛，张建云，占车生，等，2013. 气候变化和人类活动对水文循环影响研究进展［J］. 水利学报，44（7）：779-790.
苏布达，孙赫敏，李修仓，等，2020. 气候变化背景下中国陆地水循环时空演变［J］. 大气科学学报，43（6）：1096-1105.
苏贤保，李勋贵，张建香，等，2021. 气候变化和人类活动对黄河上游径流影响的时空差异［J］. 兰州大学学报（自然科学版），57（3）：285-293.
孙瑞，张方敏，翁升恒，等，2023. 2001～2021 年中国 NDVI 时空格局变化及对气候的响应［J］. 中国环境科学，43（10）：5519-5528.
谭剑波，李爱农，雷光斌，2016. 青藏高原东南缘气象要素 Anusplin 和 Cokriging 空间插值对比分析［J］. 高原气象，35（4）：875-886.
田磊，2019. 变化环境下黄土高原水文气候要素数值模拟及未来预测［D］. 咸阳：西北农林科技大学.
王萃萃，翟盘茂，2009. 中国大城市极端强降水事件变化的初步分析［J］. 气候与环境研究，14（5）：553-560.
王国庆，乔翠平，刘铭璐，等，2020. 气候变化下黄河流域未来水资源趋势分析［J］. 水利水运工程学报，（2）：1-8.
王浩，陈敏建，秦大庸，等，2003. 西北地区水资源合理配置和承载能力研究［M］. 郑州：黄河水利出版社.
王浩，贾仰文，2016. 变化中的流域“自然-社会”二元水循环理论与研究方法［J］. 水利学报，47（10）：1219-1226.
王庆明，姜珊，李森，等，2021. 大清河流域山区径流量衰减影响因素［J］. 南水北调与水利科技（中英文），19（4）：669-679.
王书霞，张利平，李意，等，2019. 气候变化情景下澜沧江流域极端洪水事件研究［J］. 气候变化研究进展，15（1）：23-32.
王随继，闫云霞，颜明，等，2012. 皇甫川流域降水和人类活动对径流量变化的贡献率分析：累积量斜率变化率比较方法的提出及应用［J］. 地理学报，67（3）：388-397.
王文，卞永祖，刘延洁，2018. 我国人均 GDP 排名变动情况及人均 GDP 预测［J］. 当代金融研究，1（6）：18-38.
王晓磊，2018. 蓄水坑灌条件下果园冻融期土壤水热耦合模拟研究［D］. 太原：太原理工大学.
魏玲娜，陈喜，王文，等，2019. 基于水文模型与遥感信息的植被变化水文响应分析［J］. 水利水电技术，50（6）：18-28.

魏晓婷，黄生志，黄强，等，2019. 定量分解气候变化与人类活动对季节径流变异的贡献率［J］. 水土保持学报，33（6）：182-189.

吴婕，高学杰，徐影，2018. RegCM4 模式对雄安及周边区域气候变化的集合预估［J］. 大气科学，42（3）：696-705.

吴孝情，陈晓宏，唐亦汉，等，2015. 珠江流域非平稳性降雨极值时空变化特征及其成因［J］. 水利学报，46（9）：1055-1063.

吴杨，2018. 基于 WRF-Noah 陆面模式的蒙古高原土壤水热耦合模拟［D］. 呼和浩特：内蒙古大学.

吴志勇，陆桂华，刘志雨，等，2012. 气候变化背景下珠江流域极端洪水事件的变化趋势［J］. 气候变化研究进展，8（6）：403-408.

夏军，雒新萍，曹建廷，等，2015. 气候变化对中国东部季风区水资源脆弱性的影响评价［J］. 气候变化研究进展，11（1）：8-14.

夏军，张永勇，2017. 雄安新区建设水安全保障面临的问题与挑战［J］. 中国科学院院刊，32（11）：1199-1205.

肖恒，陆桂华，吴志勇，等，2013. 珠江流域未来 30 年洪水对气候变化的响应［J］. 水利学报，44（12）：1409-1419.

谢瑾博，曾毓金，张明华，等，2016. 气候变化和人类活动对中国东部季风区水循环影响的检测和归因［J］. 气候与环境研究，21（1）：87-98.

谢平，许斌，章树安，等，2012. 变化环境下区域水资源变异问题研究［M］. 北京：科学出版社.

谢平，李析男，许斌，等，2013. 基于希尔伯特-黄变换的非一致性洪水频率计算方法：以西江大湟江口站为例［J］. 自然灾害学报，22（1）：85-93.

谢平，李析男，刘宇，等，2014. 基于小波分析的非一致性洪水频率计算方法：以西江梧州站为例［J］. 水力发电学报，33（1）：15-22.

熊立华，江聪，杜涛，等，2015. 变化环境下非一致性水文频率分析研究综述［J］. 水资源研究，4（4）：310-319.

熊立华，郭生练，江聪，2018. 非一致性水文概率分布估计理论和方法［M］. 北京：科学出版社.

许怡然，鲁帆，戴雁宇，等，2021. 大清河流域气象干旱时空演化和联合概率分析［J］. 人民黄河，43（3）：84-89.

许有鹏，2012. 流域城市化与洪涝风险［M］. 南京：东南大学出版社.

杨大文，张树磊，徐翔宇，2015. 基于水热耦合平衡方程的黄河流域径流变化归因分析［J］. 中国科学：技术科学，45（10）：1024-1034.

杨龙，2014. 城市下垫面对夏季暴雨及洪水的影响研究［D］. 北京：清华大学.

杨涛，陆桂华，李会会，等，2011. 气候变化下水文极端事件变化预测研究进展［J］. 水科学进展，22（2）：279-286.

杨亚铃，刘金涛，杨爽，等，2022. 基于物理相似法的山丘区流域水文分类及模型参数移用方法［J］. 水电能源科学，40（4）：23-27.

叶长青，陈晓宏，张家鸣，等，2013. 具有趋势变异的非一致性东江流域洪水序列频率计算研究［J］. 自然资源学报，28（12）：2105-2116.

曾珂，谭学志，梁廖逢，等，2020. 基于 Copula 函数的气候变化下洪水峰量联合分析［J］. 长江科学院院报，37（12）：40-46.

翟建青，占明锦，苏布达，等，2014. 对 IPCC 第五次评估报告中有关淡水资源相关结论的解读［J］. 气候变化研究进展，10（4）：240-245.

翟婷婷，赵广举，穆兴民，等，2021. 黄河中游典型流域极端降雨条件的水沙过程变化［J］. 泥沙研究，

46 (1): 57-63, 41.

张宝庆，邵蕊，赵西宁，等，2020. 大规模植被恢复对黄土高原生态水文过程的影响 [J]. 应用基础与工程科学学报，28 (3): 594-606.

张建军，纳磊，董煌标，等，2008. 黄土高原不同植被覆盖对流域水文的影响 [J]. 生态学报，28 (8): 3597-3605.

张丽梅，赵广举，穆兴民，等，2018. 基于 Budyko 假设的渭河径流变化归因识别 [J]. 生态学报，38 (21): 7607-7617.

张善红，白红英，齐贵增，等，2022. 基于多元线性回归模型和 Anusplin 的秦巴山区≥10℃积温空间模拟比较 [J]. 水土保持研究，29 (1): 184-189, 196.

张树磊，杨大文，杨汉波，等，2015. 1960–2010 年中国主要流域径流量减小原因探讨分析 [J]. 水科学进展，26 (5): 605-613.

张晓明，曹文洪，余新晓，等，2009. 黄土丘陵沟壑区典型流域土地利用覆被变化的径流调节效应 [J]. 水利学报，40 (6): 641-650.

赵勇，陆垂裕，何鑫，等，2023. 华北地区地下水超采治理十问：地下水，河湖复苏下的涌动 [J]. 中国水利，(4): 19-25.

钟永华，鲁帆，易忠，等，2013. 密云水库以上流域年径流变化趋势及周期分析 [J]. 水文，33 (6): 81-84.

周丹，张娟，罗静，等，2021. 青海湖水位变化成因分析及其未来趋势预估研究 [J]. 生态环境学报，30 (7): 1482-1491.

周祖昊，刘扬李，李玉庆，等，2021. 基于水热耦合的青藏高原分布式水文模型——I. “积雪-土壤-砂砾石层”连续体水热耦合模拟 [J]. 水科学进展，32 (1): 20-32.

诸葛亦斯，梁晓旭，李国强，等，2021. 大清河流域生态适度恢复的安全格局构建 [J]. 中国水利，(16): 19-21.

Beck H E, Wood E F, McVicar T R, et al, 2020. Bias correction of global high-resolution precipitation climatologies using streamflow observations from 9372 catchments [J]. Journal of Climate, 33 (4): 1299-1315.

Beguería S, Angulo-Martínez M, Vicente-Serrano S M, et al, 2011. Assessing trends in extreme precipitation events intensity and magnitude using non-stationary peaks-over-threshold analysis: a case study in northeast Spain from 1930 to 2006 [J]. International Journal of Climatology, 31 (14): 2102-2114.

Biswal B, 2016. Dynamic hydrologic modeling using the zero-parameter Budyko model with instantaneous dryness index [J]. Geophysical Research Letters, 43 (18): 9696-9703.

Bosch J M, Hewlett J D, 1982. A review of catchment experiments to determine the effect of vegetation changes on water yield and evapotranspiration [J]. Journal of Hydrology, 55 (1/2/3/4): 3-23.

Buckett J, Oliver F R, 1977. Fitting the Pearson Type 3 Distribution in Practice [J]. Water Resources Research, 13 (5): 851-852.

Budyko M I, 1974. Climate and Life [M]. San Diego: Academic Press.

Burke E J, Perry R H J, Brown S J, 2010. An extreme value analysis of UK drought and projections of change in the future [J]. Journal of Hydrology, 388 (1/2): 131-143.

Cannon A J, 2010. A flexible nonlinear modelling framework for nonstationary generalized extreme value analysis in hydroclimatology [J]. Hydrological Processes, 24 (6): 673-685.

Carmona A M, Sivapalan M, Yaeger M A, et al, 2014. Regional patterns of interannual variability of catchment water balances across the continental U. S.: a Budyko framework [J]. Water Resources Research, 50 (12):

9177-9193.

Chen D, Wei W, Chen L D, 2017. Effects of terracing practices on water erosion control in China: a meta-analysis [J]. Earth-Science Reviews, 173: 109-121.

Choudhury B, 1999. Evaluation of an empirical equation for annual evaporation using field observations and results from a biophysical model [J]. Journal of Hydrology, 216 (1/2): 99-110.

Coles S, 2001. An Introduction to Statistical Modeling of Extreme Values [M]. London: Springer.

Cooley D, 2013. Return Periods and Return Levels under Climate Change [M] //Aghakouchak A, Eusterling D, Hsu K, et al. Extremes in a Changing Climate. Dordrecht, Netherlands: Springer.

Cuo L, Giambelluca T W, Ziegler A D, 2011. Lumped parameter sensitivity analysis of a distributed hydrological model within tropical and temperate catchments [J]. Hydrological Processes, 25 (15): 2405-2421.

Dang C H, Zhang H B, Singh V P, et al, 2021. Investigating hydrological variability in the Wuding River Basin: implications for Water resources management under the water-human-coupled environment [J]. Water, 13 (2): 184.

Deb K, 2001. Multi-Objective Optimization Using Evolutionary Algorithms [M]. UK: John Wiley and Sons Ltd..

Deb K, Pratap A, Agarwal S, et al, 2002. A fast and elitist multiobjective genetic algorithm: NSGA-II [J]. IEEE Transactions on Evolutionary Computation, 6: 182-197.

Donohue R J, Roderick M L, McVicar T R, 2007. On the importance of including vegetation dynamics in Budyko's hydrological model [J]. Hydrology and Earth System Sciences, 11 (2): 983-995.

Donohue R J, Roderick M L, McVicar T R, 2010. Can dynamic vegetation information improve the accuracy of Budyko's hydrological model? [J]. Journal of Hydrology, 390 (1/2): 23-34.

Donohue R J, Roderick M L, McVicar T R, 2012. Roots, storms and soil pores: incorporating key ecohydrological processes into Budyko's hydrological model [J]. Journal of Hydrology, 436: 35-50.

Du J K, Qian L, Rui H Y, et al, 2012. Assessing the effects of urbanization on annual runoff and flood events using an integrated hydrological modeling system for Qinhuai River basin, China [J]. Journal of Hydrology, 464/465: 127-139.

El Adlouni S, Ouarda T B M J, Zhang X, et al, 2007. Generalized maximum likelihood estimators for the non-stationary generalized extreme value model [J]. Water Resources Research, 43 (3): e2005wr004545.

Fang K, Shen C P, Fisher J B, et al, 2016. Improving Budyko curve-based estimates of long-term water partitioning using hydrologic signatures from GRACE [J]. Water Resources Research, 52 (7): 5537-5554.

Fowler K, Peel M, Western A, et al, 2018. Improved rainfall-runoff calibration for drying climate: choice of objective function [J]. Water Resources Research, 54 (5): 3392-3408.

Gao C, Booij M J, Xu Y P, 2020. Assessment of extreme flows and uncertainty under climate change: disentangling the uncertainty contribution of representative concentration pathways, global climate models and internal climate variability [J]. Hydrology and Earth System Sciences, 24 (6): 3251-3269.

Gao J, Yao T D, Masson-Delmotte V, et al, 2019. Collapsing glaciers threaten Asia's water supplies [J]. Nature, 565 (7737): 19-21.

Gbohoui Y P, Paturel J E, Tazen F, et al, 2021. Impacts of climate and environmental changes on water resources: a multi-scale study based on Nakanbé nested watersheds in West African Sahel [J]. Journal of Hydrology: Regional Studies, 35: 100828.

Greve P, Burek P, Wada Y, 2020. Using the budyko framework for calibrating a global hydrological model [J]. Water Resources Research, 56 (6): e2019wr026280.

Guo H, Hu Q, Jiang T, 2008. Annual and seasonal streamflow responses to climate and land-cover changes in the

Poyang Lake basin, China [J]. Journal of Hydrology, 355 (1/2/3/4): 106-122.

Han P F, Istanbulluoglu E, Wan L, et al, 2021. A new hydrologic sensitivity framework for unsteady-state responses to climate change and its application to catchments with croplands in Illinois [J]. Water Resources Research, 57 (8): e2020wr027762.

Han P F, Sankarasubramanian A, Wang X S, et al, 2023. One-parameter analytical derivation in modified budyko framework for unsteady-state streamflow elasticity in humid catchments [J]. Water Resources Research, 59 (9): e2023wr034725.

Hu Y M, Liang Z M, Singh V P, et al, 2018. Concept of equivalent reliability for estimating the design flood under non-stationary conditions [J]. Water Resources Management, 32: 997-1011.

Hutchinson M F, McKenney D W, Lawrence K, et al, 2009. Development and testing of Canada-wide interpolated spatial models of daily minimum-maximum temperature and precipitation for 1961–2003 [J]. Journal of Applied Meteorology and Climatology, 48 (4): 725-741.

IPCC, 2012. Managing the Risks of Extreme Events and Disasters to Advance Climate Change Adaptation: A Special Report of Working Groups Ⅰ and Ⅱ of the Intergovernmental Panel on Climate Change [M]. Cambridge and New York: Cambridge University Press.

Jenkinson A F, 1955. The frequency distribution of the annual maximum (or minimum) values of meteorological elements [J]. Quarterly Journal of the Royal Meteorological Society, 81 (348): 158-171.

Jia Y W, Ding X Y, Wang H, et al, 2012. Attribution of water resources evolution in the highly water-stressed Hai River Basin of China [J]. Water Resources Research, 48 (2): W02513. 1-W02513. 18.

Jiang C, Xiong L H, Wang D B, et al, 2015. Separating the impacts of climate change and human activities on runoff using the Budyko-type equations with time-varying parameters [J]. Journal of Hydrology, 522: 326-338.

Jiang S H, Ren L L, Yong B, et al, 2012. Analyzing the effects of climate variability and human activities on runoff from the Laohahe basin in Northern China [J]. Hydrology Research, 43 (1/2): 3-13.

Kishtawal C M, Niyogi D, Tewari M, et al, 2010. Urbanization signature in the observed heavy rainfall climatology over India [J]. International Journal of Climatology, 30 (13): 1908-1916.

Koppa A, Alam S, Miralles D G, et al, 2021. Budyko-based long-term water and energy balance closure in global watersheds from earth observations [J]. Water Resources Research, 57 (5): e2020WR028658.

Koutrouvelis I A, Canavos G C, 1999. Estimation in the Pearson type 3 distribution [J]. Water Resources Research, 35 (9): 2693-2704.

Li D, Pan M, Cong Z T, et al, 2013. Vegetation control on water and energy balance within the Budyko framework [J]. Water Resources Research, 49 (2): 969-976.

Li H J, Shi C X, Sun P C, et al, 2021. Attribution of runoff changes in the main tributaries of the middle Yellow River, China, based on the Budyko model with a time-varying parameter [J]. CATENA, 206: 105557.

Li J, Wang Z L, Wu X S, et al, 2020. Flash droughts in the Pearl River Basin, China: observed characteristics and future changes [J]. The Science of The Total Environment, 707 (C): 136074.

Liu H, Gong P, Wang J, et al, 2020. Annual dynamics of global land cover and its long-term changes from 1982 to 2015 [J]. Earth System Science Data, 12 (2): 1217-1243.

Liu Z W, Yang H B, Wang T H, 2021. A simple framework for estimating the annual runoff frequency distribution under a non-stationarity condition [J]. Journal of Hydrology, 592: 125550.

Loch R J, 2000. Effects of vegetation cover on runoff and erosion under simulated rain and overland flow on a rehabilitated site on the Meandu Mine, Tarong, Queensland [J]. Australian Journal of Soil Research, 38 (2):

299-312.

Lv M X, Ma Z G, Lv M Z, 2018. Effects of climate/land surface changes on streamflow with consideration of precipitation intensity and catchment characteristics in the Yellow River Basin [J] . Journal of Geophysical Research: Atmospheres, 123 (4): 1942-1958.

López J, Francés F, 2013. Non-stationary flood frequency analysis in continental Spanish rivers, using climate and reservoir indices as external covariates [J] . Hydrology and Earth System Sciences, 17 (8): 3189-3203.

Mailhot A, Lachance-Cloutier S, Talbot G, et al, 2013. Regional estimates of intense rainfall based on the Peak-Over-Threshold (POT) approach [J] . Journal of Hydrology, 476: 188-199.

Martins E S, Stedinger J R, 2000. Generalized maximum-likelihood generalized extreme-value quantile estimators for hydrologic data [J] . Water Resources Research, 36 (3): 737-744.

McMillan H, Jackson B, Clark M, et al, 2011. Rainfall uncertainty in hydrological modelling: an evaluation of multiplicative error models [J] . Journal of Hydrology, 400: 83-94.

Mianabadi A, Davary K, Pourreza-Bilondi M, et al, 2020. Budyko framework; towards non-steady state conditions [J] . Journal of Hydrology, 588: 125089.

Miao C Y, Su L, Sun Q H, et al, 2016. A nonstationary bias-correction technique to remove bias in GCM simulations [J] . Journal of Geophysical Research: Atmospheres, 121 (10): 5718-5735.

Miao C Y, Zheng H Y, Jiao J Y, et al, 2020. The changing relationship between rainfall and surface runoff on the Loess Plateau, China [J] . Journal of Geophysical Research: Atmospheres, 125 (8): e2019jd032053.

Milly P C D, Betancourt J, Falkenmark M, et al, 2008. Stationarity is dead: whither water management? [J]. Science, 319 (5863): 573-574.

Montanari A, Koutsoyiannis D, 2014. Modeling and mitigating natural hazards: stationarity is immortal! [J] . Water Resources Research, 50 (12): 9748-9756.

Montanari A, Young G, Savenije H H G, et al, 2013. "Panta Rhei—Everything Flows": change in hydrology and society—The IAHS Scientific Decade 2013-2022 [J] . Hydrological Sciences Journal, 58 (6): 1256-1275.

Moss R H, Edmonds J A, Hibbard K A, et al, 2010. The next generation of scenarios for climate change Research and assessment [J] . Nature, 463 (7282): 747-756.

Nayak A K, Biswal B, Sudheer K P, 2021. A novel framework to determine the usefulness of satellite-based soil moisture data in streamflow prediction using dynamic Budyko model [J] . Journal of Hydrology, 595: 125849.

Nigussie T A, Altunkaynak A, 2016. Assessing the hydrological response of ayamama watershed from urbanization predicted under various landuse policy scenarios [J] . Water Resources Management, 30 (10): 3427-3441.

Ning T T, Li Z, Feng Q, et al, 2020. Effects of forest cover change on catchment evapotranspiration variation in China [J] . Hydrological processes, 34 (10): 2219-2228.

O'Neill B C, Kriegler E, Ebi K L, et al, 2017. The roads ahead: narratives for shared socioeconomic pathways describing world futures in the 21st century [J] . Global Environmental Change, 42: 169-180.

Pan S L, Fu G T, Chiang Y M, et al, 2017. A two-step sensitivity analysis for hydrological signatures in Jinhua River Basin, East China [J] . Hydrological Sciences Journal, 62 (15): 2511-2530.

Prosdocimi I, Kjeldsen T R, Miller J D, 2015. Detection and attribution of urbanization effect on flood extremes using nonstationary flood-frequency models [J] . Water Resources Research, 51 (6): 4244-4262.

Read L K, Vogel R M, 2015. Reliability, return periods, and risk undernonstationarity [J] . Water Resources Research, 51 (8): 6381-6398.

Rigby R A, Stasinopoulos D M, 2005. Generalized additive models for location, scale and shape [J] . Journal of the Royal Statistical Society Series C: Applied Statistics, 54 (3): 507-554.

Rootzén H, Katz R W, 2013. Design life level: quantifying risk in a changing climate [J]. Water Resources Research, 49 (9): 5964-5972.

Seidou O, Ramsay A, Nistor I, 2012a. Climate change impacts on extreme floods Ⅰ: combining imperfect deterministic simulations and non-stationary frequency analysis [J]. Natural Hazards, 61 (2): 647-659.

Seidou O, Ramsay A, Nistor I, 2012b. Climate change impacts on extreme floods Ⅱ: improving flood future peaks simulation using non-stationary frequency analysis [J]. Natural Hazards, 60 (2): 715-726.

Serinaldi F, Kilsby C G, 2015. Stationarity is undead: uncertainty dominates the distribution of extremes [J]. Advances in Water Resources, 77: 17-36.

Shao Q X, Traylen A, Zhang L, 2012. Nonparametric method for estimating the effects of climatic and catchment characteristics on mean annual evapotranspiration [J]. Water Resources Research, 48 (3): e2010wr009610.

Shao S T, Zhang H B, Singh V P, et al, 2022. Nonstationary analysis of hydrological drought index in a coupled human-water system: application of the GAMLSS with meteorological and anthropogenic covariates in the Wuding River basin, China [J]. Journal of Hydrology, 608: 127692.

Shepherd M, Mote T, Dowd J, et al, 2011. An overview of synoptic and mesoscale factors contributing to the disastrous Atlanta flood of 2009 [J]. Bulletin of the American Meteorological Society, 92 (7): 861-870.

Singh J, Vittal H, Karmakar S, et al, 2016. Urbanization causes nonstationarity in Indian Summer Monsoon Rainfall extremes [J]. Geophysical Research Letters, 43 (21): 11269-11277.

Song X P, Hansen M C, Stehman S V, et al, 2018. Global land change from 1982 to 2016 [J]. Nature, 560 (7720): 639-643.

Song X Y, Lu F, Wang H, et al, 2018. Penalized maximum likelihood estimators for the nonstationary Pearson type 3 distribution [J]. Journal of Hydrology, 567: 579-589.

Strupczewski W G, Singh V P, Feluch W, 2001. Non-stationary approach to at-site flood frequency modelling I. Maximum likelihood estimation [J]. Journal of Hydrology, 248 (1/2/3/4): 123-142.

Su B D, Jian D N, Li X C, et al, 2017. Projection of actual evapotranspiration using the COSMO-CLM regional climate model under global warming scenarios of 1.5℃ and 2.0℃ in the Tarim River basin, China [J]. Atmospheric Research, 196: 119-128.

Su B D, Xiao B, Zhu D M, et al, 2005. Trends in frequency of precipitation extremes in the Yangtze River basin, China: 1960-2003 [J]. Hydrological Sciences Journal, 50 (3): 479-492.

Sugahara S, da Rocha R P, Silveira R, 2009. Non stationary frequency analysis of extreme daily rainfall in Sao Paulo, Brazil [J]. International Journal of Climatology, 29 (9): 1339-1349.

Suriya S, Mudgal B V, 2012. Impact of urbanization on flooding: the Thirusoolam sub watershed-a case study [J]. Journal of Hydrology, 412-413: 210-219.

Séguis L, Cappelaere B, Milési G, et al, 2004. Simulated impacts of climate change and land-clearing on runoff from a small Sahelian catchment [J]. Hydrological Processes, 18 (17): 3401-3413.

Tang Y, Reed P, Wagener T, et al, 2007. Comparing sensitivity analysis methods to advance lumped watershed model identification and evaluation [J]. Hydrology and Earth System Sciences Discussions, 11 (2): 793-817.

Tramblay Y, Neppel L, Carreau J, et al, 2013. Non-stationary frequency analysis of heavy rainfall events in southern France [J]. Hydrological Sciences Journal, 58 (2): 280-294.

Tramblay Y, Amoussou E, Dorigo W, et al, 2014. Flood risk under future climate in data sparse regions: linking extreme value models and flood generating processes [J]. Journal of Hydrology, 519: 549-558.

VanemE, 2015. Non-stationary extreme value models to account for trends and shifts in the extreme wave climate due to climate change [J] . Applied Ocean Research, 52: 201-211.

Villarini G, Smith J A, Serinaldi F, et al, 2009. Flood frequency analysis for nonstationary annual peak records in an urban drainage basin [J] . Advances in Water Resources, 32 (8): 1255-1266.

Wang D B, Tang Y, 2014. A one- parameter Budyko model for water balance captures emergent behavior in Darwinian hydrologic models [J] . Geophysical Research Letters, 41 (13): 4569-4577.

Wang G S, Xia J, Chen J, 2009. Quantification of effects of climate variations and human activities on runoff by a monthly water balance model: a case study of the Chaobai River basin in northern China [J] . Water Resources Research, 45 (7): 56-64.

Wang H N, Lv X Z, Zhang M Y, 2021. Sensitivity and attribution analysis based on the Budyko hypothesis for streamflow change in the Baiyangdian catchment, China [J] . Ecological Indicators, 121: 107221.

Wang J H, Lu F, Lin K R, et al, 2017. Comparison and evaluation of uncertainties in extreme flood estimations of the upper Yangtze River by the Delta and profile likelihood function methods [J] . Stochastic Environmental Research and Risk Assessment, 31: 2281-2296.

Wang J, Xu Y P, Wang Y F, et al, 2019. Nonstationarity analysis of extreme water level in response to climate change and urbanization in the Taihu Basin, China [J] . Stochastic Environmental Research and Risk, 33: 891-904.

Wang Y, Ding Y J, Ye B S, et al, 2013. Contributions of climate and human activities to changes in runoff of the Yellow and Yangtze Rivers from 1950 to 2008 [J] . Science China Earth Sciences, 56 (8): 1398-1412.

Waylen P, Woo M K, 1982. Prediction of annual floods generated by mixed processes [J] . Water Resources Research, 18 (4): 1283-1286.

Wigmosta M S, Vail L W, Lettenmaier D P, 1994. A distributed hydrology-vegetation model for complex terrain [J] . Water Resources Research, 30 (6): 1665-1679.

Wigmosta M S, Lettenmaier D P, 1999. A comparison of simplified methods for routing topographically driven subsurface flow [J] . Water Resources Research, 35 (1): 255-264.

Wu C H, Yeh P J F, Hu B X, et al, 2018. Controlling factors of errors in the predicted annual and monthly evaporation from the Budyko framework [J] . Advances in Water Resources, 121: 432-445.

Wu C, Wu X, Lu C Y, et al, 2022. Characteristics and driving factors of lake level variations by climatic factors and groundwater level [J] . Journal of Hydrology, 608: 127654.

Xing W Q, Wang W G, Zou S, et al, 2018. Projection of future runoff change using climate elasticity method derived from Budyko framework in major basins across China [J] . Global and Planetary Change, 162: 120-135.

Xu X L, Liu W, Scanlon B R, et al, 2013. Local and global factors controlling water-energy balances within the Budyko framework [J] . Geophysical Research Letters, 40 (23): 6123-6129.

Xu X Y, Yang D W, Yang H B, et al, 2014. Attribution analysis based on the Budyko hypothesis for detecting the dominant cause of runoff decline in Haihe basin [J] . Journal of Hydrology, 510: 530-540.

Yan L, Xiong L H, Guo S L, et al, 2017. Comparison of four nonstationary hydrologic design methods for changing environment [J] . Journal of Hydrology, 551: 132-150.

Yang D W, Sun F B, Liu Z Y, et al, 2007. Analyzing spatial and temporal variability of annual water-energy balance in nonhumid regions of China using the Budyko hypothesis [J] . Water Resources Research, 43 (4): e2006wr005224.

Yang D W, Shao W W, Yeh P J F, et al, 2009. Impact of vegetation coverage on regional water balance in the nonhumid regions of China [J]. Water Resources Research, 45 (7): e2008wr006948.

Yang H B, Yang D W, Lei Z D, et al, 2008. New analytical derivation of the mean annual water-energy balance equation [J]. Water Resources Research, 44 (3): e2007wr006135

Yang H B, Yang D W, Hu Q F, 2014. An error analysis of the Budyko hypothesis for assessing the contribution of climate change to runoff [J]. Water Resources Research, 50 (12): 9620-9629.

Yang Y T, Donohue R J, McVicar T R, 2016. Global estimation of effective plant rooting depth: implications for hydrological modeling [J]. Water Resources Research, 52 (10): 8260-8276.

Ye L Y, Cheng L, Liu P, et al, 2021. Management of vegetative land for more water yield under future climate conditions in the over-utilized water resources regions: a case study in the Xiong' an New area [J]. Journal of Hydrology, 600: 126563.

Yuan Z, Yan D H, Xu J J, et al, 2019. Effects of the precipitation pattern and vegetation coverage variation on the surface runoff characteristics in the eastern Taihang mountain [J]. Applied Ecology and Environmental Research, 17 (3): 5753-5764.

Zhan C S, Jiang S S, Sun F B, et al, 2014. Quantitative contribution of climate change and human activities to runoff changes in the Wei River basin, China [J]. Hydrology and Earth System Sciences, 18 (8): 3069-3077.

Zhang L, Dawes W R, Walker G R, 2001. Response of mean annual evapotranspiration to vegetation changes at catchment scale [J]. Water Resources Research, 37 (3): 701-708.

Zhang L, Hickel K, Dawes W R, et al, 2004. A rational function approach for estimating mean annual evapotranspiration [J]. Water Resources Research, 40 (2): 89-97.

Zhang S L, Yang H B, Yang D W, et al, 2016. Quantifying the effect of vegetation change on the regional water balance within the Budyko framework [J]. Geophysical Research Letters, 43 (3): 1140-1148.

Zhang S L, Yang Y T, McVicar T R, et al, 2018. An analytical solution for the impact of vegetation changes on hydrological partitioning within the Budyko Framework [J]. Water Resources Research, 54 (1): 519-537.

Zhang X, Dong Q J, Cheng L, et al, 2019. A Budyko-based framework for quantifying the impacts of aridity index and other factors on annual runoff [J]. Journal of Hydrology, 579: 124224.

Zhang Z Y, Huang J L, Wagner P D, et al, 2022. A method for detecting the non-stationarity during high flows under global change [J]. Science of the Total Environment, 851: 158341.

Zhou X Y, Zhang Y Q, Beck H E, et al, 2021. Divergent negative spring vegetation and summer runoff patterns and their driving mechanisms in natural ecosystems of northern latitudes [J]. Journal of Hydrology, 592: 125848.